소프트웨어, 누가 이렇게 개떡같이 만든 거야

WHY SOFTWARE SUCKS···
AND WHAT YOU CAN DO ABOUT IT

Authorized translation from the English language edition, entitled WHY SOFTWARE SUCKS...AND WHAT YOU CAN DO ABOUT IT, 1st Edition, 0321466756 by PLATT, DAVID S., published by Pearson Education, Inc, publishing as Addison Wesley Professional, Copyright © 2007

사용성을 제대로 **이해**하는 유쾌한 **통찰**

소프트웨어,
누가 이렇게 개떡 같이
만든 거야

데이비드 S. 플랫 지음 | 윤성준 옮김

인사이트
insight

소프트웨어, 누가 이렇게 개떡같이 만든 거야

초판 1쇄 발행 2008년 4월 4일 **3쇄 발행** 2011년 2월 20일 **지은이** 데이비드 S. 플랫 **옮긴이** 윤성준 **펴낸이** 한기성 **펴낸곳** 인사이트 **편집** 김강석 **용지** 세종페이퍼 **출력** 경운출력 **인쇄** 현문인쇄 **제본** 자현제책 **등록번호** 제10-2313호 **등록일자** 2002년 2월 19일 **주소** 서울시 마포구 서교동 469-9 석우빌딩 3층 **전화** 02-322-5143 **팩스** 02-3143-5579 **이메일** insight@insightbook.co.kr **블로그** http://blog.insightbook.co.kr **ISBN** 978-89-91268-39-5 13560 책값은 뒤표지에 있습니다. 이 도서의 국립중앙도서관 출판시도서목록(CIP)은 e-CIP 홈페이지(http://www.nl.go.kr/cip.php)에서 이용하실 수 있습니다.(CIP제어번호: CIP2008000957)

추천 글

• **정유진** 『정유진의 웹 2.0 기획론』의 저자

http://www.youzin.com

"요즘 소프트웨어는 개떡 같습니다." 라는 첫 줄에서부터 웃음을 터트렸다.

시종일관 정곡(?)을 찌르는 직설적인 표현과 생생한 예시들로 사용자 관점에서 소프트웨어 설계의 고정관념들을 파헤친다. '정신 나간 전문가들이 제정신을 찾게 해달라는 울부짖음' 속에서 화면 스토리보드에 아무 생각 없이 자바스크립트 확인 얼럿창과 메뉴를 덧붙이는 내 자신의 습관을 돌이켜 보았다.

누구나 쉽게 '사용자 관점'이라는 표현을 남발하지만, 정말로 사용자의 눈높이를 맞추는 것은 얼마나 어려운 일인가? 오히려 전문가를 자

처하는 사람일수록, 업계에 오래 종사한 사람일수록, 때로는 사용자에 대해 '너무 많이' 생각할수록 서비스를 사용하는 진짜 사람들의 눈높이에서는 멀어지기 십상이다. 저자는 온갖 복잡한 규칙과 오버된 고민들 속에서 한없이 높아진 고상한 눈높이를 가차 없이 그러나 매우 유쾌한 방식으로 '꽉꽉~' 낮춰준다. 이 낮은 곳에서 바라보는 인터페이스의 세상이 왜 이리 생생하고 흥미로운지!

나열식의 딱딱한 how-to라기보다는, 저자의 입담을 따라 유쾌하게 읽어가다 보면 어느 순간 소프트웨어와 화면 설계의 근본적인 문제를 고민하는 나 자신을 발견하게 되는 책. 스티브 크룩씨의 유저빌리티 명저 『Don't Make Me Think』 이후 읽는 즐거움과 알찬 영양가를 고루 갖춘 '통하는' 책을 만나 반갑게 추천한다.

● 이준영 (주)트레이스존 컨설팅 대표

http://i-guacu.com

오픈소스 프로젝트에 참여하고 있는 한 유명 프로그래머가 인터뷰에서 "한국의 오픈소스 참여가 지지부진한 것은 언어적 장벽 때문이 아닌가?"라고 물으니 "모든 프로그래머는 프로그래밍 언어를 통해 대화 한다."라고 대답한 것을 본 적 있다. 언어적 장벽을 물었더니 프로그래밍 언어가 만국 공통어라고 대답하는 이 프로그래머에게 이 책을 강력히 추천하고 싶다. 본인은 적절한 대답을 했다고 믿고 있지만 사실 전혀 엉뚱한 대답을 하고 있는 다른 소프트웨어 개발자에게도 마찬가지. 물론 이 책을 가장 필요로 하는 사람은 현업에서 개발을 하고 있는 사람들이 아니라 이제 프로그래밍을 배우는 사람들이 아닐까 한다. 현업에서 개발을 하는 사람들은 이 책을 보며 이렇게 느낄 수 있다.

"그래서 뭐!"

도발적인 제목과 다소 난삽한 내용 구성에도 불구하고 이 책이 갖는 가치는 분명하다. 골방에 틀어박힌 개발자가 세상의 다양한 사용자를 만나는 방법에 대해 이야기하고 있기 때문이다. 사용자 입장에서 읽으면 통쾌한 느낌이 들겠지만 개발자 입장에서 읽으면 부조리가 느껴질 정도로 시종일관 멍청한 개발자를 타격하고 있다. 그러나 자신만의 세상에 갇혀 소프트웨어를 통해 사용자와 대화할 수 있다고 믿는 개발자에겐 이 책을 읽음으로써 사용자들이 실제로 소프트웨어와 제대로 커뮤니케이션하지 못함을 깨닫게 될 것이다. 문제는 이 책을 읽은 후 개발의 방향이 바뀔 수 있는가 인데, 사실 바뀌는 것은 별로 없을 것이다. 개별적인 사례가 중요한 것이 아니라, 그 사례를 통해 소프트웨어 사용자가 얼마나 다양한 불편을 겪고 있는지 개발자에게 알려 주는 게 이 책의 목적이기 때문이다. 고객을 고객답게 대하라. 이 정도의 메시지를 전달 받을 수 있다면 이 책을 읽는 목적은 충분히 달성할 수 있다.

이 책을 기획자나 마케터가 읽으면 어떻게 될까? 멍청한 소프트웨어나 웹 사이트 혹은 웹 애플리케이션을 만드는 개발자를 공격하는 데 좋은 도구가 될 것이다. 그러나 그렇게 할 경우 개발자의 반격을 충분히 예견할 수 있으니 삼가는 것이 좋다. 이 책을 개발자에게 선물하는 것도 바람직하지 않다. 마치 '당신 또한 이런 짓을 하고 있어!' 라고 비난하는 꼴이 될 테니까. 그러니 개발자 스스로 읽어 볼 수 있도록 복도나 화장실에 살짝 갖다 두는 것이 최선이라고 생각한다.

• 안영회 SE 컨설턴트

http://younghoe.info

이 추천 글은 화장실에서 만들어진 것이다. 굳이 장소를 드러내는 이유는 그만큼 이 책이 사람을 끌어들인다는 점을 말하고 싶어서다. 그저 어떤 내용인가 훑어볼 요량으로 화장실에 들고 간 책인데 내가 변비 환자가 아님에도 불구하고, 빨려들 듯 책장을 넘기게 되었다.

책 제목도 그렇지만, 이 책에서는 시종일관 "개떡 같은"이라는 표현을 사용한다. 표현 자체는 매우 선정적이다. 그러나 스무 장쯤 넘겼을 즈음에 이 표현이 매우 적절하다는 사실을 직감할 수 있다. 사용자가 컴퓨터를 사용할 때 부딪히는 문제의 기원! 그것은 초창기 컴퓨터 프로그램 설계자들이 자신의 제품을 사용자가 쉽게 사용하게 하는 데는 전혀 신경을 쓰지 않았다는 것이다. 그리고 그러한 전통(?)은 시간이 흘러도 명맥을 유지하고 있다는 점에서 충분히 "개떡 같다"고 할 만하다.

필자는 묻는다. '왜 여전히 개떡 같은가?' 이 대목에서 나는 미소 짓지 않을 수가 없었다. 필자가 책에 무엇을 담고자 하는지 단박에 알 수 있는 물음이다. 바로 다음 페이지에서 친절하게 자신이 제시한 문제에 답을 내어 놓았다.

'그대의 사용자를 알라. 사용자는 그대가 아닐지니'

그리고 설계에 대한 고민만으로 머릿속을 꽉 메웠을지 모를 나와 같은 개발자를 위해 사용성(Usability)에 대해 다양한 방식으로 설명한다.

실행 취소(Undo) 기능을 마우스의 발명에 견주며 내부 설계에만 골몰하는 관점을 전환하게 해주고, 구글 사례를 통해 서버 중심이 아닌 고객 중심 설계에 대해 친절하게 설명하고 있다. '스플래시, 플래시, 애니메이션'에서는 웹 디자이너에게 스며있는 잘못된 습관에 대해 적나라하게 묘사하고 있다. 기능 설계나 디자인(화면 설계)에 이어 보안 문제에 대해서도 인터넷의 구조적 문제, 개발자의 보안 불감증, 심지어는 패스워드가 갖춰야 할 모순적인 요건까지 폭넓게 설명한다. 마이크로소프트 문제에까지 나아가면 필자가 가진 폭넓은 지식, 그리고 이를 쉽게 풀어가는 재주에 감탄하지 않을 수 없다. 더불어 이 책의 역자 또한 칭찬하게 된다.

이 책의 전반부는 대체로 개발자의 올바르지 못한 시각을 지적하고 있는 반면, 후반부에 가서는 바람직한 소프트웨어 소비자의 태도에 대해 말하고 있다. 특히 9장에서는 소프트웨어 사용성 개선 문제를 사회운동 차원까지 언급하고, 이를 위해 만들었다는 suckbusters.com이라는 자신의 블로그를 소개하고 있다.

이 책은 개발자들이 자신의 고객을 어떻게 대하는지 그 태도를 돌아보기 위해 한번쯤 읽어볼 만하다. 또한, 내가 일하는 기업용 정보시스템 현장에서 소프트웨어 개발을 의뢰해야 하는 고객들이 개발자의 심리와 소프트웨어 개발 현실을 이해하기 위해 부담 없이 읽을 수 있는 좋은 책이다.

• 신현석 ㈜시도우 웹표준 연구센터 센터장

http://hyeonseok.com

대다수의 사람들은 컴퓨터를 사용하면서 무언가 잘 안 되거나 어떻게 해야 할지를 몰라 적이 당황한 적이 있을 것이다. 보통 이럴 때 사람들은 자신의 이해력이 모자라거나 컴퓨터를 잘 몰라서 그렇다고 생각하게 된다. 하지만 사실은 이와 다르다. 사실은 컴퓨터 사용이 어려워서가 아니라 소프트웨어가 잘못 만들어졌기 때문에 이런 일들을 겪게 되는 것이다.

이러한 일은 비단 소프트웨어뿐만 아니라 웹사이트를 사용하면서도 쉽게 겪을 수 있다. 사용자를 우선으로 생각해야 한다는 것은 다들 당연하다고 얘기 하지만 그렇지 못한 사이트들은 굉장히 쉽게 찾아볼 수 있다. 한 번에 서너 개씩 깔아대는 액티브엑스 플러그인들, 불필요하게 요구하는 과도한 개인정보들, 입력한 데이터가 제대로 전송되지 않는 것에 대한 두려움, 장문의 글을 입력하고 전송버튼을 누른 후에 오류로 글이 다 날라 가서 겪는 좌절감 등 사용자들은 계속해서 이러한 불편을 강요 받아왔다. 자신들의 잘못이라고 생각하면서…….

"소프트웨어, 누가 이렇게 개떡 같이 만든 거야"에서는 이러한 문제들이 왜 소프트웨어의 잘못인지, 누구 때문에 이러한 일들이 발생하는지, 그리고 과연 잘 만들어진 소프트웨어는 어떠한 것인지에 대해서 아주 재미있고 직관적으로 설명하고 있다. 잘못된 소프트웨어를 만드는 개발자들의 생각하는 방식과 사용자들이 생각하는 방법을 아주 대조적으로 알기 쉽게 얘기하고 있다.

이 책은 일반인들도 쉽게 이해할 수 있는 책이지만 일반 사용자뿐만 아니라 소프트웨어 제작자, 웹사이트 제작자들도 반드시 읽어볼 필요가 있다. 자신들이 만들고 있는 제품이 정말로 사용자를 위한 것인지, 이 책에서 말하고 있는 것과 같이 자신의 생각을 사용자에게 강요하고 있는 것은 아닌지를 생각해 볼 수 있게 할 것이다. 사용성과 접근성은 난해하고 복잡한 문제가 아니다. 이 책에서 말하고 있듯이 사용자가 생각하는 방식을 이해한다면 아주 자연스럽고 창의적으로 높은 사용성과 접근성을 갖춘 좋은 품질의 제품 만들 수 있게 될 것이다.

옮긴이의 글

얼마 전 국내 유명 사이트가 해킹을 당해 개인정보가 유출된 사건이 있었습니다. 그 소식을 접하고 가입했던 사이트의 패스워드를 모두 바꾸는 것이 좋겠다는 생각이 들었습니다. 이 기회에 아이디와 패스워드를 정리해놓는 것이 좋겠다 싶어 사이트를 하나씩 방문해 패스워드를 바꾸다가 짜증이 치밀었습니다. 각 사이트마다 패스워드에 대한 규칙이 달라서 어느 사이트에서는 패스워드에 특수문자가 포함되어야 하는가 하면 어느 사이트에서는 특수문자를 허용하지 않았습니다. 또 어느 사이트에서는 반드시 숫자를 포함시켜야 했고, 어느 사이트에서는 그런 제한이 없었습니다. 상황이 이렇다 보니 각 사이트마다 패스워드가 달라져 기억할 수 없는 지경에 이르게 되었습니다. 도대체 패스워드에 이런 규칙이 왜 필요한 것일까요? 패스워드에 특수문자를 허용하지 않는 것은 대체 무슨 이유일까요? 사용자가 입력한 패스워드를 확인하느라

소스코드를 복잡하게 할 뿐 아니라 보안을 강화하지도 못하는데 말입니다. 특수문자가 허용되지 않는다는 것은 가능한 패스워드 조합의 수가 그만큼 줄어든다는 뜻이 되니까요. 아마 그런 제한을 두게 한 사람은 보안에 대해 제대로 알지 못하는 상태에서 웹 사이트를 만들었을 가능성이 큽니다.

사실 이 패스워드 이야기는 잘못된 소프트웨어의 한 예에 지나지 않습니다. 소프트웨어를 사용하면서, 웹 사이트를 이용하면서 답답한 경우를 얼마나 많이 겪어 왔습니까? 그러나 대부분의 일반 사용자는 그런 형편없는 소프트웨어나 웹 사이트를 만든 사람들을 탓하기보다는 '내가 컴퓨터를 잘 몰라서 그럴 거야' 하고 생각하며 오히려 기가 죽었습니다. 이 책은 더 이상 그렇게 기죽을 필요 없이 당당하게, 사용자로서 자신의 권리를 찾을 수 있는 방법을 설명합니다. 전반부에서는 소프트웨어, 웹 사이트가 잘못 만들어진 경우와 제대로 만들어진 경우를 비교 설명하며 소프트웨어가 개떡 같은 것은 우리가 뭘 모르기 때문이 아니라 뭘 모르는 사람들이 개떡같이 만들었기 때문이라는 것을 밝힙니다. 그리고 제대로 만들어내라고 당당하게 요구하는 방법을 설명합니다. 이 책의 후반부에서는 그런 소프트웨어나 웹 사이트를 만들어내는 사람들의 특성과 어떻게 하면 그들을 올바른 길로 인도할 수 있을지에 대해 설명합니다.

인터넷을 돌아다니다 우연히 이 책을 발견했을 때, 특이한 제목에 이끌려 바로 책을 구해 읽어보았습니다. 목차를 주르륵 살펴보면서 처음에는 '낡았다'고 생각했지만, 책을 읽어가면서 소프트웨어와 소프트웨어 개발자에 대한 저자의 날카롭고도 재기 넘치는 비판에 공감하지 않을 수 없었습니다. 이 책은 소프트웨어 사용성(usability)에 대한 이야기를 비 기술적인 언어로 설명합니다. 사용자 입장에서 바라보는 소프트웨어, 웹사이트 그리고 보안에 대한 문제점을 설명하면서 가장 중요한 것은 사용자, 즉 사람임을 역설하고 있습니다. 책을 읽다 보면 우리 개발자가 소프트웨어를 만들면서 사용자를 얼마나 고려했는지 반성하게 됩니다. 이 책은 일반 사용자를 위한 것으로 개발자가 배울만한 기술적 내용이 들어있는 것은 아니지만, 개발자 또는 소프트웨어 업계에 몸담고 있는 분들도 모두 읽었으면 좋겠습니다. 일을 하는데 있어 수단(기술)보다 더 중요한 것이 무엇인지를 다시 한 번 생각해볼 수 있는 기회가 될 것입니다. 재미있게 설명하려는 의욕이 앞서 지나치게 과장해 설명한 부분이 없지 않으나 그 정도는 애교로 봐줄 수 있으리라 생각됩니다.

끝으로 이 책의 번역을 맡겨주신 인사이트 한기성 사장님과, 원고를 검토하고 역자가 얼렁뚱땅 넘어가려던 부분을 날카롭게 지적해 좀더 좋은 책이 될 수 있도록 애써주신 김강석 님께 감사드립니다.

윤성준

감사의 글

— Why **Software** SUCKS···

모든 책은 팀 노력의 결실입니다. 이 책 역시 훌륭한 분들의 도움으로 출판할 수 있었습니다. 애디슨 웨슬리(Addison-Wesley) 팀원들은 평소 그들이 대하던 프로그래머가 아닌, 컴퓨터 사용자를 위한 책의 이면에 숨어있는 개념을 이해했습니다. "여기서 그런 일은 안 하는데." 라고 말하는 대신 "괜찮은데. 우리가 뭘 할 수 있을지 살펴보자고." 하며 기꺼이 참여했습니다.

먼저 원고를 검토하고 "컴퓨터 책 원고를 읽고 이렇게 크게 웃은 경우는 많지 않다."고 답한 편집자 피터 고든(Peter Gordon)에게 감사합니다. 커트 존슨(Curt Johnson), 킴 보딕하이머(Kim Boedigheimer), 줄리 나일(Julie Nahil), 오드리 도일(Audrey Doyle), 애나 파픽(Anna Popick), 에릭 가룰리(Eric Garulay)를 포함한 애디슨 웨슬리의 다른 팀원들에게도 감사합니다. 저를 애디슨 웨슬리에 처음 소개해준 제 친구이자 동료 저자인 데이빗 채펠(David Chappell)에게도 감사합니다. 제 대리인인 트라이 덴트 미디어 그룹(Trident Media Group)의 알렉스 글래스(Alex Glass)와 제 게 그를 소개해준 저자 캐서린 콜터(Catherine Coulter)에게도 감사의 말 을 전하고 싶습니다.

저는 외과의사의 시각으로 자신의 직업 내부 문제를 다룬 애툴 가완 드(Atul Gawande)의『Complications: a Surgeon's Notes on an Imperfect Science(합병증 : 불완전한 과학에 대한 한 의사의 기록)』에서 이 책에 대한 영감을 얻었습니다. 책을 읽으며 "어라, 나도 내 직업인 소프트웨어 개발에 대해 똑같은 종류의 책을 쓸 수 있겠는걸. 그리고 내 책이 더 재미있을 거야."하고 생각했습니다. 그 책에 나오는 연례 컨퍼런스에서 외과의사의 행동에 대한 이야기인 '9000명의 외과의사'는 제 책에서 '졸트 콜라[1]'에 환장하는 만 명의 컴퓨터 괴짜들'로 바뀌었습니다.

원고를 읽고 좋은 의견을 보내준 모든 친구와 동료, 고객 그리고 학생 들에게도 고맙다는 말을 해야겠습니다. 그들과 함께 작업하며 정말 많은 것을 배웠습니다. 그리고 소프트웨어를 보여주고 "여기, 이 훌륭한 소프 트웨어를 보라. 우리도 이 정도로 할 수 있다."고 말할 수 있게 해준 좋은 소프트웨어를 개발한 모든 개발자에게 감사합니다. 뿐만 아니라 개떡 같 은 소프트웨어 개발자들에게도 감사합니다. 그들이 없었다면 비웃을 거 리도 없었을 테고, 이 책의 내용도 그리 재미있지 못했을 것입니다.

마지막으로, 내 가족에게 감사하고 싶습니다. 제 아내 린다와 딸 애 너벨 로즈, 루시 카트리나 그리고 고양이 심바, 멀리, 샐리에게도.

---

1 (역자 주) 졸트 콜라(Jolt cola): 일반 콜라보다 카페인이 2배나 많이 들어 있는 음료로 프로그래머와 같 이 밤일을 많이 하는 사람들이 즐겨 마십니다.

16

차례

개요

요즘 소프트웨어는 개떡 같습니다. 달리 좋게 말할 방도가 없습니다. 악성 프로그램이 인터넷 회선을 통해 우리의 침실까지 숨어들어오는 것을 막지 못할 정도로 안전하지 않습니다. 가장 필요한 시점에 오동작해서 몇 시간 또는 며칠 동안 했던 작업을 모두 날려 버려 복구할 수도 없게 만들 정도로 신뢰할 수 없습니다. 그리고 가장 단순한 작업을 할 때도 머리를 쥐어 뜯으며 고민을 해야 할 정도로 사용하기 어렵습니다.

별로 새로운 이야기도 아닙니다. 그렇지 않습니까? 노란 색과 검은 색으로 된 책 시리즈[1] 가 여러분에 믿게 하려고 했던 것과는 반대로, 여러분은 바보가 아닙니다. 여러분이 항상 생각했던 대로 요즘 소프트웨어는 정말 개떡 같습니다. 그렇기 때문에 이 책의 제목을 보고 웃었을

---

1 (역자 주) WILEY에서 출판하는 『ㅇ ㅇ ㅇ for Dummies』 시리즈를 말합니다.

것입니다. 그리고 그건 의식적인 웃음이 아니었을 것입니다. 그렇지 않습니까? 책의 제목을 보고는 "음, 재미있군. 내가 웃게 될 것 같군." 하지는 않았을 거란 말입니다. 그보다는, 냄새가 대뇌피질을 통과해 동물적 본능이 잠재된 중뇌까지 파고드는 것처럼 책 제목이 여러분의 신경계를 자극해 무의식 중에 웃음을 터뜨렸을 것입니다. 다시 생각하기 시작했을 때 아마 여러분은 "음, 훌륭하군! 마침내 이 친구(조리 있고, 제대로 된 자격을 갖추고 있고, 잘생겼을 뿐 아니라 품위까지 있는)가 평소 내가 생각하고 있던 것을 책에다 썼군." 하고 생각할지도 모르겠습니다. 정말 그렇습니다. 이 책은 어떻게 이런 상황까지 오게 됐는지, 그리고 여러분이 이런 상황을 바꾸기 위해 무엇을 할 수 있는지를 기술적 전문용어를 쓰지 않은 쉬운 언어로 설명합니다. "이런 젠장, 사야겠군! 사서 친구들에게도 돌려야겠군." 훌륭한 생각입니다. 여러분은 바보가 아니라고 제가 말했죠?

15년 전, 아니 10년 전만 하더라도 보통 사람들은 일상생활에서 소프트웨어를 사용하지 않았습니다. 제 부모님은 손녀에게 이메일로 생일축하 카드를 보내지도 않았고, 제가 사진 이미지를 메일로 보내 주리라 기대하지도 않았습니다. 종이로 된 기록부에 예금 계좌를 결산했고, 예쁜 그림이 그려진 종이 달력에 펜으로 글씨를 써가며 일정을 관리했습니다. 정기적으로 소프트웨어를 사용했던 몇 안 되는 사람들도 보통은 업무의 일부로 사용했을 뿐입니다. 비행기표를 예매하기 위해 항공예약 시스템을 사용했던 여행사 직원처럼 말입니다. 이런 사람들은 고가의 독점적 하드웨어와 많은 교육, 지속적 지원이 필요하고 다른 목적으로는 거의 사용할 수 없는 소규모의 맞춤형 애플리케이션을 사용했습니다. 웹은 곱슬머리 학자들이나 사용하던 괴팍한 것이었습니다. 대부분의 사람들은 웹에서 음악을 훔치거나 지저분한 그림을 다운받기는 커녕 웹이란 것이 존재하는지조차도 몰랐습니다.

그런데 상황이 완전히 바뀌어 버렸습니다. 그것도 거의 하룻밤 사이에 (사회적 기간으로 봤을 때) 그리고 우리가 눈치채지 못하는 사이에 말입니다. 제 부모님은 이제 예금 계좌 관리를 위해 금융 소프트웨어 패키지를 사용합니다. 청구서 비용을 온라인으로 결제하기 때문에 우표를 걱정할 필요도 없고, 자동으로 전자 예금을 보여주고 수표도 정산해 주기 때문에 은행에 갈 필요도 없습니다. 손녀 사진을 메일로 받는 것뿐 아니라 라이브 스트리밍 비디오를 보고 싶어하기도 합니다. 일반 가정집에서는 한 달에 40달러 정도의 비용으로 초고속 인터넷에 무제한 접근할 수 있을 정도로 가격이 내려갔습니다. 이제 웹은 너무도 널리 퍼져서 펜실베니아 주는 자동차 번호판에서 'The Keystone State'란 모토를 없애고 대신 주의 웹 주소를 넣었습니다(그림 1). 플로리다 주는 한술 더 떠서 주의 슬로건은 그대로 둔 채 주 이름을 넣는 부분에 My-Florida.com이란 웹 주소를 넣었습니다(그림 2). 그리고 한때는 매우 비싸고 복잡한 장비를 통해서만 접근할 수 있었던 정보에 일반인들이 값싸고 쉽게 접근할 수 있게 됨에 따라 여행사 직원의 전문성도 사라져 버렸습니다.

우리는 소프트웨어의 바다에서 살고 있지만, 대부분은 소프트웨어가 어떻게 세상에 나오는지 또는 소프트웨어가 왜 그런 식으로 동작하는지에 대해 아무 생각이 없습니다. 그저 우리가 그걸 별로 좋아하지 않는다는 것만 알 뿐입니다. 누구나 비행기 이륙이 활주로에서 몇 시간씩 지연되거나 짐이 엉뚱한 곳으로 배달되는 것과 같은 공항에서의 난

그림 1 펜실베니아 주의 자동차 번호판. 주의 모토 대신 웹 주소를 표시했다.

그림 2 플로리다 주의 자동차 번호판. 주 이름 대신 웹 주소를 표시했다.

처한 경험담이 있듯이, 소프트웨어를 사용하다 난처한 상황에 처했던 이야기도 몇 가지씩 있을 겁니다. 작업 문서를 명시적으로 저장해야 한다는 사실을 알지 못한 채 프로그램으로 열심히 작업을 했는데, 그 망할 프로그램이 갑자기 뻗어버려 하루 종일 작업했던 것을 몽땅 잃어버

Something, somewhere went terribly wrong

그림 3 사용자들은 이제 마음을 바꾸었다. 그렇지 않은가?

린 적이 있을 겁니다. 화면에 뿌려지는 무작위의 비트 패턴은 꼭 우리에게 엿이나 먹으라고 놀리는 것 같습니다. 개인용 컴퓨터가 타임(TIME)지 1982년 '올해의 인물'로 선정된 이후 그 명성은 내리막길을 걷고 있습니다. '퇴화'란 만화는 대부분의 사용자가 느끼는 감정을 아주 잘 표현하고 있습니다(그림 3 참조).

소프트웨어는 개떡 같을 필요도 없고 그래서도 안 되지만, 현실은 다릅니다. 그렇게 된 이유 중 하나는 다른 산업분야의 설계자와 달리 소프트웨어를 개발하는 프로그래머와 설계자, 관리자들이 그들의 고객을 충분히 이해하지 못한다는 것입니다. 그들이 만들어낸 제품이 개떡 같은 이유는 특정한 부분을 어떻게 해야 할지를 몰라서가 아니라, 뭘 해야 할지를 몰라서 그런 것입니다. 그들은 고객(혹자는 희생자라고 부르는)과 단절되어 있는데 그 사실을 깨닫지 못하고 있습니다. 바로 이 고객이 있기 때문에 월급을 받을 수 있는 것인데 말입니다. 그들은 종종 엉뚱

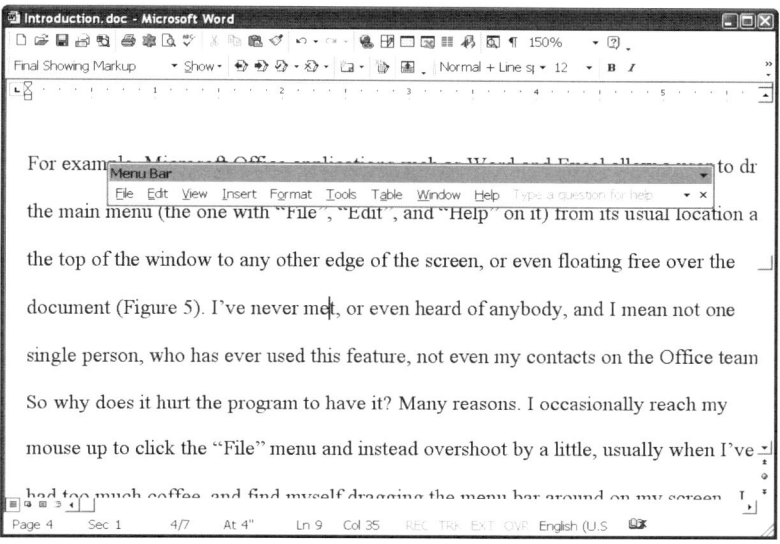

그림 4 마이크로소프트 워드의 메뉴 바가 문서 위에 떠있다. 이렇게 할 수는 있지만, 누가 이런 것을 원하겠는가?

한 문제를 푸는가 하면, 자신들을 제외한 어느 누구도 신경 쓰지 않는 기능을 추가하면서, 그 과정에서 모든 사용자에게 손해를 끼칩니다. 그들이 고객을 제대로 이해한다면, 좀 다르게 더 잘 만들 수 있을 것입니다.

한 가지 예로 워드나 엑셀과 같은 마이크로소프트 오피스 애플리케이션에서 사용자는 메뉴 바(파일, 편집, 도움말 등이 있는)를 평소 위치인 윈도우의 맨 윗부분에서 윈도우의 가장자리로 옮기거나 심지어 문서 위에 떠있게 할 수도 있습니다(그림 4 참조). 저는 이 기능을 쓰는 사람을 만나지도 들어보지도 못했습니다. 심지어 제가 아는 오피스 팀에 있는 친구들조차도 쓰지 않는 기능입니다. 그렇다면 왜 이런 기능이 프로그램에 손해를 끼칠까요? 여러 가지 이유가 있습니다. 저는 종종 파일 메뉴를 선택하기 위해 마우스를 이동하다가 조금 지나쳐 잘못 클릭하는 바람에(보통은 커피를 지나치게 마셨거나 해서) 메뉴 바를 잘못 드래그해 엉뚱한 위치에 놓고는 합니다. 저는 하던 일을 멈추고 메뉴 바를 다시 드래그해서 툴바 위의 원래 있어야 할 곳에 위치시킨 다음, 이런 쓰잘머리 없는 기능을 만든 꼴통들에게 욕을 퍼붓는데 30초 가량을 허비합니다. 별로 대단한 것 같지 않지만, 하루에 두 번 10억 명의 사용자가 이런 일을 당한다면 대략 매일 27명의 전체 인생과 맞먹는 시간이 낭비되는 것과 마찬가지입니다.[2] 이 쓸데없는 기능을 프로그램에서 완전히 제거해 이런 어처구니 없는 일로 시간을 낭비하거나 집중을 흐트리는 일이 없어진다면, 저뿐만 아니라 대부분의 사용자 또한 좀더 생산적이 될 것입니다. 게다가 이 기능을 제공하기 위한 추가적인 프로그래밍 명령(프로그래머들이 '코드'라 부르는)은 오류나 보안 취약성이 있을 확률을 높입니다. 기계 장치에 움직이는 부품이 많을수록 고장이 쉽게 나는 것처럼 말입니다. 만약 마이크로소프트가 이 바보 같은 기능을 설계, 작성, 테스트, 디버깅, 문서화 그리고 기술지원하는데 쓰는 돈을 다 태워버리거나 아니면 저에게 준다면(이게 더 좋겠네요) 세상이 훨씬 좋아질 것입니다. 무엇보다도 나쁜 것은, 프로그램이 잘 안 죽게 하거나 죽더라도 작업 내용을 잃어버리지 않게 하는 등 대부분의 사용자가 실제로 중요하게 생각하는 것에 사용할 수 있었고 또 사용해야 하는 개발 리소스가 쓸데없는 비생산적인 기능에 낭비된다는 것입니다. 비생산적 기능에 리소스를 낭비한 대표적인 예가 마이크로소프트 오피스 길잡이(그림 5 참조)로 말

---

2 10억 분은 694,444일이고, 1,901년이 되므로 1명이 70년을 산다고 보면 대략 27명의 인생이 됩니다.

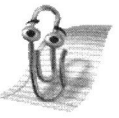

그림 5 아무도 좋아하지 않는 오피스 길잡이 클리피

도 하고 춤도 추고 짜증도 나게 합니다(1997년에 추가되었다가 열화와 같은 성원(?)에 힘입어 2002년에 비활성화되었습니다).[3]

현재도 소프트웨어는 개떡 같지만 우리가 거부할 때까지는 계속 그럴 것입니다. 자동차의 경우도 고객이 안전성(에어백과 ABS)과, 신뢰성(더 좋은 기술로 고장 최소화), 사용성(CD 플레이어와 컵 홀더)을 요구하면서, 이런 기준을 만족하는 차를 구입하고 그렇지 못한 차를 무시하기 시작하자 개선되었습니다. 제 어머니는 항상 "네게 더 좋은 생각이 없다면 불평하지 말라."고 하셨습니다. 저는 더 나은 생각을 많이 가지고 있고, 현재의 소프트웨어 설계 결정에서의 멍청함을 지적하면서 이런 생각을 여러분과 나눌 것입니다. 이 책이 방법을 설명하는 책(how-to book)은 아니지만, 나쁜 프로그램 설계로 인한 가장 끔찍한 효과를 완화하는 트릭을 공개할 것입니다. 예를 들면, 문서를 윈도우의 휴지통으로 보낼 때 나타나는 확인 대화상자("~항목을 휴지통에 버리시겠습니까? 정말로? 정말,

---

3 클립처럼 생긴 이 꼴사나운 녀석을 혐오하는 사람이 저뿐만은 아닌 것 같습니다. 변호사인 달리아 리드윅(Dahlia Lithwick)과 브랜트 골드스타인(Brandt Goldstein)은 『Me v. Everybody: Absurd Contracts for an Absurd World』(다른 모든 사람과 나: 부조리한 세상을 위한 부조리한 계약, Workman Publishing, 2003)의 「3장. The Maniacal-Paper-Clip-With-Eyebrows Provision(눈썹 달린 클립 장치)」에서 이렇게 썼습니다. "화면 오른쪽 밑부분에서는 튀어 나와서 우리를 끊임없이 감시하며 '지금 당신이 협박 편지를 쓰고 있는 것을 보고 있다'고 주절거리거나 내가 쓴 글자를 모두 스프레드시트로 변환해 숫자를 붙인 목록으로 바꾸고 싶은 것 아니냐며 귀찮게 하는, 기계적 방귀 외에는 달리 뭐라고 말할 수 없는 것들을 뿜어내는 이 쓸데없는 조그만 녀석을 없애버리거나 나타나지 않게 하거나 또는 아주 부숴버리기 위해 여러분은 무슨 짓이든 할 것이다."

정말, 정말로?")를 끄는 방법과 같은 것들 말입니다. 더욱 중요한 것은 이 책이 소프트웨어 산업에 우리의 목소리를 전달해 소프트웨어가 좀더 나아지도록 하기 위해 여러분과 제가 무엇을 해야 하는지 설명한다는 것입니다. 오피스 길잡이에 대해서는 그게 통했습니다. 그렇지 않습니까? 동시에 저는 소프트웨어를 개발하는 것이 물리적 객체(발등에 떨어뜨릴 수 있는)를 만드는 것과는 상당히 다르다는 것을 말해야겠습니다. 가령 나무로 탁자를 만든다면, 나무 고유의 속성으로 인해 설계가 제한됩니다. 예를 들면, 나무를 용접할 수는 없지만 나사못으로 조일 수 있고 아무렇게나 휘지 않을 정도의 두께로 얇게 만들 수 있습니다. 그러나 소프트웨어에는 이런 본질적인 제약조건이 없습니다. 소프트웨어는 거의 무한정 마음대로 만들 수 있습니다. 프레드릭 브룩스(Frederick Brooks)가 소프트웨어 공학의 고전인 『The Mythical Man-Month』(Addison Wesley, 1995)[4]에서 언급했듯이(저는 최근의 가속화된 프로젝트 일정을 고려해 'The Mystical Geek-Week'로 제목을 바꿀 것을 제안했습니다) 프로그래머의 작업은 '거의 순수하게 생각에 관한 것'입니다. 저는 항상 연기를 병 속에 우겨 넣는 것으로 프로그래밍을 묘사합니다. 따라서 저는 어떤 것이 본질적으로 프로그램에서 하기 어려운 것인지(예를 들면 전기가 갑자기 될 때도 살아남게 하거나 새 프로그램이 이전 버전과 호환되도록 하는 것[5])어떤 것이 멍청한 설계자에 의한 얼빠진 설계 결정인지 설명할 것입니다.

저는 하버드 대학의 익스텐션 스쿨과 전 세계 기업에서 소프트웨어 개

---

4 (역자 주) 번역서: 『맨먼스 미신』(케이앤피북스, 2007)
5 프로그래머가 좋아하는 농담이 있습니다. "신은 어떻게 6일만에 세상을 창조했을까? 이전 버전을 설치한 것이 없었기 때문에 하위 호환성에 대해 걱정할 필요가 없었다." 제 편집자는 신이 문서화에도 인색했다는 것을 지적했습니다.

발을 가르칩니다. 저는 많은 저널과 뉴스레터에 기고했을 뿐 아니라 프로그래머와 개발 관리자를 위한 9권의 책을 썼습니다. 이런 불리한 조건에도 불구하고 저는 제 글이 건조하지 않을 것이라 약속합니다. 저는 전문 용어를 쓰지 않기 위해 최선을 다했습니다. 예를 들면, 여러분은 이 책에서 기가바이트(gigabyte)란 단어를 찾을 수 없을 것입니다.[6] 대신 '디스크 공간의 1/4 분량'(이 글을 쓸 당시에는 거의 비슷했습니다)과 같은 식으로 말할 것입니다. 이 책은 저의 다른 책에 비해 놀라울 정도로 쓰기 쉬웠습니다. 스포츠 기자였던 레드 스미스(Red Smith, 1906~1982)는 "글쓰는 것은 쉽다. 그저 혈관을 열고 피를 흘리면 된다."고 말하기를 좋아했습니다. 여러분이 이미 눈치챘기를 바라지만, 저는 여기서 제기한 문제에 열정을 느낍니다. 제가 가르치는 학생들에게 "윈도우XP는 가격에 비해 쓸만한 제품입니다. 윈도우98은 지옥에 처넣는데 들이는 힘조차 아까울 정도의 허섭스레기입니다."라고 투덜거리면, 학생들은 놀라서 종종 이렇게 말합니다. "빙빙 돌려서 말씀하지 마시고, 솔직한 느낌을 알려주세요." 여기에 저는 다음과 같이 대답합니다. "만약 여러분이 내가 본 대로 말한 것을 가지고 고소한다면 혐의대로 유죄임을 인정하겠습니다." 이 책은 단순히 여러분에게 설명만 하는 책이 아닙니다. 이 정신 나간 전문가들이 제정신을 찾게 해달라는 저의 울부짖음입니다. 이 책을 읽고 난 다음 여러분 의견을 제게 알려주시기 바랍니다.

---

6 예. 압니다. 여기만 빼고요.

1장

바보를 부르는 그대는 누구인가?

"절대 안 팔릴 걸!" 저는 서점에서 책 제목을 보면서 속으로 비웃었습니다. "자신을 바보라고 온 세상에 공표하는 그런 책을 누가 공개적으로 사겠어? 그건 마치 '초소형'이란 레이블이 붙은 콘돔을 사는 것과 마찬가지지."

그러나 모두가 알다시피 뚜껑을 열어보니 전혀 달랐습니다. 『DOS for Dummies(바보들을 위한 도스)』와 『Windows for Dummies(바보들을 위한 윈도우)』는 컴퓨터 분야에서 베스트 셀러가 되었습니다. 이런 개념은 컴퓨팅 분야를 넘어 『Wine for Dummies(바보들을 위한 와인)』『Saltwater Aquariums for Dummies(바보들을 위한 염수 수족관)』『Breast Cancer for Dummies(바보들을 위한 유방암)』과 같은 제목을 달고 다른 분야로 퍼져나갔습니다. 여러분이 읽고 있는 이 책을 출판해줄 출판사를 찾는 데 도움을 얻기 위해 저 또한 『Getting Your Book Published for Dummies(바보들을 위한 자신의 책 출판하기)』란 책을 샀는데, 그 책에 의하면 '바보들을 위한 ○○○ 시리즈'는 1억 권 이상이 팔렸다고 합니다.[1]

컴퓨터는 사용자 자신을 스스로 바보 같다고 느끼게 합니다. 제대로 교육받은 사람들조차도 짜증나는 베이지색 박스가 자신이 원하는 작업을 하도록 할 수 없습니다. 그러나 횃불과 삼지창을 들고 마이크로소프트사로 몰려가서 빌 게이츠(Bill Gates)의 마네킹을 목매달기보다는, "우띠, 나 바보인가 봐." 하며 스스로를 책망할 뿐입니다.

잘못을 저지르고도 남을 탓하는 사회, 자기가 커피를 엎지르고는 레스토랑을 고소하는 것을 당연시하는 사회에서 사용자들이 자신을 책망하게 한 것은 대단한 성취라 할 만합니다. 물론 소프트웨어 제작사가 의도한 것은 아니었겠지만 말입니다. 왜 프로그래머들은 사람들에게 이런 느낌이 들도록 애플리케이션을 설계하는 걸까요? 왜 사람들은 컴퓨터를 사용하면서 이런 부당함을 그냥 받아들이는 걸까요?

문제의 기원

초창기 컴퓨터 프로그램 설계자들은 제품을 사용하기 쉽게 하는 데는 신경을 쓰지 않았습니다. 당면한 컴퓨팅 문제(예를 들어, 단

---

1 때로는 이런 접근법이 엉뚱한 결과를 낳기도 합니다. 2003년 10월, 미국 소비자제품 안전위원회 (Consumer Product Safety Commission)는 특정 화학물질을 부정확한 지시에 따라 혼합하는 것은 폭발 위험이 있다는 이유로 『Candle & Soap Making for Dummies(바보들을 위한 양초와 비누 만들기)』를 회수하도록 했습니다. 이런 조치가 출판사의 유방암 책이나 또는 비슷한 시리즈인 『Prostate Cancer for Dummies(바보들을 위한 전립선 암)』 같은 책에 무얼 암시할까요?

어가 종이에 제대로 인쇄되도록 프린터를 처리하는 것과 같은)를 풀어내는 것만으로도 벅찼기 때문에 사용자의 삶을 편하게 하는 것에 신경 쓸 만한 시간적, 경제적 여유가 없었던 것입니다. 사람의 시간보다 컴퓨터 처리 시간이 훨씬 비쌌습니다. 명령을 나열하는 메뉴를 제공하는 대신 사람들로 하여금 복잡한 명령을 기억하게 하는 것이 경제적으로 현명한 처사였습니다. 지금은 상대적 비용이 완전히 뒤바뀌었지만, 우리 업계에서 30세 이상의 사람이라면 이런 환경에서 자랐을 것입니다. 이런 생각을 떨쳐 버리려고 아무리 노력해도 머릿속에는 이런 생각이 자리잡고 있습니다. 1930년대의 대공황 시절을 보냈던 나이 많은 친척들(아직도 구멍 난 양말을 벗어 쓰레기통에 던져 버리지 못하는)[2]을 생각해 보면 이해가 될 것입니다.

20세기 초반의 자동차 운전처럼, 초창기 사용자들 또한 컴퓨터를 사용하는 것을 원래 짜증나는 것으로 생각했고, 따라서 실망한 적도 드물었습니다. 대부분의 경우 사용자 자신이 프로그래머였습니다. 그중 극소수가 사용법을 좀더 쉽게 만들어야 한다는 필요 또는 강렬한 열망을 느꼈습니다. 초창기 운전자들이 손으로 돌려 시동을 거는 엔진과 시도 때도 없이 펑크 나는 타이어를 참고 사용했던 것처럼 우리 또한 제한된 컴퓨터 시간, 알 수 없는 명령들, 형편없는 문서와 같은 어려움을 수용했습니다. 그것이 최선이었습니다. 그들이 농장에서 매일 퇴비 더미에서 삽질을 하지 않아도 된다는 것만으로도 행복해 했던 것처럼, 우리 또한 중요한 계산 작업(인구 조사표를 만들거나 적군의 암호 코드를 풀어내는 것과

---

2 (역자 주) 우리 나라에서는 보릿고개 시절을 보낸 어른들을 생각해 보면 될 듯 합니다.

같은)을 컴퓨터로 처리할 수 있다는 것에 행복해 했습니다. 초창기 운전자들이 엔진을 이리저리 손보길 좋아했던 것처럼 우리도 설계자가 전혀 의도하지 못한 방법으로 프로그램을 돌려가며 가지고 노는 것을 좋아했습니다. 누군가 헨리 포드(Henry Ford)에게 모델 T[3]에 컵 받침대가 있어야 한다고 말했다면 아마 면전에서 웃음거리가 되었을 겁니다.

그 시절에는 프로그램을 사용하기 쉽게 만드는 것은 잘못이라는 통념이 있었습니다. 프로그램을 만드는 것은 어려우니 사용하는 방법도 어려워야 하고, 지적 투쟁을 통해 자신의 가치를 증명한 사람들만이 프로그래머의 노력으로 인한 혜택을 받을 수 있어야 한다는 것이었습니다. 처음 사용했던 시스템에서(1975년, 대학교 1학년 때) 문서를 인쇄하기 위한 명령이 Print 또는 P가 아니라 Q(인쇄를 하기 위해서는 문서를 큐(queue)에 넣어야 하므로)라는 것을 알아냈을 때 느꼈던 자부심이 기억납니다(놀랍지만 저는 요즘도 여전히 이런 걸 좋아합니다). 저는 마법의 주문을 배운 것이었습니다. 저는 소수의 선택 받은 사람이 된 것이었습니다. 저는 똑똑했으니까요!

그러나 하드웨어 값이 떨어지면서 컴퓨터는 일부 전문가들만 들어갈 수 있는 에어컨이 설치된 유리로 둘러싸인 방에서 컴퓨터 괴짜들의 작업용 탁자로, 다시 일반인의 직장과 가정에 있는 책상 위로 옮겨졌고, 이에 따라 프로그램도 전보다 사용하기 쉬워져야 했습니다. 따라서 애플리케이션 개발자들은 사용자가 실제로 사용할 수 있도록 프로그램을 설계하는데 시간과 돈을 투자했어야 합니다. 왜 그러지 못했을까요?

---

3 (역자 주) 포드(Ford)사에서 제작/판매한, 미국의 자동차 대중화를 이끈 역사적 자동차입니다.

왜 여전히 개떡 같은가

컴퓨터 프로그램 중 인간 사용자와 상호작용하는 부분(사람으로부터 명령이나 데이터를 받거나, 사람에게 메시지나 데이터를 표시하는)을 사용자 인터페이스(user interface)라 합니다. 컴퓨팅의 다른 분야와 마찬가지로 사용자 인터페이스 설계 또한 고도로 전문화된 기술이고, 대부분의 프로그래머는 이에 대해 전혀 알지 못합니다. 그들은 마이크로프로세서(컴퓨터의 심장부에 있는 실리콘 칩)와 커뮤니케이션을 잘하기 때문에 프로그래머가 된 것입니다. 그러나 사용자 인터페이스는 그 정의에 따라 완전히 다른 하드웨어와 소프트웨어 즉, 살아있는 인간과의 커뮤니케이션에 관계된 것입니다. 논리적이고 오류가 없지만 멍청한 반도체 쪼가리와 대화하는 기술이 비이성적이고 오류투성이지만 지적인 인간과 대화하는 기술과 완전히 다르다는 것은 별로 놀랄만한 일은 아닙니다. 그러나 반도체 칩과의 대화에 능통한 사람들은 자동으로 인간과의 대화에도 능통하다고들 가정합니다. 보통은 그렇지 않지만, 그런 사실을 거의 깨닫지도 못합니다. 바로 이것이 프로그래머가 만든 사용자 인터페이스가 개떡 같은 이유입니다. 적어도 그 개떡 같은 프로그램을 사용하는 멍청한 사용자 입장에서는 그렇단 말입니다.

어떻게 이런 일이 일어날까요? 프로그래머는 프로그램을 작성하기 위해 어느 정도 이상의 지능을 가지고 있어야 합니다. 이들은 대부분 실리콘 칩을 다루는 데는 선수입니다. 그렇지 않다면 바로 해고될 것이고 사회에 뭔가 도움이 될만한 다른 직업(벽돌 쌓기 같은)을 선택하게 될 것입니다. 이렇게 똘똘한 사람들이 왜 사용자 인터페이스를 설계할 때는 뇌수술을 당한 바보가 되는 것일까요? 아주 간단한 이유 하나(세상의 모든 커뮤니케이션 실패 뒤에 숨어있는 것과 같은 이유)는 그들이 사용자를 잘 모른다는 것입니다.

　모든 프로그래머는 사용자가 무엇을 원하는지 정확히 알고 있다고 생각합니다. 프로그래머도 매일, 하루 종일 컴퓨터를 사용하니 당연히 알고 있어야 하죠. 프로그래머는 스스로에게 말합니다. "내 마음에 들게 사용자 인터페이스를 설계하면, 사용자들도 좋아할 거야." 틀렸습니다! 이제는 지쳐서 더 이상 코딩을 하지 않는 컴퓨터 괴짜들을 위한 프로그램을 작성하는 것이 아니라면, 사용자는 그들과 다릅니다. 저는 제 학생들에게 "쓰레기가 들어가면 쓰레기가 나온다"[4], "항상 카드를 나누어라"[5]는 문구와 함께 사용자 인터페이스 설계에 관한 플랫(Platt)의 법칙을 마음속 깊이 새겨두라고 합니다.

그대의 사용자를 알라. 사용자는 그대가 아닐지니

　가장 간단한 예로 퀴큰(Quicken) 또는 마이크로소프트 머니(Money) 같은 개인 재무 프로그램을 생각해 봅시다. 이런 프로그램은 매주 몇 시간 정도만 사용될 뿐입니다. 사용자는 매일 사용하는 애플리케이션에서처럼 많은 기능을 기억하지 않을 것이고 또 기억할 수도 없을 것입니다. 따라서 사용자는 더 많은 안내와 도움이 필요한데, 물론 이런 것은 매일, 하루 종일 사용하는 사용자(프로그래머와 같이)라면 짜증을 느낄

---

4 (역자 주) Garbage In, Garbage Out.
5 (역자 주) Always Cut the Cards. 카드 게임을 하기 전에 카드를 나누라는 뜻입니다.

수도 있습니다. 프로그래머가 이런 사용자의 입장을 이해하는 것은 거의 불가능합니다. 프로그래머는 프로그램에 대해 너무도 많이 알기 때문에 프로그램을 잘 모르는 사람들의 상황을 상상할 수 없는 것입니다.

사용자가 그들과 같을 거라는 잘못된 생각을 가지고 일하기 때문에 프로그래머들은 사용자 인터페이스를 설계할 때 두 가지 잘못을 저지르게 됩니다. 그들은 사용 편의성보다는 제어에 더 많은 가치를 두어, 단순한 것을 단순하게 만드는 대신 복잡한 것을 가능하게 하는 데 집중합니다. 그리고 사용자들이 프로그램의 내부 동작을 배우고 이해할 것이라 기대합니다. 저도 그랬었지만, 지금은 어리석었던 젊은 시절을 후회하고 있습니다.

제어와 사용 편의성

저는 회사에서 강의를 할 때면 항상 수동 변속 기어 자동차를 모는 사람(저처럼)이 얼마나 되는지 물어봅니다. 보통 수강생의 반 정도가 손을 듭니다. 그러면 저는 부인이 동의한다거나 또는 저처럼 늙다리 퇴물이 되어 미니밴을 몰아야 할 처지가 되면 수동 기어 자동차를 몰 생각이 있는지 물어봅니다. 처음에 손을 들지 않았던 나머지 수강생들 중 대략 반 정도가 손을 듭니다.[6] 이제 저는 다음과 같은 질

---

6 여러분의 회사에서도 이 테스트를 해보시기 바랍니다. 예전에는 몰랐던 사용자 분포에 대해 알 수 있을 겁니다. 그리고 이 책의 웹 사이트(www.whysoftwaresucks.com)에 여러분이 얻은 결과를 알려주시기 바랍니다. 고맙습니다.

문을 합니다. "수동 기어가 자동 기어에 비해 배우기도, 사용하기도 어렵지만 제대로만 조작한다면 마음대로 제어할 수 있고 성능도 낮지 않습니까?" 수강생들은 유도심문에 걸려들었다는 것을 깨닫지만 이쯤 되면 보통 옴짝달싹 못하게 되어 마지못해 동의하고 맙니다. "자, 그럼 미국에서 수동 변속기어를 장착한 자동차가 판매되는 비율은 얼마나 될 것 같습니까?" 그들은 당황한 기색을 감추지 못하며 "분명 낮을 거에요. 한 30% 정도?" 하고 대답합니다. 그들의 바람일 뿐이죠. 보통은 10~14% 정도로 추산합니다. 비교를 쉽게 하기 위해 12.5% 또는 1/8이라고 해봅시다.

이는 8명중 6명의 프로그래머가 자동차를 선택할 때 제어와 성능을 조금이라도 향상시키는 데 매우 높은 가치를 두고 있고, 이를 위해 기꺼이 지속적인 수고를 더할 의향을 가지고 있다는 의미입니다. 그러나 일반인은 8명중 1명만이 이와 같은 결정을 합니다. 그리고 그 한 명 중에는 앞의 컴퓨터 괴짜들이 포함되어 있을 수도 있으므로 실제로 그 비율은 그보다도 훨씬 낮을 것입니다. 일반인이 성능과 제어를 위해 별도의 노력을 기울여야 한다는 것을 수용할 확률은 거의 0에 가깝습니다. 여러분의 사용자는 여러분과 다릅니다.

일을 잘못한 사례를 하나 들어 봅시다. AT&T의 전화번호 검색 서비스는 처음에는 단순하고 쉬웠습니다. 다른 사람의 전화번호를 물으면 자동 응답기가 "문의하신 번호는 555-1212입니다. 잘 메모하시기 바랍니다."와 같은 식으로 대답했습니다. 전화를 끊지 않고 기다리면 번호를 반복해 불러줘서 정확하게 받아 적었는지 확인할 수 있었습니다. 단순하고 쉬워서 잘못될 일이 없었죠. 좋습니다. 그 후 AT&T는 문의한

번호로 자동으로 연결시켜주는 기능을 추가했습니다. 응답기는 다음과 같이 말했습니다. "50센트를 추가로 지불하시면 문의하신 번호 555-1212로 자동으로 연결할 수 있습니다. 동의하시면 1을 그렇지 않으면 2를 누르십시오." 단순함을 그대로 유지하면서 추가 요금을 지불할 용의가 있는 사용자에게는 더욱 강력한 기능을 제공할 수 있게 되었습니다. 새로운 기능을 원하지 않는 사람은 그냥 전화를 끊으면 그만이었습니다. 그런데 어떤 바부탱이(idoit)[7]가 정말 끔찍한 아이디어를 냈습니다. 제가 마지막으로 AT&T 전화번호 검색 서비스를 사용했을 때, 다음과 같은 메시지가 흘러나왔습니다. "50센트를 추가로 지불하시면 문의하신 번호로 자동 연결 됩니다. 동의하시면 1을 그렇지 않으면 2를 누르십시오." 제 선택을 입력하기 전까지 번호를 알려주지 않았던 겁니다. 저는 귀에서 수화기를 떼어, 키 패드를 눈으로 보고(45세 이상이라면 이렇게 하기가 더 어렵겠죠), 번호를 받아 적기 위해 손에 쥐고 있던 연필을 놓은 다음, 버튼을 정확히 누른 다음(2번으로), 다시 연필을 집어 든 후, 수화기를 귀에 대야 했습니다. 그제서야 요청한 번호가 555-1212라는 것을 알려주었습니다. 기능은 여전히 강력했지만, 단순함은 사라져버렸습니다. 이 시스템 설계자는 분명 사용 편의성보다는 제어에 가치를 둔 것이겠지만, 사용자들은 그렇지 않을 것입니다. 누구든 이런 것을 만들

---

7 idiot : 이 단어는 제가 가르쳤던 학생으로부터 나온 것입니다. 어떤 학생이 있었는데 열심히 하지 않았기 때문에 잘 따라오지 못했습니다. 그 친구는 저에게 모든 것이 너무 불공평하다는 내용으로 장문의 메일을 보내왔습니다. 그 친구는 분명 몹시 흥분해 있던 것 같습니다. 그러나 대학 졸업을 앞두고도 'idoit'의 정확한 철자를 배우지 못한 친구의 말을 심각하게 고려하기는 어려웠습니다. 그 친구가 썼던 문장은 다음과 같습니다. "플랫 교수님, 당신은 idoit입니다. 채점자도 idoit이고, 이 강의를 추천했던 녀석도 idoit이고, 그 친구 말을 들었던 저도 idoit입니다." 그 후로 우리는 idoit의 정확한 철자도 모르는 이 개념 없는 친구를 기념하기 위해 idoit(ID-oyt로 발음함. 프랑스인이라면 eed-WAH로 발음)이란 단어를 사용하기 시작했습니다.

어 세상을 괴롭히는 사람은 강제로 매일 500번씩 그것을 사용하도록 해야 합니다. 아마 일주일만 지나면 세상을 떠나고 싶어질 겁니다.

그러나 제 휴대폰 통신 사업자인 베리존(Verizon)은 사용 편의성을 중요시했습니다. 베리존은 전화번호 검색 서비스 이용자의 대부분이 즉시 검색 번호로 전화를 걸고 싶어한다는 사실을 깨달았습니다. 그렇다면 그냥 그렇게 하지 못할 이유가 없겠죠? 제 휴대폰에서 전화 번호 검색 서비스로 전화를 걸면 자동 응답기가 다음과 같이 대답합니다. "문의하신 번호는 555-1212입니다. 지금 연결해드리겠습니다." 제가 어떤 동작을 하거나 생각할 틈도 없이 저절로 처리됩니다. 문의했던 번호는 휴대폰의 최근 통화 목록에 남아있어 필요하면 전화번호부에 저장할 수 있습니다. 번호만 알기를 원하는 사람은 그냥 전화를 끊으면 됩니다. 단순한 것도 그대로 남아있고, 복잡하고 강력한 기능 역시 단순해졌습니다. 이 설계는 AT&T의 것보다 훨씬 낫죠.[8]

프로그램이 어떻게 동작하는지에는 관심이 없다니까

사용자 인터페이스를 설계할 때 프로그래머가 하는 두 번째 실수는 사용자로 하여금 프로그램의 내부 동작을 이해하도록

---

8 베리존은 여러분이 문의한 전화번호의 휴대폰 위치로 길안내를 하는 서비스를 제공할 계획이란 기사를 오늘 읽었습니다. 휴대폰 위치는 내장된 GPS 칩으로 찾는다는군요. 저는 그들이 지금까지와 마찬가지로 단순성을 깨지 않으면서도 강력한 기능을 제공할 것으로 믿습니다.

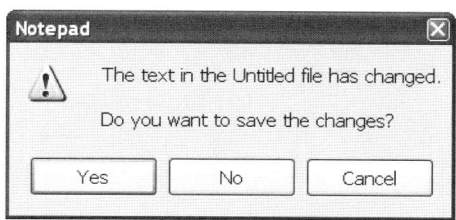

그림 1-1 메모장이 사용자에게 변경 내용을 저장할 것인지 물어봅니다

강요하는 것입니다. 프로그래머는 사용자 인터페이스를 사용자의 사고 과정에 맞추는 대신 사용자가 자신의 사고 과정에 맞추도록 강요합니다. 게다가, 이런 접근법에서 아무런 잘못도 느끼지 못합니다. 누군가 사용자 인터페이스가 왜 그런 식으로 동작하느냐고 묻는다면 그는 의아해하며 "그게 제 프로그램의 동작 방식입니다."라고 대답할 겁니다.

여기 그 예가 있습니다. 윈도우 메모장이나 다른 에디터 프로그램을 띄운 다음 아무거나 입력합니다. 이제 주 메뉴에서 '파일〉끝내기'를 선택하거나 또는 제목표시줄의 오른쪽 구석에 있는 X버튼을 누릅니다. 그림 1-1과 같은 메시지 박스를 볼 수 있을 겁니다.

이 박스가 우리에게 물어보는 것이 정확히 뭘까요? 어떤 파일이 변경되었다고 하는 것 같은데, 저는 어디에서도 파일을 본 적이 없습니다. "변경된 내용을 저장하시겠습니까?"는 도대체 뭘 의미하는 것일까요?

메모장은 보통 컴퓨터의 하드디스크에 있는 문서(컴퓨터 괴짜들은 파일이라고 부르죠)를 편집하는데 사용됩니다. 문서를 열면 메모장은 문서의 내용을 디스크로부터 읽어 컴퓨터의 메모리로 복사합니다. 여러분이 타이핑을 통해 텍스트를 입력하거나 삭제하면 메모장 프로그램은 메모리 복사본을 변경합니다. (이 예에서 우리는 이미 존재하는 문서를 열지 않았지만, 메모장 프로그램은 메모리에 새로운 문서를 만들어 "제목 없음"이란 이름을 붙여놓습니다.) 문서 작업을 마치면 프로그램은 메모리 복사본을 다시 디스크에 저장해야 하는데, 이 동작을 파일로 저장한다고 합니다. 그렇게 하지 않으면 여러분의 작업은 모두 날라갈 테고, 그럼 여러분은 몹시 화가 나겠죠.

프로그래머는 메모장 프로그램을 이런 식(문서를 디스크에서 메모리로 읽어 들인 다음 메모리 복사본에서 작업을 하고 다시 디스크에 저장)으로 작성했습니다. 그게 그에게는 가장 쉬웠기 때문이죠. 그리고 프로그램을 작성하는 데 있어 그리 나쁜 방법도 아닙니다. 디스크(회전하는 철판에 움직이는 부품으로 구성된)에서 문자를 읽거나 쓰는 것은 메모리에서 작업하는 것에 비해 대략 1,000배 정도 느립니다(전자는 거의 빛의 속도로 이동합니다). 따라서 이런 단순한 프로그램을 내부적으로 잘 동작하게 하는 데는 아마 가장 좋은 방법일 겁니다.

그러나 프로그래머가 작성한 사용자 인터페이스가 이런 내부 동작을 직접적으로 노출한다는 게 문제입니다. 그게 왜 나쁠까요? 프로그래머가 자신이 그런 식으로 프로그램을 작성했다는 것을 여러분에게 강제로 이해시키려 하고 있기 때문입니다. 우리는 프로그램을 제대로 사용하기 위해 그 내부 동작을 알아야 하거나 신경 쓸 필요가 없어야 합니다. 마치 자동차 엔진이 어떤 연료 주입 방식을 사용하는지 캬브레터를 사용하는지 모르고 신경 쓰지 않아도 운전하는데 아무 지장이 없듯이 말이죠.

우리는 보통 프로그램의 동작 방식대로 생각하지 않습니다. 대부분의 사람들은 컴퓨터 문서 편집을 종이와 연필을 사용하는 방법(기억은 하시겠죠?)과 비슷하다고 생각합니다. 연필로 쓰면 종이에 표시됩니다. 마음에 안 드는 부분은 지웁니다. 전부 마음에 들지 않으면 종이를 구겨서 집어 던집니다. 별도의 노력을 들여 제거하지 않는 한 작업한 내용은 영원합니다. 그러나 메모장에서는 그런 방식이 아닙니다. 새로운 컴퓨터 사용자는 누구나 이런 사실을 깨닫게 됩니다. '아니오' 버튼을 누른 경우 메모장은 우리가 작업한 내용을 몽땅 날려버립니다(이런 경우가 많지 않기를 바라지만). 결국은 사용자가 컴퓨터 프로그램처럼, 더 정확히 말하면 프로그램을 작성한 프로그래머처럼 생각하는 법을 배우게 됩니다. 사용자 인터페이스 설계 전문가인 앨런 쿠퍼(Alan Cooper)는 컴퓨터에 익숙한 사용자를 '너무도 많이 상처받아 흉터 조직이 엄청 두꺼워져 더 이상 고통을 느끼지 못하는 사람'이라고 정의했습니다.

메시지 박스에서 "방금 작업한 내용을 모두 버리겠습니까?"라고 물어본다면 질문과 대답이 훨씬 명확해질 것입니다. 이는 정확히 같은 질문으로, 단지 프로그래머의 관점이 아닌 사용자의 관점에서 질문한 것일 뿐입니다. 그러나 프로그래머는 프로그램의 동작(디스크에 저장하는 것)에 대해서만 생각하고 우리에게 이것을 할지 말지 물어보는 것입니다. 그들은 자신의 입장을 강요할 뿐 우리의 입장은 이해해 보려는 시도조차 하지 않았습니다. 만약 시도해봤다면 다른 방식으로 질문했을 것입니다. 아마 그런 질문이 얼마나 황당한지를 깨닫고 더 좋은 사용자 인터페이스를 설계했을 겁니다. 프로그램 내부 동작은 동일하더라도 말이죠.

그런 면에서 개인 재무 프로그램인 마이크로소프트 머니는 훨씬 낫

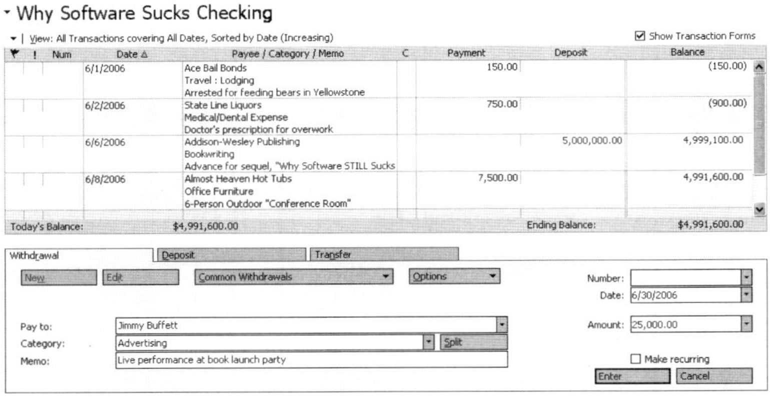

그림 1-2 마이크로소프트 머니의 사용자 인터페이스. 수표 책처럼 보입니다.

습니다. 머니 설계자는 사용자의 정신 모델(mental model)이 수표 책이라는 것을 이해하고, 화면을 수표 책 등록기처럼 보이게 만들었습니다(그림 1-2). 새로운 사용자에게도 비교적 친숙하고 편안하게 느껴집니다. 현재 작업중인 수표는 다른 색으로 표시됩니다. 수표의 세부 사항을 입력한 후 엔터키를 누르면 수표가 위로 올라가 다른 수표와 같은 색으로 바뀌고, 작업 영역에는 새로운 빈 수표가 나타납니다. 소리를 켜면 "짤랑" 하는 금전등록기에서 나는 소리를 들을 수 있을 겁니다.[9] 프로그램에서 수표를 저장할 것인지는 물어보지 않습니다. 엔터키를 누르는 행위 자체가 프로그램에게 해당 정보를 저장하고 싶다는 것을 알려주는 것입니다. 나중에 마음을 바꿔 수표의 데이터를 수정하거나 아예 삭제하고 싶어지면, 등록기에서 해당 수표를 클릭한 다음 새로운 정보를 입

---

9 소리 자체도 구식입니다. 실제로 금전등록기에서 이런 소리를 마지막으로 들은 게 정확히 언제였는지 기억할 수 있습니까? 요즘은 가게의 금전등록기 소리는 컴퓨터에서 '삑' 하는 소리가 납니다. 그러나 여전히 소리는 나지요. 지난 십여 년 동안 전화 다이얼을 돌려보지 못했어도 여전히 전화 다이얼을 돌리는 것에 대해 이야기하는 것처럼 말입니다.

력하면 됩니다. 이 프로그램은 언제 데이터를 디스크에서 메모리로 읽어 들이고 언제 다시 디스크에 기록할까요? 글쎄요, 저도 모르겠고 신경 쓰지도 않습니다. 그리고 별로 알고 싶지도 않은데, 여러분도 마찬가지죠? 이 프로그램의 사용자 인터페이스는 프로그래머가 선택한 내부 설계를 우리가 이해하도록 강요하는 대신 우리의 정신 모델을 따르고 있습니다.

이렇게 하는 것이 사용자 인터페이스를 더 잘 설계하는 방법입니다. 저는 사용자로서 프로그램 자체에 대해 생각하고 싶지는 않습니다. 저는 프로그램을 통해 제가 할 수 있는 작업에 대해 생각하고 싶습니다. 예를 들어, 이 청구서를 지불할 만한 충분한 돈이 남아 있는지 확인하는 작업 같은 것이죠. 또 다른 사용자 인터페이스 설계 전문가인 도널드 노먼(Donald Norman)은 그의 책 『The Invisible Computer』(MIT Press, 1999)에서 이런 감정을 잘 표현했습니다. 이상적으로라면, 저는 프로그램에 대해서는 전혀 생각하고 싶지 않습니다.

바로 이것이 프로그램이 사용하기 어렵고 우리를 스스로 바보라고 느끼게 만드는 주된 이유 중 하나입니다. 우리는 프로그래머처럼 생각하도록 강요 받고 있었던 것입니다. 우리는 프로그래머도 아니고 프로그래머가 되고 싶은 생각도 없는데 말입니다. 그렇게 할 필요가 없습니다. 자동차를 운전하려고 자동차 정비공처럼 생각해야 하는 것도 아니고, 아스피린 한 알 먹으려고 의사처럼 생각해야 하는 것도 아니며, 햄버거를 굽기 위해 정육점 주인처럼 생각해야 하는 것도 아닙니다. 우리는 힘들여 번 돈을 이 제품에 지불했습니다. 제품이 우리에게 맞도록 프로그래머가 노력해야지, 그 반대가 아니란 말입니다.

나쁜 기능과 좋은 기능

여기 프로그래머가 사용자 인터페이스를 망쳐 놓아 사용자로 하여금 바보 같다고 느끼게 만드는 또 다른 예가 있습니다. 윈도우 바탕화면에서 아무 문서나 하나 선택한 다음 삭제(Delete) 키를 눌러 보십시오. 이 기능을 비활성화시켜 놓지 않았다면, 그림 1-3과 같은, 정말로 파일을 삭제할 것인지 묻는 확인 대화상자를 볼 것입니다.

단 한 번이라도 "이런! 삭제하려던 게 아니었는데. 물어봐 줘서 고맙군." 하고 말하며 '아니오' 버튼을 클릭한 적이 있습니까? 그런 사람을 봤거나 혹은 그런 상황을 경험했다는 사람에 대해 들어본 적이 있습니까? 저는 없습니다. 확인 기능을 너무도 광범하게 남용하고 있어 역설적으로 완전히 쓸모없는 기능이 되어버리고 말았습니다. 이 박스는 "늑대야!" 하고 지속적으로 외치는 이솝 우화에 나오는 양치기 소년 같은 존재가 되어, 아무도 이것에 신경을 쓰지 않습니다. 심지어 정말 지우고 싶지 않은 파일을 삭제하려 할 때의 경고조차도 말입니다. 하도 자주 봐서 아무 생각이 없습니다. 자동 비행으로 마우스를 움직여 무의식적으로 '예' 버튼을 클릭합니다. 어쨌든 우리에게 아무런 안전성을 제공하지 못합니다. 전혀 도움이 되지 않죠. 다행히 이 확인 대화상자 기능을 끌 수 있습니다.[10] 그러나 전혀 존재할 필요가 없는 것들 중 제거

---

10 휴지통을 선택해 마우스 오른쪽 버튼을 클릭하고 팝업 메뉴에서 '속성'을 선택한 다음, '삭제 확인 대화상자 표시' 체크박스의 체크를 풀어줍니다.

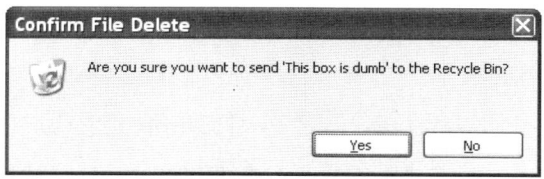

그림 1-3 윈도우 휴지통의 쓸데없는 확인 대화상자

할 수 없는 것도 많이 있습니다.

일상 생활에서는 이런 식의 확인 절차가 없습니다. 자동차 키를 꽂아 돌렸을 때 "정말 시동을 걸고 싶으십니까?"하고 물어보는 차는 없습니다. 가게에서 계산을 위해 상품을 내려놓았을 때 "정말 이것들을 사고 싶으십니까?"하고 물어보는 가게 점원도 없습니다. 아마존(Amazon. com)에서 특허를 받은 원-클릭[11] 주문 기능을 발견한 이후로 책을 얼마나 많이 더 구입했는지 생각해 보시기 바랍니다.

왜 프로그래머들은 지속적으로 확인을 요청하는 것일까요? 사용자가 혼란을 느끼고 프로그램에 지시한 작업의 결과를 제대로 이해하지 못한다고 생각하기 때문입니다. 형편없는 사용자 인터페이스 품질을 놓고 생각해 보면 맞긴 합니다. 그러나 이런 확인이 문제를 해결하는 것은 아닙니다. 확인 대화상자를 띄우는 명령을 처음부터 명확히 이해하지 못한다면, 확인 대화상자가 떴을 때는 더 헷갈릴 것이기 때문입니다. 자신의 명령을 프로그램이 수행하고 싶어하지 않는 것처럼 보이면

11 이 기능의 초창기 프로토타입에서는 사용자가 원-클릭 주문 버튼을 눌렀을 때 "정말 원-클릭으로 주문을 하시겠습니까?"하고 묻는 팝업 대화상자가 떠서 실제로는 투-클릭 프로세스였다는 사실을 아는 사람은 많지 않습니다. 아마존의 프로그래머들은 이 기능을 유지하기 위해 격렬하게 저항했고 아마존의 대표인 제프 베조스(Jeff Bezos)의 직접적인 지시가 있은 후에야 이를 제거해 진정한 원-클릭이 될 수 있었습니다.

사용자는 자신이 뭔가 실수를 했다고 생각할 것입니다. 확인 대화상자를 사용하면 프로그래머는 다음 두 가지 즉, (1) 사용자가 뭘 하고 있는지를 명확히 설명해 자신이 원하지 않는 것은 안 하도록 하는 것, (2) 사용자가 나중에 후회할 작업을 실제로 수행한 경우 복구할 수 있는 수단을 제공하는 것과 멀어지게 됩니다.

사용자가 정말로 실수를 한 경우 어떻게 합니까? 가령 상점에서 손전등과 이에 맞지 않는 건전지를 함께 계산대에 내려놓았을 때 주의 깊은 점원이라면 "정말 이렇게 구입할 겁니까?"하고 물어봐야 하지 않겠습니까? 좋은 사용자 인터페이스라면 이런 실수로부터 우리를 지켜줘야 하는 것 아닙니까? 물론 그래야 합니다. 그리고 컴퓨터 프로그램의 장점 중 하나가 바로 이런 것을 할 수 있다는 점입니다. 아무 생각 없이 매번 "지금 당신이 지시한 작업(그것이 무엇이든 간에)을 정말로 할까요?"와 같은 질문을 한다고 해서 되는 것은 아닙니다. 좋은 사용자 인터페이스라면 처음부터 이런 문제가 발생하는 것을 방지할 수 있어야 합니다. 손전등 판매 웹 페이지에 '건전지 포함'이라는 체크박스를 포함시키는 것도 하나의 방법입니다. 손전등은 건전지 없이는 동작하지 않으므로 체크박스를 디폴트로 체크해 놓는 것이 좋겠죠. 해당 크기의 건전지를 이미 많이 가지고 있는 구매자라면 체크를 해제할 수 있습니다. 또는 아예 손전등 안에 건전지를 함께 포장해 포장을 뜯자마자 바로 작동시킬 수 있게 하는 것도 좋은 방법입니다. 그럼 건전지 문제로 고민할 필요가 없어지겠죠. 똑똑한 사용자 인터페이스 설계자라면 프로그래밍을 시작하기도 전에 이런 것들을 생각할 것입니다. 확인 대화상자가 필요하다는 생각이 들면, 프로그래머는 그 대화상자를 필요 없게 할 수 있는 다른 부분의 사용자 인터페이스를 망쳐놓은 것이 확실합니다. 그는 시도조차 해보지 않았을 수도 있고, 생각할 능력이 없을 수도 있습니다. '확인'은 게으르고 무지한 프로그래머들(사용자의 돈으로 월급을 받는)에게는 자신을 도와주는 목발이겠지만, 사용자에게는 아무런 도움이 되지 않습니다.

그러나 파일 삭제와 같은 파괴적 동작이라면 확인이 필요하지 않을까요? 글쎄요, 별로 그렇지 않습니다. 자동차에 시동을 걸 때나 가게에서 물건을 살 때 확인 질문을 받지 않는 또 다른 이유는 실수라고 깨닫는 즉시 작업을 취소해 원래대로 되돌릴 수 있기 때문입니다. 그냥 시동을 끄거나 원치 않는 물품은 원래 자리에 돌려놓으면 그만입니다. 컴퓨터 프로그램은 매우 쉽고 빠르게 문서나 메모리 일부를 복사할 수 있습니다. 이를 이용하면 프로그래머는 사용자가 수행한 작업을 되돌리는 기능을 제공할 수 있습니다. 이런 실행취소(Undo) 기능은 사용자 인터페이스 설계자의 무기고에 있는 무기 중 가장 훌륭한 것입니다. 제 생각에 실행취소 기능은 사용자 인터페이스에서 마우스가 등장한 이후 가장 큰 진보가 아니었나 합니다.

그림 1-3의 확인 대화상자에서 '예'를 클릭한 경우, 윈도우는 컴퓨터에서 문서를 완전히 삭제하지 않습니다. 대신 휴지통(Recycle Bin)이라 불리는 디스크의 다른 영역으로 이동시킵니다. 그 유명한 매킨토시의 휴지통(trash can)과 비슷한 겁니다. 이렇게 한 후 생각이 바뀌어 문서를 다시 살리고 싶으면, 휴지통에서 꺼낼 수 있습니다(휴지통을 비우지 않았다면). 대부분의 경우 우리는 파일을 정말 삭제하고 싶어 휴지통으로 보냅니다. 마우스가 살짝 미끄러져 엉뚱한 파일을 선택해 삭제하는 경우(저

는 어제도 그랬습니다)와 같이 실제로 발생하는 실수는 상대적으로 빈번하지 않으므로, 매번 파일 삭제 때마다 확인 대화상자를 띄워 모든 사용자를 짜증나게 하면서 실수를 예방하려 하는 것보다는(확인 대화상자의 남용 때문에 잘 듣지도 않죠) 실수가 발생했을 때 이를 치료하는 것이 훨씬 더 효율적입니다. 예방보다는 치료가 훨씬 더 중요한 것입니다.[12]

실행취소 기능은 파일 작업뿐 아니라 애플리케이션 내부에서도 활용할 수 있습니다. 보통 편집 메뉴에서 단짝인 재실행(Redo, 물론 '실행취소'를 실행 취소하는 것입니다)과 함께 보입니다. 저는 실행취소 없이는 문서 작성을 5분도 지속할 수 없습니다. 바보 같은 문장을 입력하거나 또는 텍스트를 엉뚱한 곳으로 옮기곤 하기 때문이죠. 실행취소/재실행 기능을 구현하는 프로그래머라면 사용자의 친구가 될 수 있습니다. 저는 그런 프로그래머를 만나면 맥주를 쏘는데, 여러분도 그래야 합니다. 사용자가 아무 생각 없이 Ctrl +Z(왼쪽 손의 약지와 새끼 손가락)를 눌러 모든 것을 원상 복구할 수 있도록 하는 이런 기능을 제대로 만드는 것은 엄청난 노력이 들어갑니다. 항상 그렇듯이, 쉽게 만드는 게 어렵죠. 프로그램은 실행취소를 할 수 없는 작업에 대해서만 확인 대화상자를 띄워야 합니다. 그리고 모든 작업은 실행취소를 할 수 있어야 합니다.

실행취소의 진정한 아름다움은 사용자가 프로그램을 살펴볼 수 있게 하는 데 있습니다. 메뉴 아이템에 있는 짧은 레이블이나 툴바 버튼에 있는 조그만 그림으로 새로운 프로그램의 기능을 이해하기란 쉬운 일이 아닙니다. 그러나 실행취소 기능이 있으면 간단한 키 조작으로 원

---

12 (역자 주) 치료보다 예방이 중요하다는 말을 바꾼 것입니다.

상 복구할 수 있다는 것을 알기 때문에 사용자는 다른 기능들을 이것저것 실험을 해볼 수 있습니다. 문단을 이리저리 옮겨 보며 마음에 드는지 살펴보고, 마음에 들지 않으면 실행취소를 할 수 있습니다. 프로그래머는 종종 부정확한 사용자 입력을 멍청한 행동으로 보고 이런 사용자는 자리에 앉아 매뉴얼을 읽어야 한다고 간주하곤 합니다. 그러나 그렇지 않습니다. 바로 그런 행동이 인간이라는 종족이 뭔가를 배우는 메커니즘인 것입니다. 애플리케이션에 실행취소 기능이 있으면 두려움 없이 이런저런 기능을 시험해볼 수 있습니다. 바로 그것이 인간으로서의 사용자를 이해하고 존중하는 것입니다. 실행취소 기능을 제대로 구현하지 못하는 것은 도덕적 죄악입니다.

실행취소 기능을 제대로 구현한다면, 전체 시스템에서 파괴적 동작이라 할 만한 것은 휴지통을 비우는 기능 하나뿐입니다. 어떤 사람들은 이 동작에 확인 대화상자가 필요하다고 말할 것입니다. 지금도 그렇게 되어 있죠. 그러나 여기서도 확인 대화상자는 또 다른 나쁜 설계에 대한 보호장치로 존재하는 것일 뿐입니다. 즉, 컨텍스트 메뉴에 '탐색' 바로 밑에 '휴지통 비우기'가 있는데, 마우스가 살짝 미끄러져 두 번째 메뉴 아이템이 아닌 세 번째 메뉴 아이템을 선택하게 되면 '휴지통 비우기'를 선택하게 되는 것입니다. 좋지 않습니다. '휴지통 비우기'는 시스템 내에서 유일한 파괴적 동작이기 때문에 다른 곳에서는 사용하지 않는 특별한 행위가 있어야 합니다. 예를 들어, 휴지통을 선택한 다음 마우스 버튼 두 개를 동시에 클릭한다든가, 다른 키를 누른 상태에서 마우스를 클릭하는 것과 같이 말입니다. 더 좋은 방법은 휴지통이 자동으로 비워지게 하는 것입니다. 휴지통 안에서 사용자가 설정한 특정 기간(가령 한 달)이 지난 파일을 자동으로 삭제해 사용자가 직접 작업할 필요가 없게 하는 것입니다. 집에 있는 쓰레기통도 그렇게 되면 좋겠다고 생각하지 않습니까? 어떤 상황에서건 확인 대화상자를 볼 필요가 없어야 합니다. 확인 대화상자를 표시하는 프로그래머는 권좌에서 내쫓아 사용자 인터페이스를 설계하는 데는 관여하지 못하게 해야 합니다.

진보를 가로막는 어리석음

프로그래머가 설계한 사용자 인터페이스에서 가장 형편없는 부분은 사용자에게 표시하는 오류 메시지입니다. 바로 오늘 이 장을 쓰기 싫어 게으름을 피우며 CNN.com의 홈페이지를 읽다가 페이지 복사본을 디스크에 저장하고 싶어져서, 웹 브라우저의 메뉴에서 파일〉저장을 선택했습니다. 대화상자가 하나 떠서 파일 저장 진행상황을 보여주었습니다. 5% 완료, 15% 완료, 그리고 곧 진행상황이 99%까지 올라갔습니다. 그러더니 진행상황 표시 대화상자가 사라지고 그림 1-4와 같은 대화상자가 떴습니다.

이 대화상자는 진정한 멍청이의 작품이 아닐 수 없습니다. 왜 웹 페이지를 저장할 수 없는가? 문제 해결을 위해 내가 할 수 있는 일은 없는가? 예술 전문 사이트에서 흔히 그런 것처럼 이 웹 페이지도 저작권 보호 장치가 되어 있는가? 아님 서버가 죽었나? 작업 실패라면 진행상황은 왜 99%까지 올라갔는가? 내게 저장되었다고 알려준 99%의 페이지

그림 1-4 정말 멍청한 대화상자

는 어디 있는가? (100%만은 못하지만 그래도 아무것도 없는 것보다는 훨씬 나으니까.) 진행상황 표시 대화상자는 왜 사라져 버렸나? 대화상자에서 지정된 위치에 페이지를 저장할 수 없다고 하는데, 다른 위치에는 저장할 수 있다는 뜻인가? 만약 그렇다면 내가 어디서, 어떻게 그 사실을 알 수 있는가? 만약 그렇지 않다면 왜 위치를 들먹이는가? 브라우저는 이미 내게 페이지를 잘 보여주었고 그래서 저장하려고 했던 건데, 왜 보여주던 데이터를 그대로 저장하지 않는가? 대화상자는 문제가 정확히 무엇인지 생각할 수 있도록 알려주는 것도 없고, 상세 정보를 찾으려면 어떻게 해야 하는지도 알려주지 않습니다. 그리고 대화상자에는 OK버튼만 있습니다. 아니라고요. 이 동작은 성공하지 못했고 왜 실패했는지에 대한 설명도 없으니 저한테는 OK가 아닙니다. 대화상자 제목 'Error Saving Web Page'조차도 잘못되었습니다. 저는 오류를 범하지 않았습니다. 저는 프로그램에서 허용된 기능을 실행시켰을 뿐입니다. 프로그램은 페이지를 저장하지 못해 오류를 범했고 왜 그랬는지 설명하지 못해 또 오류를 범했습니다. 몇 안 되는 단어만으로도 이런 혼동을 느끼도록 만들었으니 정말 대단하다 하지 않을 수 없습니다.

앞에서 언급했던 사용자 인터페이스 설계 전문가인 앨런 쿠퍼는 이런 종류의 상황을 "진보를 가로막는 어리석음(stopping the proceedings with idiocy)"이라고 했는데, 마지막 단어를 제 스펠링(idoicy)으로 쓰지는 않았지만 매우 훌륭한 표현이 아닐 수 없습니다. 만약 정말로 페이지를 저장할 수 없었다면, 브라우저는 이를 미리 알고 저장을 시도하지 못하게 했어야 하며, 어떻게든 이를 제게 설명했어야 합니다. 또 다른 바보 같은 대화상자를 띄우지 않고도 그렇게 한다면 이상적이겠죠. 그 페이지를 방문했을 때 저장 메뉴가 비활성화되고 레이블이 '저장할 수 없음(보호된 페이지임)'과 같이 바뀐다면, 저장을 할 수 없다는 것을 알고 왜 그런지도 알 수 있을 테니 훨씬 낫겠죠. 페이지 전체를 저장할 수 없다면 저장 가능한 부분은 저장하고 저장하지 못한 부분은 알려줘야 합니다. 물론 바보 같은 대화상자를 띄워 제가 마우스 클릭을 하지 않게 말입니다. 아마 저장된 페이지를 브라우저로 다시 보면 일부 저장하지 못한 부분은 빈칸으로 남아 빨간색의 작은 X 표시가 보이는 식으로 표시되겠죠.

조용히 뒷조사를 해본 결과, 문제의 원인을 이해할 수 있게 되었습니다. 특정 타입의 짜증나는 내용을 브라우저에서 차단하도록 설정해 놓았던 것입니다. 브라우저는 해당 부분을 빈 칸으로 표시합니다. 번쩍번쩍하는 바보 같은 광고가 표시되는 것보다는 그 편이 훨씬 낫죠. (번쩍거리는 광고의 무용함에 대해서는 다른 장에서 논의할 것입니다.) 프로그램의 저장 기능이 페이지를 저장하다가 이 부분에 이르러 해당 내용이 차단된 것을 알았을 때, 화면에 표시할 때처럼 그저 무시하는 대신에 이를 차단하고는 전체 저장 프로세스를 중단시켜버린 것입니다. 저장할 수 있는 부분을 그대로 유지하지도 않고 말이죠. 앞에서 설명한 것처럼 어리석음이 앞으로 나아가는 진행을 가로막은 것입니다.

이런 식의 이해할 수 없는 대화상자가 나타났을 때 스스로 우리 자신을 바보 같다고 느끼지 않으려면 어떻게 해야 할까요? 그것은 우리의 잘못이 아니라, 프로그래머가 그들의 의무를 수행하는 데 실패한 것임을 알아야 합니다. 사용자는 어느 누구도 그런 바보 같은 커뮤니케이션을 이해할 필요가 없다는 것을 깨달아야 합니다. 프로그래머의 목을 손으로 조르고 무릎으로 프로그래머의 가랑이를 걷어차는 모습을 상상해야 합니다. 이 장의 마지막 부분과 이 책의 마지막 장에서 제시하는 내용을 따라야 합니다.

임상 실험

프로그래머는 제품의 내부 동작을 테스트하지 않고는 절대 출시하지 않습니다(물론 그래야 합니다). 그런데 그들은 왜 사용자가 제품을 실제로 사용할 수 있는지를 알아보기 위한 사용자 인터페이스 테스트는 하지 않아도 된다고 생각하는 것일까요? 그들은 그 제품이 자신들의 마음에 들고 사용하기 편리하다고 생각하기 때문에 다른 사람들도 당연히 그럴 거라 생각합니다. 앞에서 이미 확인했듯이 이런 무의식적 가정은 거의 항상 틀립니다. 사용자가 사용할 수 없는 컴퓨터는 돌덩어리와 다를 바 없습니다. 사용성 테스트(usability test)라고도 불리는 사용자 인터페이스 테스트는 매우 어렵고 비용도 많이 들지만 꼭 필요합니다.

프로그래머는 사용자에게 그냥 프로그램을 주고서 나중에 그 프로그램이 마음에 들었는지 물어볼 수 없습니다. 사용자는 프로그램을 이해할 수 없거나 자신이 무얼 했는지 기억하지 못할 수도 있어서, 스스로 자신을 바보 같다고 느끼기 때문에 그 프로그램에 대해 말하고 싶지 않을 수도 있습니다. 또는 프로그래머가 지난 2년 동안 노력해 만든 프로그램은 완전 개떡 같은 제품이라고 말해 프로그래머를 모욕하고 싶지 않을 수도 있습니다. (이미 눈치 챘겠지만, 저에게는 해당사항 없습니다.) 사용자를 제대로 이해하려면, 프로그래머는 사용자 인터페이스를 조작하는 사용자의 행동을 정확히 관찰해야 합니다. 처음에는 무엇을 시도하는지, 그 다음에는 무엇을 하는지, 어떤 기능을 몇 번 시도한 후에야 이해하게 되는지, 이런저런 기능이 있다는 것을 눈치 채는 데 얼마나 오래 걸리는지 등등 말입니다.

물론 사용자의 행위에 영향을 끼치지 않도록 하며 관찰해야 합니다. 이는 사용자가 격리된 방에 있어야 하며, 실생활에서 사용할 수 있는 자료(온라인 문서나 구글 검색 같은)는 무엇이든 접근할 수 있어야 함을 의미합니다. 프로그래머는 단방향 유리(one-way glass)[13]를 통해 사용자의 행동을 지켜보고, 사용자의 반응을 비디오로 촬영하고 소프트웨어 사용 기록을 남겨 애플리케이션을 사용할 때 어떤 키를 누르고 어떤 데에 마우스 클릭을 했는지 정확히 알 수 있어야 합니다. 어떤 사용성 연구소에서는 사용자가 화면의 어느 부분을 보는지까지 추적할 수 있는 헤드셋을 사용하기도 합니다.

이렇게 하면 머리에 '번쩍'하고 불이 들어옵니다. 앨런 쿠퍼의 책

---

13 (역자 주) 한쪽 방향에서만 투명하게 보이는 유리

『About Face : The Essentials of User Interface Design』(IDG Books, 1995)에서 그는 다음과 같이 기술합니다. "사용성 전문가는 프로그래머들을 어두운 방으로 데리고 가 단방향 유리를 통해 그들이 만든 소프트웨어를 힘겹게 사용하고 있는 불쌍한 사용자들을 보게 합니다. 프로그래머들은 처음에는 테스트 참가자들의 머리에 뭔가 문제가 있는 것이 아닌가 의심을 하지만 한참을 관찰한 후 결국은 경험적 증거를 인정하지 않을 수 없게 됩니다. 프로그래머들은 자신들이 설계한 사용자 인터페이스를 개선해야 한다는 것을 인정하고 그렇게 하기로 약속합니다."

그러나 사용성 테스트는 흔히 제품 출시 직전과 같은 개발 프로세스의 후반부로 밀려나곤 합니다. 일정은 항상 지연되고[14], 사용성 테스트는 완전히 생략되기도 합니다. 테스트가 실제로 수행되어 유용한 정보를 제공했다 하더라도 일정 때문에 프로그램을 수정할 수 없는 경우도 있습니다. 사용성 테스트는 가급적 이른 단계에서 수행되어야 하고, 이상적으로는 프로그래밍을 시작하기 전에 수행되어야 합니다.

어떤 기업은 출시 직전의 대규모 테스트로 제품을 더욱 사용하기 편하게 만들 수 있을 거라 생각합니다. 예를 들어, 마이크로소프트사는 '개밥 먹기'라 불리는 테스트를 수행합니다. 제품을 대중에 공개하기 직전에 회사 내의 실제 사용자에게 그 제품을 사용하게 합니다. 즉, 사내 임직원들이 사용하는 워드(Word)를 모두 차기 버전으로 바꾸는 식으로 말입니다. 이렇게 하면 몇몇 버그를 잡을 수는 있겠죠. 프로그래

---

14 프로그래머를 위한 제 책 중에서, 저는 '지수적 추정 폭주'란 플랫(Platt)의 법칙을 소개했습니다. 그 내용은 다음과 같습니다. "모든 소프트웨어 프로젝트는 최상의 추정치보다 3배의 시간을 잡아먹는다. 이는 이 법칙을 적용해 추정하더라도 마찬가지다."

머의 논리 오류, 즉 어떤 처리를 빠뜨려 프로그램이 죽어버리는 것과 같은 오류 말입니다. 그러나 설계 오류 특히, 사용성 관련 오류를 잡기에는 너무 늦습니다. 출시 전에 개밥을 직접 먹어보는 것은 아무것도 안 할 때보다는 개밥의 맛을 조금 낫게 할 수 있을지는 모르지만, 개밥을 고양이 밥으로 바꿀 수는 없습니다. 개밥 먹기 단계는 너무 늦어 사용자가 실제로는 고양이 또는 기린이란 것을 발견할 수 없습니다.

일을 제대로 처리하는 예를 보여드리겠습니다. 한번은 고가의 IBM 터미널을 교체하기 위해 윈도우 프로그램을 작성하던 보험사를 컨설팅한 적이 있습니다. 다른 보험사와 마찬가지로 그들 역시 제가 앞에서 말한 식으로 사용성 테스트를 수행했습니다. 정말 제대로 했습니다. 사용자의 행위를 비디오로 녹화하고 프로그래머들이 단방향 유리를 통해 지켜보도록 했습니다. 그들은 사용자가 기본적으로는 그 애플리케이션을 좋아하고 쓸만하게 느낀다는 사실을 알아냈습니다. 그러나 사용자는 IBM 터미널에서 그랬던 것처럼 한 입력 필드에서 다음 입력 필드로 이동하기 위해 엔터 키(다른 윈도우 애플리케이션에서처럼 탭 키를 누르는 것이 아니라)를 누르는 습관이 있었습니다. 사용자들은 개발자에게 이것을 바꿀 수 없는지 물었습니다. 이에 대해 심각하게 고민한 끝에 개발자들은 그렇게 바꾸는 것이 기술적으로 어렵지는 않지만 사용자를 만족시킬 수 없다는 결론을 내렸습니다. 사용자들은 그와 반대로 생각하고 있었지만 말이죠. 물론 개발자들은 그 애플리케이션이 예전 방식대로 동작하도록 바꿀 수 있었습니다. 그러나 다른 모든 상용 윈도우 애플리케이션은 그런 식으로 동작하지 않을 것이고, 사용자는 하루에도 몇 번씩 예전 방식과 새 방식 사이를 왔다 갔다 하게 될 것이 뻔했습니다. 그래서 개발자들은 사용자를 설득해 변화를 수용하도록 했습니다. 한동안 불평불만이 끊이지 않았지만 사용자들은 곧 진정되었고 변화를 받아들였습니다. 그 당시 좋지 않던 보험사 채용 상황도 한몫 하긴 했지만 말입니다. 제 요점은 프로그래머가 사용자를 설득해야 한다는 것이 아닙니다. 이건 특별한 경우였고, 보통은 그렇게 할 수 없습니다. 제가 이 이야기를 하는 이유는 제 고객이 사용성 테스트를 얼마나 훌륭히 해냈는지를 보여주기 위해서입니다. 그들은 필요한 테스트를 수행했고, 발견해야 할 문제를 발견했습니다. 또한 그 발견을 바탕으로 적절한 결정을 내렸습니다. 저는 더 많은 기업에서 이렇게 하길 바랍니다.

우리의 위치,
우리가 할 수 있는 일

불쌍한 사용자들을 위해 지금까지의 제 요점을 정리하면 다음과 같습니다.

1. 여러분은 바보가 아닙니다. 사실은 사용자 인터페이스가 개떡 같은 겁니다.
2. 사용자 인터페이스가 개떡 같은 이유는 프로그래머가 설계했기 때문입니다. 프로그래머는 사용자가 자신과 다르다는 것을 깨닫지 못하고 있습니다.
3. 2와 같은 이유로 사용자 인터페이스는 의도적으로 복잡하게 되어

있고, 프로그래머는 여러분이 복잡한 것을 다루길 좋아한다고 생각합니다. 실제로는 안 그런데 말이죠(1번 참조).

소프트웨어 프로젝트 시작 단계부터 사용성 전문가를 참여시키면 사용자 인터페이스는 훨씬 더 좋아질 수 있습니다. 이 부분에 대해서 일반 프로그래머는 차라리 없는 게 낫습니다. 침묵하는 다수(기술을 위한 기술에는 관심 없고 단지 자신의 작업을 빨리 처리하고 일상 생활로 돌아가기를 바라는)를 위해 누군가가 말해야 합니다. 저는 제가 참여하는 모든 설계 검토에서 이 역할을 하려고 시도했습니다. 저는 프로그래머들에게 말합니다. "여러분은 가정용 드릴을 설계하는 사람들과 같습니다. 그런데 여러분은 여기서 볼 베어링이냐 롤러 베어링이냐 아니면 에어 베어링이냐 같은 내부 사항에 대해서만 얘기하며, 고객이 이런 것들을 다른 어떤 것보다도 중요하게 생각할 것이라 주장하고 있습니다. 틀렸습니다. 고객은 드릴 자체에 대해서는 조금도 신경 쓰지 않습니다. 신경 쓴 적도 없고 앞으로도 계속 그럴 겁니다. 고객은 드릴을 원하기 때문에 드릴을 구입하는 것이 아닙니다. 구멍을 내기 위해 드릴을 사는 것입니다. 만약 벽에 걸 수 있는 구멍이 있다면 아마 그걸 살지도 모릅니다. 드릴에는 손도 대지 않고 훨씬 만족할지도 모릅니다. 여러분의 드릴은 구멍을 내기 위한 필요악일 뿐입니다. 이제 가슴에 손을 얹고 솔직하게 답해보기 바랍니다. 사용자가 진정으로 원하는 구멍은 어떤 것일까요? 어떻게 여러분의 프로그램이 더 빠르고 더 적은 비용으로 사용자가 원하는 더 좋은 구멍을 내게 할 수 있을까요?"

자, 여러분은 이 장을 다 읽었습니다. 이제 여러분이 어떤 것을 좋아하고 어떤 것을 좋아하지 않는지 소프트웨어 벤더에게 말할 자격을 갖추었습니다. 사용자 인터페이스 구조는 시나이 산에서 전달된 십계명처럼 고칠 수 없는 것이 아닙니다. 프로그래머와 다른 개발자들이 설계 결정을 내려 만든 것이고, 다르게 만들 수 있는 것입니다. 이들에게 메일을 보내십시오. 많이 보내십시오. 그들에게 여러분이 좋아하는 것과 싫어하는 것을 알려주십시오. 쓸데없는 확인 대화상자를 치워버리고 더 좋은 실행취소 기능을 제공하라고 요구하십시오.

무엇보다도 프로그래머들은 바보로 보이는 것을 싫어합니다. 추하고, 발기불능에다, 애들과 작은 동물들에게 불친절하고… 그들은 이런 것들에는 신경도 쓰지 않습니다. 그렇지만 멍청하다고 하면? 신이시여, 우리에게 자비를 베푸소서. 그들은 지능을 다른 어떤 것보다도 중요하게 생각합니다. 프로그래머가 뭔가를 만들게 해야 하는데 말을 안 듣는다면, 대중 앞에서 그가 멍청해 보인다는 것을 확인시켜주면 됩니다.

따라서 다음번에 개떡같이 설계된 사용자 인터페이스를 보면 잠시 멈추고 살펴보십시오. 잠시 가지고 놀면서 프로그램이 왜 마음에 안 들고 어떻게 개선할 수 있을지, 정확하게 특정 부분을 콕 찍어 생각해 보기 바랍니다. 그리고 이런 목적을 위해 있는 '부끄러움의 전당(Hall of Shame)'[15] 웹 사이트에 개떡 같은 설계에 대한 글을 올리는 겁니다. 이 책의 웹 사이트인 'www.whysoftwaresucks.com'이 좋은 시작이 될 수 있습니다. 그러고 나서 애플리케이션 개발사에 메일을 보내 당신의 평가를 볼 수 있게 알려줍니다. 더 바보 같은 것을 찾아낼수록, 그게

---

15 (역자 주) 명예의 전당(Hall of Fame)을 패러디한 것입니다.

공개되는 것에 더 크게 당황할 것입니다. 그리고 결국은 사용자가 자신들과는 다르다는 것을 이해하게 될 것입니다.

2장

웹에 얽혀들다

월드 와이드 웹(World Wide Web)은 거대합니다. (성난 독자: "내가 그런 소리나 들으려고 돈 내고 이 책을 샀나?" 인세를 계산하는 저자: "뭐라고요? 그게 아니었나요?") 웹은 대학의 물리학자 수십 명을 연결하던 것에서 시작해서 "인류의 중추"로 불릴 정도로 성장했습니다. 요즘은 웹 서핑이 PC를 사는 주요 이유 중 하나가 되었고, 웹은 텔레비전, 휴대폰, 심지어는 냉장고로까지 확대되었습니다.[1]

그러나 웹은 그 잠재력에 대한 기대에는 미치지 못합니다. 웹 사이트를 만들고 운영하는 수많은 프로그래머와 설계자가 웹이 무엇을 위한 것인지, 웹이 어떻게 동작하는지, 웹이 무엇을 하는지 이해하지 못하고

---

1 LG GR-D267DTU 인터넷 냉장고에는 자동 결빙기, 내장 터치스크린 PC, 그리고 고속 인터넷 접속을 위한 연결 단자가 있습니다. 제가 직접 사용해본 것은 아니지만, 리뷰에 의하면 이 냉장고가 같은 회사의 인터넷 전자레인지, 에어컨, 세탁기 등과 잘 통합된다고 합니다.

있기 때문입니다. 당연히 알고 있어야 하고 그들도 알고 있다고 주장하지만 실상은 그렇지 못합니다. 사용자라면 누구나 형편없는 데스크탑 소프트웨어에 대한 나쁜 기억이 있는 것처럼 웹에서 경험한 나쁜 기억도 하나 또는 열 개 정도는 갖고 있을 겁니다. 여러 페이지에 걸쳐 정보를 입력하느라 30분을 소모했는데 마지막 저장 버튼을 눌렀더니 "서버 작업량이 많습니다. 나중에 다시 시도 하십시오."와 같은 메시지만 표시되고 입력한 내용은 모두 날라가 버린 적이 있겠죠. 또는 브라우저가 동작을 멈춰 아무런 반응도 보이지 않아 영화 티켓을 제대로 구매한 것인지 아닌지 알 수 없을 때도 있었겠죠. 그리고 나쁜 놈들이 인터넷 회선을 통해 몰래 침입해서 우리의 돈이나 개인정보를 훔쳐가지는 않을까 항상 걱정합니다. 1장에서 데스크탑 소프트웨어에 대해 논의했던 것처럼, 이 장에서는 사용자들이 웹 사이트를 사용하면서 겪는 어려움에 대해 논의합니다. 그 뒤의 장에서는 보안과 사생활에 대해 다룰 것입니다.

사람들은 보통 웹과 인터넷이란 용어를 같은 뜻으로 사용하지만, 실제로 이 둘은 완전히 다른 것입니다. 인터넷은 하나의 지적 상자(intelligent box)에서 다른 지적 상자로 어떤 종류의 데이터든 보낼 수 있는 범용 데이터 네트워크입니다. 웹은 인터넷 상으로 전송되는 특정 형태의 데이터로서 인터넷 익스플로러나 파이어 폭스와 같은 브라우저를 통해 사람이 읽을 수 있는 페이지를 포함합니다. 인터넷상의 웹 구조를 설명하는 것은 쉽지 않습니다. 제가 웹을 비기술적인 문단 네 개만으로 설명할 수 있을지 한번 살펴봅시다.

문제의 기원

월드 와이드 웹(World Wide Web)은 스위스 제네바의 물리학 연구소인 CERN[2]에서 유래되었습니다. 거기서 과학자들은 종이와 공간을 절약하기 위해 자신들의 연구 문서를 네트워크에 연결된 컴퓨터에 저장했고, 고성능 워크스테이션에서 동작하는 초창기 브라우저를 통해 문서를 읽었습니다. 그리고 1990년, 팀 버너스-리(Tim Berners-Lee)라는 친구가 "문서는 다른 문서를 참조하는 경우가 많은데, 이미 모든 문서가 온라인에 있으니 클릭 한 번 만으로 참고 문서로 점프할 수 있다면 훌륭하지 않을까? 음, 그래, 그걸 '링크'라고 부르면 어떨까?" 하고 생각했습니다. 문서 작성자들은 링크를 나타내고 그 타깃을 지정하는 텍스트 문자를 정하고, 링크에 대한 클릭을 감지하도록 브라우저 프로그램을 수정했습니다. 이렇게 해서 웹이 태어났지만, 아직 월드 와이드한 상태는 아니었습니다.

연구 문서는 종종 다른 연구소에서도 참조되었기 때문에, 그 다음 해 결할 문제는 CERN의 문서 시스템과 다른 연구소의 시스템을 연결하는 것이었습니다. 이는 범용 네트워크인 인터넷을 통해 문서 시스템이 서로 통신하도록 만들면 되는 상대적으로 단순한 문제였습니다. 인터넷은 이미 서로의 시스템을 연결하고 있었고 그 당시에는 주로 전자메일을 주고 받는 데 사용하였습니다. 이제 사용자들은 문서의 물리적 위치와 상관없이 여러 문서 사이를 왔다 갔다 할 수 있게 되었습니다. 그리

---

2 (역자 주) Counseil Europeen pour la Recherche Nucleaire. 스위스 제네바에 위치한 세계 최대 입자 물리 연구소. 영어로는 European Council for Nuclear Research.

고 비로소 웹이 월드 와이드하게 되었습니다. 그러나 아직 일반 대중들에게까지 널리 알려진 상태는 아니었습니다.

웹이 뜬 것은 1994년경으로, 웹 서버 수가 처음에는 500대 정도에서 그해 말 10,000대까지 늘어났습니다. 이렇게 된 것은 부분적으로는 모자이크(Mosaic)라 불리던 개선된 브라우저 때문이었는데(역시 물리학 연구소에서 개발된), 모자이크는 후에 넷스케이프 네비게이터(Netscape Navigator)로 발전하게 됩니다. 모자이크는 윈도우와 같은 저가 플랫폼에서 쓸 수 있었던 최초의 쓸만한 브라우저였습니다. 그 당시 윈도우는 가정이나 직장에서 널리 사용되기 시작하던 때였죠. 전자메일을 위해 인터넷을 사용하던 대학과 기업은 자신들의 문서를 웹에 올려놓고 다른 곳에 위치한 문서를 브라우징하기 시작했고, 가정에서 일반 사용자들도 전화 모뎀을 통해 똑같은 일을 하기 시작했습니다. 이는 선순환이 되어, 사용자가 늘어나면서 콘텐츠가 풍성해졌고, 풍부한 콘텐츠가 더 많은 사용자를 끌어들였습니다. 그리고 이로 인해 웹이 뜨기 시작했습니다.

처음에 웹을 시작했던 학자들은 이를 별로 달가워하지 않았지만, 웹의 인상적인 성장을 이끈 주된 동력은 모든 (비학술적인) 인간 활동의 가장 본질적 동기인 돈과 섹스였습니다. 웹으로 인해 사용자들은 어떤 종류의 데이터든 쉽게 찾아 볼 수 있게 되었습니다. 텍스트, 음악, 그림, 무엇이든 말이죠. 때로 데이터의 주인은 데이터 자체에 요금을 매기기도 합니다. 포르노 제작자들은 이 비즈니스 모델로 정말 성공했고, 오늘날조차도 다른 종류의 웹 콘텐츠에 돈을 쓰는 사람은 거의 없습니다. 다른 몇몇 사업, 특히 월 스트리트 저널(어떤 사람들은 다른 종류의 대상을 위한 포르노라고도 말합니다)과 옥스퍼드 영어 사전이 이 모델로 약간의 성공을 거두었습니다. 대형 음반사들도 제정신만 차린다면 이런 사실을 깨달을 것입니다. 그리고 이제 데이터의 주인들은 인터넷의 접속 용이성을 이용해 기존 비즈니스 프로세스를 단순화하는 방법으로 돈을 벌기도 합니다. 항공 예약 시스템이나 배송 추적 시스템 등을 통한 인원 감축이 그런 예가 될 수 있습니다. 그리고 마침내 웹은 온 세상을 뒤덮게 되었습니다.

웹의 작동 원리

원래 웹은 텍스트와 그림을 포함한 정적 페이지를 전송하는 목적으로 설계되었습니다. '정적'이란 말은 사용자가 페이지를 요청하기 전에 사람이 워드 프로세서 앞에 앉아서 신문이나 잡지 기사를 쓰듯이 미리 그 페이지를 만들어 놓는다는 뜻입니다. 사용자가 문서의 주소를 브라우저에 입력하거나 링크를 클릭해 페이지를 요청하면, 해당 페이지를 저장하고 있는 서버는 페이지를 디스크에서 읽어 사용자에게 전송합니다. 서버는 사용자의 요청에 대해 다른 작업은 하지 않습니다. 그림 2-1과 같이, 그냥 사람이 미리 작성해 둔 문서를 찾아 리턴할 뿐입니다.

이런 식으로 사용할 때 웹은 사람 대 사람 커뮤니케이션과 같습니다. 페이지를 종이 소책자로, 웹을 아주 빠른 우편 서비스라고 생각해 봅시다. 우리는 이 간단한 아키텍처로 정말 많은 것을 할 수 있습니다. 예를 들어, 우리 동네 극장은 작은 웹 사이트를 운영하고 있어 저는 가끔씩

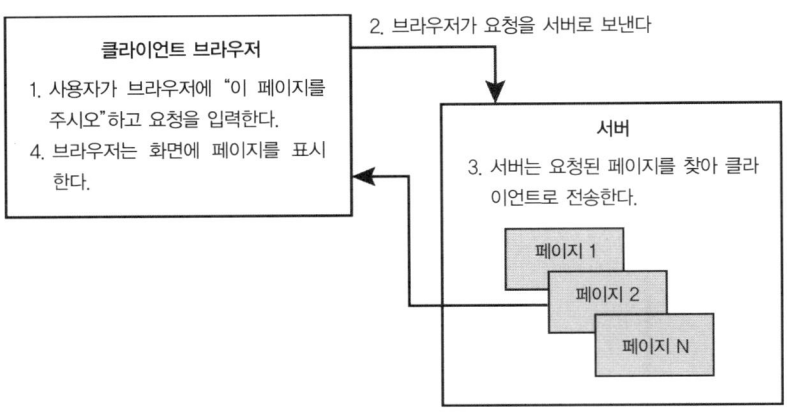

그림 2-1 월드 와이드 웹, 사람 대 사람 커뮤니케이션

방문해 어떤 영화가 상영되고 있는지 보고, 상영 예정 영화에 대한 글을 읽고, 예고편이나 리뷰에 대한 링크를 따라갑니다. 극장은 종이 광고지를 인쇄해 달팽이처럼 느린 우편으로 보내느라 돈을 허비할 필요도 나무를 죽일 필요도 없습니다. 저 또한 망할 광고지를 어디에 두었는지 기억할 필요도 없고 마누라가 갖다 버릴지 걱정할 필요도 없습니다. 다른 예로, 인쇄된 컴퓨터 매뉴얼은 마지막으로 본 게 언제쯤입니까? 매뉴얼을 온라인으로 저장하는 것은 종이에 인쇄하는 것보다 비용도 적게 들고 매뉴얼을 사용자에게 다운로드하게 하는 편이 우편으로 보내는 것보다 훨씬 싸게 먹힙니다. 사용자들도 배송을 기다릴 필요가 없어 좋습니다. 매뉴얼을 업데이트하는 것도 더 쉽고, 필요할 경우를 대비해 예전 버전을 보관하는 것도 쉽습니다. 심각한 컴퓨터 괴짜들은 침대에 누웠을 때는 온라인 매뉴얼을 볼 수 없다고 불평하지만, 무선 네트워크를 이용하면 이런 문제도 쉽게 해결할 수 있습니다. (침대에서까

지 컴퓨터 매뉴얼을 읽는 것 때문에 결혼생활에 문제가 생긴다면 이런 문제까지는 해결하지 못합니다. 컴퓨터 괴짜끼리 결혼한 것이 아니라면 말입니다.)

이런 방식을 통해 일년에 한두 번 바뀌는 통근열차 시간표, 신문과 잡지, 직원과 학생을 위한 핸드북, 기업 연례 보고서, 휴양지, 박물관, 관광지 선전을 위한 소책자, 많은 양의 정부 법안 문서, 엄청난 양의 포르노 그림까지, 아주 많은 종류의 문서를 얻을 수 있습니다. 논란의 소지는 있지만, 빠르고 값싼 전송 서비스라는 기능이 지금까지 웹의 가장 큰 성공 요인이라 할 수 있습니다.

그러나 인간의 욕심은 끝이 없습니다. 항상 "조금 더!"를 외치는 머릿속 회로는 만족을 모릅니다. 얼마나 좋은 것을 얻었는지에 상관없이 5분만 지나면 자동으로 "음, 훌륭하군. 좀더 낫게, 좀더 빠르게 할 수 없을까?"하고 말합니다. 정적 문서를 보면서 사용자들은 "종이 대신 화면에서 물리학 리포트나 영화 목록을 볼 수 있다면, 은행 거래 내역은 왜 못 보는 거지? 밸리 댄서의 매혹적인 춤 동작은 왜 볼 수 없는 거지?"하고 생각합니다.

사용자에게는 비슷해 보일지 모르지만, 프로그래머에게 이런 요구 사항은 완전히 새로운, 그리고 훨씬 어려운 컴퓨팅 문제가 됩니다. 신문은 모든 기사를 새로 작성하지만 은행에서는 모든 계좌에 대한 거래 내역 페이지를 매일 새로 만들 수 없습니다. 너무도 많은 계좌가 있고 이를 보는 방법도 너무나 많기 때문입니다. 수표 번호, 수취인 또는 금액으로 정렬할 수도 있고, 오름차순 또는 내림차순으로 정렬할 수도 있습니다. 최근 30일, 90일 또는 120일간의 거래 내역을 볼 수도 있습니다. 이 밖에 여러 가지 방법이 있겠죠. 따라서 은행의 웹 서버는 사용자

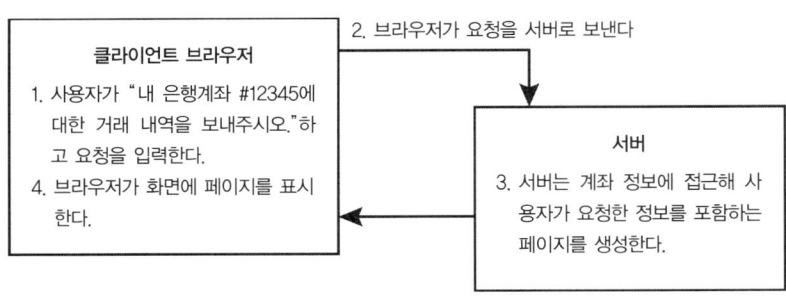

그림 2-2 월드 와이드 웹, 사람 대 컴퓨터 커뮤니케이션

로부터 계좌번호, 정렬 방법 등을 입력을 받아 데이터베이스에서 계좌 정보를 조회한 다음, 계좌에 대한 상세 정보 웹 페이지를 요청된 시점에 생성해 냅니다(그림 2-2 참조).

이제는 사람 대 사람의 커뮤니케이션이 아니라 사람 대 컴퓨터의 커뮤니케이션이 됩니다. 이건 완전히 다른 상황입니다. 여기에는 인간 고객에게 전화로 말하기, 고객의 요청을 컴퓨터에 입력하기, 컴퓨터 화면에 나타난 결과를 고객에게 전화로 읽어주기와 같은 많은 인간 작업이 있습니다. 페덱스(FedEx)의 배송물 추적, 항공권 구입, 한 계좌에서 다른 계좌로 송금하기 등이 이런 유형의 거래에 속합니다. 이런 것을 인간 접점(human touch point)이라 부르며, 매우 많은 비용이 드는 부분입니다. 금융업계에 있는 제 고객 중 한 명이 말하길 그의 회사에서 계좌 이체 요청을 인간 오퍼레이터가 처리하면 약 25달러 정도의 비용이 드는데 비해, 고객이 온라인으로 직접 처리하면 10센트 정도의 비용이 든다고 했습니다.[3] 하루에 이런 거래가 5백만 건 발생한다고 하면 그 차이는 실로 엄청나겠죠. 만약 우리가 페덱스에 전화를 걸어 인간 오퍼레이터에게 배송물 추적정보를 물어본다면 페덱스의 주주들은 우리가 배송물을 보낸 것에 대해 유감으로 생각할 것입니다. 그 거래를 통해 돈을 잃기 때문입니다. 오늘날 돈을 벌고 있는 저가 항공사들(최소한 기존 항공사보다 느린 속도로 돈을 잃고 있는)은 비용이 많이 드는 인간 오퍼레이터 대신 비용이 적게 드는 웹 사이트를 통해 항공권을 파는 비율이 높은 항공사들입니다. 여기에는 명확히 집어낼 수 있을 만큼의 많은 비용이 숨어있는 것입니다.

그리고 정말 명확해야 합니다. 이미 설명했지만, 이렇게 동적인 경우는 훨씬 풀기 어려운 컴퓨팅 문제가 있습니다. 보통 데이터는 개인정보인 경우가 많고, 이는 서버가 사용자의 신원을 확인해야 하고(이를 인증이라 합니다. 4장 참조), 사용자가 요청한 정보를 볼 권한이 있는지 확인해야 함을 의미합니다. 여러분은 은행 계좌의 잔액을 보고 싶겠지만, 열 받은 전처가 그걸 보는 것은 바라지 않을 테죠. 그렇지 않습니까? 서버는 한 페이지에서 다른 페이지로 넘어갈 때 사용자가 무엇을 하고 있었는지 기억해야 합니다. 그래야 항공권 예매 소프트웨어가 여러분이 선택한 경로에 따른 정확한 요금을 알 수 있으니까요. 서버와 브라우저는 네트워크를 통해 통신할 때 민감한 정보를 암호화해야 합니다. 그래야 옆집에 사는 꼬마 해커 녀석이 패킷 스니퍼로 그 정보를 읽을 수 없겠죠. 그리고 서버는 이 모든 것을 3초 이내에 제대로 해내야 합니다. 그

---

3 아마도 시간당 10달러 정도의 임금을 받을 오퍼레이터에 대해 비용을 너무 높게 책정한 것처럼 들리겠지만, 비용은 우리가 생각하는 것보다 훨씬 더 많이 듭니다. 보험료와 같은 비용도 지불해야 합니다. 그 직원을 훈련시켜야 하며, 그 직원이 휴가를 내거나 교통사고를 당했을 때를 대비해(보험) 다른 직원도 훈련을 시켜야 합니다. 그 직원을 감독할 사람을 고용해야 하고, 성희롱 방지를 위해 주기적으로 교육시켜야 합니다(보험). 이런 일들이 잘 되는지를 추적하고 문서화하기 위해 인사부를 유지해야 합니다. 이들이 모두 자리에 앉아있을 수 있도록 건물을 임대해야 하고, 전기요금, 전화요금 등을 지불해야 합니다.

래야 "이런, 젠장!"하고는 전화를 집어 들거나 경쟁사 사이트로 가버리지 않겠죠.

왜 여전히 개떡 같은가

물론 사용자는 사이트에서 풀어야 하는 컴퓨팅 문제가 얼마나 어려울지에 대해 알지도 못하고, 안다고 하더라도 신경 쓰지 않을 겁니다. 사용자는 그저 보이는 부분, 사이트의 얼굴이라 할 수 있는 사용자 인터페이스에만 신경을 씁니다. 웹 사이트의 사용자 인터페이스는 PC 프로그램의 사용자 인터페이스가 실패하는 이유와 동일한 이유로 그 역할을 제대로 하지 못합니다. 웹 디자이너는 그들의 사용자를 모르고, 그래서 사용자가 자신들과 같다고 생각해 버립니다. 사용자들은 디자이너와 다른데, 디자이너는 그걸 깨닫지 못합니다. 결과를 보면 그렇다는 것을 알 수 있습니다. 웹 사이트를 설계하는 것은 쉬워 보이기 때문에 이런 쪽에 관련 없는 사람들(관리자나 마케터 등)은 자기들도 좋은 웹 사이트를 설계할 수 있다고 생각합니다. "사용자가 뭘 필요로 하는지 나도 안다고. 나도 사용자 중 한 사람이니까." 이는 치과 치료를 받은 사람이 다른 사람에게 치과 치료를 할 수 있다고 말하는 것과 마찬가지입니다.[4] 프로그래머들도 사용자 인터페이스

---

4 미국 연방 대법원 판사였던 산드라 데이 오코너(Sandra Day O'Conner)는 그의 자서전 『Lazy B』 (Modern Library, 2005)에서 자신의 가족 목장에서 일하는 카우보이가 그녀의 이빨을 치료를 하려 했다고 했습니다. 그러나 그 친구가 카우보이를 그만두고 치과를 개업하지는 않았다고 합니다.

를 제대로 설계하지 못하지만, 이런 아마추어들은 더 말할 필요도 없습니다. 물론 그렇다고 용서가 되는 것은 아닙니다. 좋은 웹 사이트를 설계하는 것이 형편없는 웹 사이트를 설계하는 것보다 많은 일을 필요로 하는 것은 아닙니다. 그러나 일을 똑똑하게 해야 하고, 그렇게 하는 것은 생각보다 어렵습니다.

웹 디자인 전문가인 빈센트 플랜더스(Vincent Flanders)는 그의 웹 사이트[5]에 웹 디자인이 형편없는 이유 가운데 첫 번째는 "사람들이 당신과 당신의 웹 사이트에 관심을 가진다는 믿음"이라고 쓴 적이 있습니다. 정확한 지적입니다. 저는 제 학생에게 말합니다. "여러분의 사용자들은 여러분에게 관심이 없습니다. 관심을 가진 적도 없고 앞으로도 그럴 겁니다. 여러분의 엄마가 여러분이 만든 사이트를 몇 초 이상 쳐다볼 수 있다면 그녀가 관심을 가질 수 있을지도 모르겠지만, 다른 사람들은 절대 그렇지 않습니다." 디자이너가 자신의 엄마를 위해 사이트를 구축하는 것이 아니라면(실제로 많은 가족 사이트가 이런 마인드로 디자인됩니다), 사용자가 그를 기쁘게 하기 위해 사이트를 방문하지는 않을 것임을 이해해야 합니다. 그리고 웹 사이트 설계가 엉망이라면 손녀 사진을 찾는 엄마조차도 오래 참지는 못할 겁니다.

사용자가 웹 사이트를 방문하는 이유는 자신이 원하는 뭔가를 찾기 위해서입니다. 사용자는 아마도 (1) 기차 시간표, 특정 위치에 대한 길 안내, 배송물의 현재 위치와 같이 자신의 일상 생활에 유용한 정보를 찾고 싶거나, (2) 책이나 음악, 여행상품 또는 이베이(eBay)에 있는 온갖

5 www.webpagesthatsuck.com

잡동사니를 사려 하거나, 또는 (3) 옷을 거의 걸치지 않은 사람들을 보며 즐거움을 느끼고 싶기 때문에 웹 사이트를 방문하는 것입니다.

웹 디자이너는 종종 데스크탑 애플리케이션 설계자가 하는 것과 똑같은 실수를 저지르곤 합니다. 즉, 간단한 것을 간단하게 만드는 대신 복잡한 것들을 가능하게 만들고, 사용자의 사고 과정에 인터페이스를 맞추는 것이 아니라 사용자에게 내부 동작을 이해하도록 강요하는 것입니다. 디자이너들은 자신들이 생각할 수 있는 온갖 잡다한 것들을 가능하다는 이유만으로 사이트에 추가하는 데에만 정신이 팔려, 사용자들이 그런 것에는 관심도 없다는 것을 잊어버리는 것 같습니다. 사용자는 최소의 노력으로 자신이 원하는 결과를 얻는 데에만 관심이 있을 뿐입니다. 만약 사용자가 발뒤꿈치를 탁 치고 마법의 주문을 외워 도서관에서 빌린 책의 대출기간을 연장할 수 있거나 배송물을 추적할 수 있다면, PC를 켜고 웹 사이트를 방문하는 대신 그렇게 할 겁니다.

웹 사이트 디자이너들은 이런 고전적인 문제뿐 아니라 데스크탑 소프트웨어 설계자들이 걱정하지 않아도 될 두 가지 도전에 직면하게 됩니다. 첫 번째는 웹 사이트를 보는 것은 PC에 프로그램을 설치하는 것보다 훨씬 간편하다는 것입니다. 일반적으로 사용자는 검색 엔진을 통해 또는 주소를 직접 입력하거나 다른 어디선가 광고를 보고 링크를 클릭해 어떤 사이트에 처음 도착합니다. 처음에는 그 웹 사이트가 자신들에게 뭘 해줄 수 있는지 모릅니다. 웹 사이트의 초기 페이지는 사용자가 "젠장"하고는 검색 결과 목록의 다음 링크로 가버리기 전에, 즉 처음 2~3초 내에 사용자에게 뭘 해줄 수 있는지를 시각적으로 설명할 수 있어야 합니다. 이 장의 뒷부분에서 이것을 아주 잘 한 사이트와 잘 하지 못한 사이트의 예를 보일 것입니다.

두 번째 문제는 사이트 네비게이션입니다. 데스크탑 프로그램은 보통 애플리케이션 윈도우 윗부분에 메뉴바와 툴바를 가지고 있고, 사용자도 기능 목록을 보기 위해 메뉴와 툴바를 살펴보면 된다는 것을 압니다. 명령은 파일, 편집, 도움말 등과 같이 거의 표준화되어 있습니다. 그러나 웹 사이트를 볼 때 메뉴와 툴바는 브라우저에 속한 것이고(뒤로, 중지, 열어본 페이지 목록 등), 웹 사이트를 돌아다니거나 명령을 주는 것은(항공편 검색 페이지로 가서, 목요일에 볼티모어에서 세인트루이스로 가는 항공편을 찾아라) 다른 방법으로 수행해야 합니다. 사이트 네비게이션 구조(이 사이트에 어떤 페이지들이 있고 거기에 어떻게 가는지, 어떤 페이지에서 내가 원하는 것을 얻을 수 있는지 등)는 사용자가 2～3초 내에 한눈에 알아볼 수 있을 정도로 명확해야 하지만, 그런 사이트는 거의 없습니다. 이에 대한 좋은 예와 나쁜 예 또한 설명할 것입니다.

무엇보다도, 좋은 웹 사이트는 사용자의 작업량을 최소화합니다. 스티브 크룩(Steve Krug)이 쓴 웹 디자인 책은 그 제목 『Don't Make Me Think』(New Riders Publishing, 2000)[6]로 이런 철학을 외칩니다. 여기 이런 조언을 잘 따른 웹 디자인 팀과 이를 무시한 팀의 예가 있습니다. 어떤 웹 사이트를 더 사용하고 싶을지 생각해 보십시오.

---

6 (역자 주) 이 책은 1판이고, 개정판의 번역서는 『상식이 통하는 웹사이트가 성공한다』(대웅출판사, 2006년)입니다.

고객 중심의 설계와
서버 중심의 설계

월드 와이드 웹(World Wide Web)은 정의에 따라 월드와이드합니다(제가 너무 기술적으로 설명하고 있다면 말려 주십시오). 스웨덴에 있는 사용자도 미국에 있는 사용자와 마찬가지로 쉽게 구글(Google)에 접근할 수 있습니다. 따라서 구글은 자신들의 홈페이지를 Afrikaans에서부터 Zulu까지 여러 언어로 번역해 놓았고, 번역은 종종 사용자들의 자발적 참여에 의해서 이루어지기도 합니다.[7]

스웨덴에 있는 사용자가 브라우저에 www.google.com을 입력하면, 구글 서버는 그 요청이 스웨덴으로부터 온 것임을 감지하고, 놀라울 정도로 똑똑하게 사용자가 스웨덴어를 사용할 것이라 추론한 다음, 자동으로 사용자를 구글의 스웨덴어 홈페이지로 보냅니다(그림 2-3 참조).

뿐만 아니라 스웨덴에서 구글에 접근하기는 하지만 스웨덴어를 모르거나 스웨덴어를 할 줄 알지만 영어를 연습하고 싶어하는 사용자인 경우, 또는 구글이 실수로 요청이 온 국가를 잘못 감지했을 경우를 대비해 이 페이지에는 구글의 영어 홈페이지로 가는 링크가 포함되어 있습니다. 구글의 모든 다른 언어 페이지는 'Språkverktyg' 링크를 사용할 경우 두 번의 클릭으로 이동할 수 있고, 먼저 영어 페이지로 간 다음 Language Tools란 레이블이 붙은 동일한 링크를 이용한다면 세 번의

---

7 구글과 같이 엄청난 이익을 남기는 거대한 회사가 성공적으로 무보수 지원자들을 끌어들인다는 게 놀랍지만, 어쨌든 그렇게 하고 있습니다. 아마 지원자들은 Burmese(이 글을 쓰는 당시 14% 진행), Sanskrit(68%), Klingon(96%)와 같은 자신들의 모국어를 지원하도록 사이트를 번역하는 데 구글이 한 푼도 쓰지 않을 것이라 생각했을 것입니다.

그림 2-3 Google.com의 스웨덴어 홈페이지

클릭으로 이동할 수 있습니다. 사용자가 언어를 전환하면 구글은 자동으로 이 설정을 사용자 컴퓨터에 기억시켜 놓고(웹 쿠키를 이용합니다. 5장 참조) 다음에 방문하면 그 요청이 어디에서 오는 것이든 기억시켜 둔 언어로 된 홈페이지를 보여줍니다. (스웨덴으로 일하러 온 말레이시아와 타이 사람들에게는 이 기능이 무척 편리하겠죠.) 언어 설정은 거의 모든 사용자에 대해 거의 항상 정확하여, 사용자가 생각을 하거나 노력을 기울일 필요도 없습니다. 또한 잘못된 경우라도 이를 수정하는 데는 보통 한 번에서 최대 세 번의 클릭이 필요할 뿐입니다. 이런 식의 자동화는 모든 사용자의 웹 경험을 개선시킵니다. 흔히 사용자는 이런 것을 눈치채지도 못하

는데, 이는 정말 좋은 설계입니다. 저는 여기에 검토자가 할 수 있는 최고의 찬사를 보내고 싶습니다. "그냥 돼요."

구글은 사용자의 요청이 어느 나라에서 오는지 어떻게 알 수 있는 것일까요? 모든 웹 페이지에 대한 요청에는 자동으로 IP(Internet Protocol) 주소란 사용자의 네트워크 아이디가 포함됩니다. 이것을 웹 페이지 요청자의 아이디로 생각하십시오.[8] 전화번호의 국가 코드와 마찬가지로 이 주소 역시 중앙 통제 기구에 의해 인터넷 제공자에게 할당됩니다. 전화기가 어느 나라에 위치해 있는지 알기 위해 전화번호에서 국가 코드를 빼내는 것이 쉬운 것처럼, IP 주소를 보고 어느 인터넷 제공자가 그 주소를 가지고 있는지 그리고 위치한 나라는 어디인지를 알아내는 것 역시 쉽습니다. 그런 다음 서버는 그 지역에 알맞은 언어로 된 페이지를 보내줄 수 있습니다. 여러 언어를 사용하는 국가(캐나다, 벨기에, 스위스 등)를 위한 홈페이지의 경우는 처음에 사용자가 언어를 선택하게 하고 그걸 기억하거나, 더 좋은 방법으로 지역에 따라 응답을 다르게 할 수 있습니다. 요청이 캐나다의 퀘벡 지방에서 온 경우에는 처음에 프랑스어로 보이게 하고 브리티시 콜럼비아에서 온 경우에는 영어로 보이게 할 수 있습니다.

저는 이 책의 웹 사이트(www.whysoftwaresucks.com)에 사용자의 국가를 알아내는 데 이 기법을 사용하는 방법을 보이기 위해 샘플 페이지를 작성했습니다. 이 페이지가 동작하게 하는 데는 30분도 안 걸렸으니 그리 어렵다고 할 수는 없겠죠. 물론 업계에서 사용할 수 있을 정도로 튼

---

[8] 5장에서 설명하겠지만, 여러분의 웹 서핑 기록을 보호하기 위해 이 기법을 우회하는 것은 여러분의 전화번호를 표시하지 않기 위해 발신자 표시가 되지 않게 하는 것과 마찬가지로 별로 어렵지 않습니다.

그림 2-4 UPS.com의 스웨덴어 홈페이지

튼하게 만들려면 시간이 더 필요하겠지만요.

그렇다면 망할 UPS.com은 그와 왜 비슷하게 하지 않았을까요? UPS(Universal Parcel Service)가 사람들의 삶을 얼마나 어렵게 만드는지를 보더라도, 저는 여러분이 진정하고 자리에 앉아 있기를 바랍니다. 그 웹사이트에 따르면 UPS는 하루에 1천4백만 개의 배송물을 처리하고, 그 중 90%가 미국 내에서 처리됩니다. UPS.com의 하루 조회수가

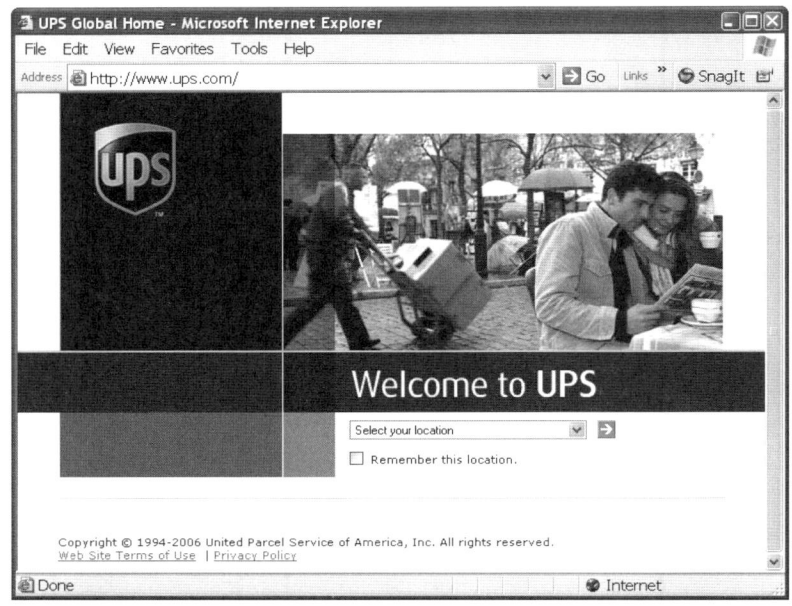

그림 2-5 UPS.com 글로벌 홈페이지

1억4천5백만 번 정도 되니 배송물 한 개 당 평균 10회의 방문이 있는 것이라 할 수 있습니다. 사용자는 사람에게 말하지 않고도 배송물을 추적하거나 수령 일정을 조정할 수 있습니다. 제가 이 장의 앞부분에서 언급했듯이, UPS는 더 적은 직원을 고용할 수 있으므로 큰 이득을 볼 수 있습니다.

UPS는 지구상의 모든 주소로 배송을 하므로, 스웨덴 사용자를 위한 웹 사이트도 있어야 할 것 같습니다. 그림 2-4와 같이 실제로 스웨덴어 웹 사이트를 가지고 있습니다. 그러나 그 페이지에 이르는 것이 구글의 스웨덴어 페이지에 이르는 것처럼 단순하지가 않습니다. 스웨덴 또는 기타 장소에서 브라우저에 www.ups.com을 입력하면 그림 2-5와 같은 페이지가 나타나는데, 여기서 직접 위치를 입력해줘야 합니다. UPS.com은 구글처럼 지역을 자동으로 감지하지 못하고, 구글과 달리 국가를 지정하기 전까지는 아무것도 보여주지 않습니다. UPS.com의 스웨덴어 페이지로 가기 위해서는 국가 선택 박스를 클릭하고, 목록에서 S로 시작하는 항목으로 건너뛰기 위해 'S' 키를 누른 후, 스웨덴(Sweden)에 도달하기 위해 아래쪽 화살표 키를 26번(S로 시작하는 나라가 무척 많습니다) 누른 다음, 목록을 닫기 위해 한번 더 클릭하고, 다시 페이지에서 화살표 모양의 버튼을 클릭해야 합니다. 그러고 나서야 UPS의 스웨덴어 웹 페이지를 볼 수 있습니다.[9,10]

스웨덴에서 온 방문자를 환영하는 방법치고는 별로 훌륭해 보이지 않습니다. 그렇지 않습니까? 아무것도 클릭하지 않아도 되는 구글과는 반대로, 방문한 목적의 작업을 시작도 하기 전에 서른 번이나 클릭을 해야 하는 사용자 인터페이스라면, 값비싼 인간 오퍼레이터에게 전화를 거는 대신 사용할 값싼 웹 사이트로서는 실격입니다. UPS는 스웨덴 사용자의 시간만 낭비하게 하는 것이 아닙니다. UPS 배송물의 90%를 차지하는 미국 사용자들 역시 국가 선택을 위해 최소 4번의 마우스 클

---

9 한 심각한 친구가 지적하기를, 주의 깊은 스웨덴 사용자라면 T 키를 눌러 Tajikistan으로 건너뛴 다음 위쪽 화살표 키를 세 번 누르면 스웨덴을 선택할 수 있다고 했습니다. 사용자가 Tajikistan을 거쳐 Sweden으로 갈수 있다는 이 제안은 "나를 생각하게 하지 마라(Don't make me think)." 전략과는 정반대되는 방법입니다.

10 또 다른 주의 깊은 스웨덴 사용자는 S 키를 누른 다음 바로 W 키를 눌러 SWeden으로 점프할 수 있다고 생각할지도 모르겠습니다. 이는 Outlook과 같은 똑똑한 프로그램에서는 동작하지만, 불행히도 UPS.com의 국가 목록은 너무 멍청해 그렇게 하지 못합니다. 브라우저는 W를 단어의 두 번째 문자로 해석하지 않고 새로운 첫 번째 문자로 해석해 Wallis and Futuna(남태평양의 Fiji와 Samoa 사이에 있는 프랑스령 섬으로, Tajikistan에서 Sweden까지보다 더 멀리 떨어져 있습니다)으로 점프해 버릴 겁니다.

릭이 필요합니다. 그냥 미국 페이지를 기본으로 보여준다면 90%의 사용자는 번거로운 절차를 거치지 않아도 될 것입니다. 그렇게 한다고 다른 나라의 사용자가 지금보다 더 불편해지지도 않을 것입니다.

인간 직원이 이렇게 멍청하다면 우리는 절대 용납하지 않을 겁니다. 소포를 보내기 위해 우체국 건물 안으로 들어간다고 생각해 봅시다. 우체국 직원이 "먼저 어떤 언어로 말하고 싶은지 제게 알려주기 위해 이 버튼을 30번 누르세요."하고 말한다면 여러분은 어떻게 하겠습니까? 아마 최소한 이런 식으로 말하지 않을까요? "이런 멍청한 사람 같으니라고. 지금 우리는 같은 나라에 서있고(그게 어떤 나라든 간에) 내가 지금 인사를 건네지 않았소(그게 어떤 언어든 간에)? 최소한 그 언어로 얼마나 진행할 수 있을지 시도는 해봐야 하는 것 아니오?" 왜 컴퓨터에서는 이런 남용을 참는 걸까요? 그럴 필요도 없고 그래서도 안됩니다.

UPS의 웹 프로그래머들이 하루에 1억4천5백만 번의 요청을 처리하는 사이트를 개발하면서 IP 주소로부터 사용자의 국가를 추론할 수 있다는 것을 알지 못해 적용하지 않았다는 것은 있을 수 없는 일입니다. 따라서 그들은 일부러 그렇게 하지 않은 것일 가능성이 높습니다. 앞 장에서 봤던 것과 같이 멍청하게도 사용 편의성을 희생시키고 더 많은 제어를 할 수 있도록 의도적으로 만들었을 것입니다. "이 얼마나 멋진 기능인가! 우리가 있는 위치에 상관없이 어느 나라의 사이트든 접근할 수 있다. 이걸 모든 사람에게 제공하자!" 아마도 그들은 모든 오류가 사용자의 잘못이라 생각하는 노땅들 같은 사고방식에 빠졌는지도 모르겠습니다. 그러나 1억4천5백만 번의 요청에서 10분의 1이 국가 선택 페이지로 가고, 국가를 선택하는 데 평균 5초가 걸린다고 치면, UPS.com은 매달 이런 바보 같은 짓에 한 사람의 일생에 해당하는 시간을 낭비하게 하는 것입니다.[11] 사용자의 시간을 전혀 중요하게 생각하지 않고 있는 것입니다. UPS에서는 당연히 해야 할 일도 하지 않는 것 같습니다.

UPS.com의 개발자들은 'Remember this location' 체크박스를 통해 사이트가 사용자의 국가를 기억하도록 할 수 있고, 원하는 국가의 페이지를 브라우저에서 북마크[12]로 등록해 둘 수 있다는 것을 지적할 겁니다. 북마크로 등록하는 것은 그저 가끔씩 방문할 뿐인 사이트에 대해 소중한 북마크를 허비하는 것입니다. 체크박스를 선택하는 것 또한 선택한 페이지를 보기도 전에 이를 저장할 것인지 결정해야 하는데, 아무도 그걸 바라지는 않을 겁니다. 무엇보다도, 두 방법 모두 사이트에서 실제로 하려던 작업보다는 사이트의 구조 자체에 대해 생각하고 처리하게 만듭니다. 처음 온 고객에게 결코 좋은 인상을 줄 수 없습니다. 스위스(Switzerland, 선택할 언어에 따라 32~34번의 클릭 필요)나 시리아(35번의 클릭 필요) 사용자는 상황이 더 나쁩니다. 이런 나라에 거주하는 사람들이 그들의 분노를 웹 사용성에 대한 풍자 만화에 담는다면 UPS는 정말 난처한 상황에 처할지도 모릅니다.

UPS 친구들이여, 내 말을 들으시오. 구글은 잘했고, 당신들은 못했소. 구글은 훌륭한 기본설정을 제공하는데, 당신들은 아무것도 제공하는 게 없군요. 사용자가 기본 설정된 언어 이외의 다른 언어를 선택하면, 구글은 이를 자동으로 기억하는데, 당신들은 이를 기억하게 하려면

---

11 (역자 주) 한 사람이 70년을 산다고 했을 때 이를 초로 환산하면 60(초)×60(분)×24(시간)×365(일)× 70(세) = 2,207,520,000초가 되고, 이는 14,500,000×5×30=2,175,000,000초와 비슷한 시간이 됩니다.
12 (역자 주) 인터넷 익스플로러(IE)에서는 즐겨찾기

사용자가 직접 명시적 행동을 취해야 한다고 주장하는군요. 당신들은 당신들 자식들에게 먹을 것을 주고 그들의 머리 위에 지붕이 있게 해주는 당신들의 고객을 별로 중요하게 대하지 않고 있소. 당신들은 사교성 없는 괴짜들이니 그런 것에는 신경 쓰지 않을 거란 걸 나도 알고 있소. 그러나 당신들이 어떤 사람인지 알기에 어떤 것에 발광할지도 알고 있소. 당신들의 설계는 다른 프로그래머들에 비해 초라하기 짝이 없소. 사용자들, 그냥 일반 사용자들도 내가 지금까지 보인 것들만으로 당신들이 얼마나 멍청한지를 비웃고 있소. 내가 당신이라면, 고치겠소.

커피는 어디 있는 거야?

저는 앞 장에서 프로그래머들의 제어에 대한 욕구와 단순한 것을 단순하게 만들기보다는 복잡한 것을 가능하게 만들려는 경향에 대해 설명했습니다. 그들은 프로그램을 사용자의 사고 과정에 맞추기보다는 사용자가 내부 프로그램 모델을 이해하고 그에 맞추기를 기대합니다. 여기 제대로 만든 웹 사이트와 그렇지 못한 웹 사이트가 있습니다.

복사집 체인인 페덱스 킹코스(FedEx Kinko's)는 미국에만 천 개 이상의 매장을 가지고 있습니다. 고객이 킹코스의 웹 사이트를 방문하는 주된 이유 중 하나는 가장 가까운 매장을 찾기 위해서입니다. 킹코스의 웹 디자이너는 이를 매우 쉽게 찾도록 했습니다. 그들의 홈페이지(그림 2-6)를 보면 사용자에게 우편번호를 묻고 (홈페이지에 있는 그림의 왼쪽 바로

그림 2-6 간단한 위치 정보 검색기가 있는 페덱스 킹코스 홈페이지

아래에 위치했으며, 브라우저에서 컬러로 보면 더욱 눈에 잘 띕니다) 그 근처의 매장을 찾아주는 기능이 있습니다. 결과 페이지(그림 2-7)에서는 근처 5개의 매장과 연락처 정보, 각 매장에서 가능한 서비스, 위치를 알려주는 지도, 선택한 매장까지 찾아가는 길에 대한 링크를 보여줍니다. "가장 가까운 매장이 어디 있지?"와 같은 아주 단순한 질문에 단순하게 대답할 뿐 아니라, 매장에서 내가 원하는 정보를 받을 수 있는지, 어떻게 찾아가는지 등과 같은 좀더 복잡한 질문에 대한 답도 한꺼번에 얻을 수 있습니다. 지금까지 봤던 것뿐 아니라 상상할 수 있는 것까지 모두 잘 되

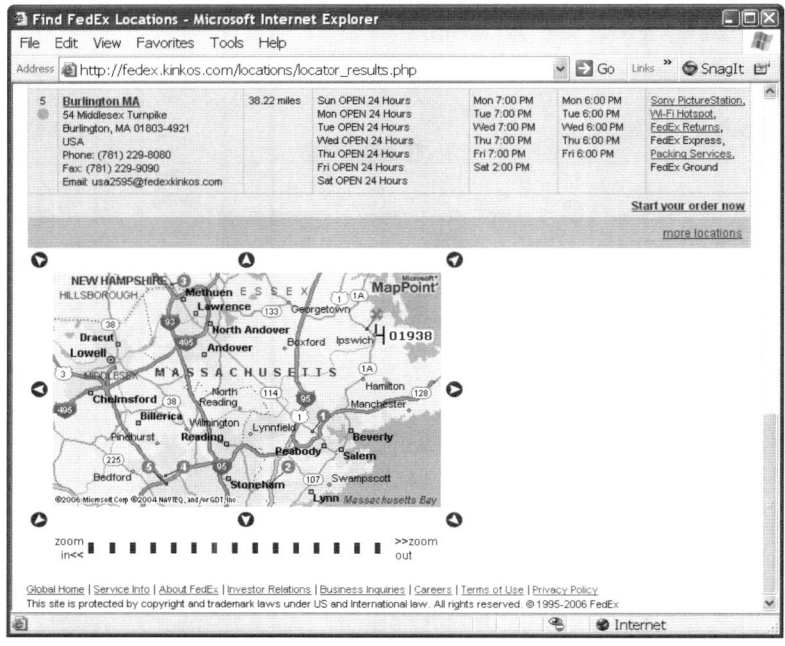

그림 2-7 킹코스의 위치 정보 검색 결과 페이지

었습니다.

유명한 커피 전문점 스타벅스의 웹 사이트(Starbucks.com)는 이와 반대입니다. 물론 이 사이트에도 매장 위치 검색기가 있긴 하지만, 이를 사용하려면 홈페이지를 떠나야 합니다. 제가 매장 위치 검색기가 있는 페이지(그림 2-8)로 가서 제 우편번호인 01938을 입력했을 때 결과 페이지(그림 2-9) 내용은 "당신이 선택한 지역 범위 근처에서는 매장을 찾을 수 없습니다. 검색 지역의 범위를 넓히면 해당 영역에서 매장을 찾을 수 있을지도 모릅니다. 다시 검색하시겠습니까?"라고 나옵니다. (그것도 매우 작은 글꼴로 나옵니다. 브라우저에서 글꼴 크기를 가장 크게 설정했는데도 말입니다.)

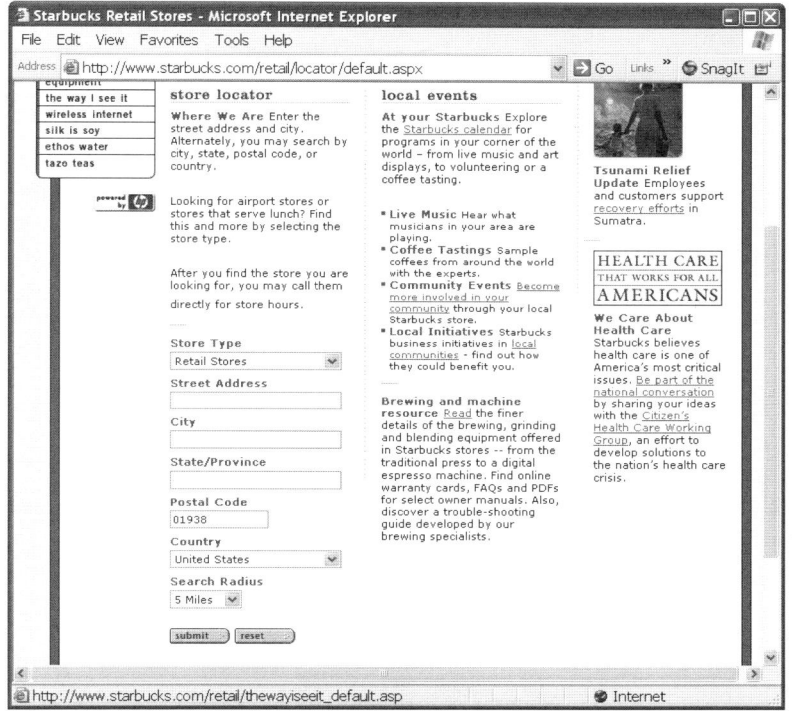

그림 2-8 검색 반경 설정 컨트롤이 있는 Starbucks.com의 매장 위치 검색 페이지

도대체 뭘 어쩌자는 거지? 내가 지역 범위를 선택한 적이 있던가? 저는 그저 제 우편번호를 입력했을 뿐이었습니다. Search Radius라는 레이블이 붙은 컨트롤이 지역 범위(이게 뭐든 간에)와 연관이 있는 건가? 그렇다면 왜 동일한 용어를 사용하지 않았을까, 그리고 그렇지 않다면 도대체 뭔 소리를 하고 있는 건가? 내가 브라우저에서 읽을 수 있을 정도의 큰 글꼴로 표시하도록 설정했는데 왜 내가 읽을 수 없는 작은 글꼴로 표시되는 걸까? 그리고 가장 중요한 것은, 내가 왜 이 말도 안 되는 것

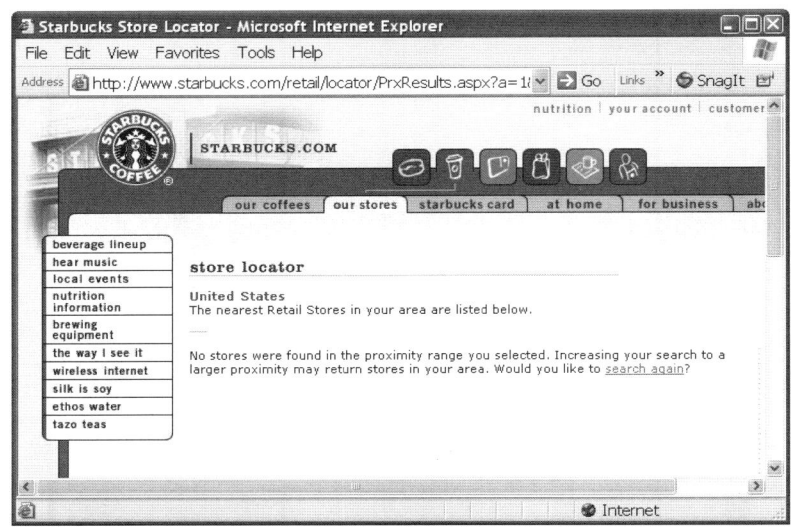

그림 2-9 근처에 매장이 없다고 하는 Starbucks.com의 매장 검색 결과

들에 대해 고민하고 있어야 하는가? 나는 아침부터 지금까지 커피를 마시지 못했고, 그래서 Starbucks.com에 가서 그 망할 매장을 찾고 있는 건데. 나는 가장 간단한 질문을 했을 뿐인데 왜 대답을 안 해주는지 이해하기 위해 지역 범위란 이상한 단어를 해석하게 강요하고 계속 하기 위해서는 컨트롤을 이용해 이걸 고치란다. 왜 그냥 여기서 가장 가까이 위치한 매장을 알려주지 않는 거지? 이런 젠장, 신경 끄고 그냥 차나 한 잔 마시자. 신경안정제도 필요할 것 같군.[13]

스타벅스의 웹 프로그래머들은 내부 프로그래밍 로직을 드러내고 사용자로 하여금 그에 맞추도록 하는 실수를 저질렀습니다. 내부적으

---

13 (역자 주) 최근 스타벅스 사이트를 방문한 결과, 검색 범위가 자동으로 설정되도록 매장 검색 기능이 대폭 수정되어 있었습니다.

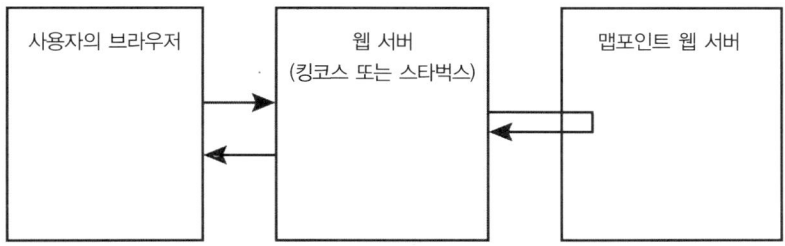

사용자의 브라우저	웹 서버 (킹코스 또는 스타벅스)	맵포인트 웹 서버

1. 사용자가 자신의 위치를 킹코스나 스타벅스의 사이트로 보내 근처 매장의 위치를 묻는다.
2. 웹 사이트는 맵포인트에 매장 위치와 지도를 요청한다.
3. 웹 사이트는 맵포인트로부터 정보를 전달 받아, 사용자가 보기 좋게 웹 페이지를 꾸민다.
4. 웹 사이트는 근처의 매장 정보를 포함한 페이지를 사용자에게 리턴한다.

그림 2-10 매장 위치를 찾기 위해 맵포인트 서비스를 사용하는 킹코스와 스타벅스의 웹 사이트

로는 그림 2-10과 같이 킹코스와 스타벅스 웹 서버 모두 맵포인트 (MapPoint)라는 또 다른 웹 서버로부터 지리 데이터를 얻어옵니다. 맵포인트는 이런 매장 정보뿐 아니라 다른 많은 종류의 비즈니스 위치 정보를 알고 있으며, 주어진 위치 근처에 어떤 비즈니스가 있는지를 찾아내고, 그에 대한 지도와 찾아가는 길 등을 생성할 수 있습니다. 저는 이와 비슷한 종류의 애플리케이션에서 맵포인트를 이용한 적이 있습니다. 이런 종류의 검색을 할 때 맵포인트에 검색을 제한할 범위를 1~100마일 사이로 지정해야 한다는 것도 알고 있습니다. 맵포인트의 내부 프로그래밍 관점에서 볼 때 타당합니다. 미국 전체에서 스타벅스 매장을 찾으려면 더 많은 계산 작업이 필요하고, 사용자들은 보통 관심 있는 위치에서 가장 가까운 한두 개의 매장에만 관심이 있을 테니까요. 이제 스타벅스 매장 검색 페이지 밑부분에 있는 Search Radius 컨트롤의 목적을 알 수 있습니다. 바로 맵포인트에서 얼마나 넓은 범위를 검색할지를 지정하는 것입니다. 킹코스는 검색 반경이 어느 정도로 되어야 할지

를 자동으로 계산해[14]이를 내부적으로 맵포인트에 넘겨줘 사용자를 귀찮게 하지 않지만, 스타벅스는 사용자로 하여금 이를 생각하게 하고 사용자의 생각이 틀렸을 경우 도움 안 되는 결과를 내놓습니다.

스타벅스의 프로그래머들은 아마 검색에 대해 더 많이 제어할 수 있게 만드는 것이 더 강력하고 좋을 것이라 생각했을 것입니다. 그러나 실제로 그것은 불필요할 뿐 아니라 사용자를 짜증나게 합니다. 어느 누구도 "반경 5마일 안에 스타벅스 매장이 있는가? 10마일은? 15마일은?"과 같은 식으로 묻지 않습니다. 사람들은 대부분 "목이 마르고 카페인이 필요해. 만드는데 15센트면 되는 에스프레소 한 잔을 2.5달러 주고 사는 것쯤은 괜찮아. 근처 어디에 스타벅스가 있지?"[15]와 같은 식입니다. 킹코스의 사용자 인터페이스는 사용자의 사고 과정을 존중하고 이해한 설계고, 스타벅스의 사용자 인터페이스는 그렇지 않습니다. 스타벅스가 처음에는 5마일 반경부터 검색을 시도한다면(뉴욕시의 우편번호인 10021로 검색하면 166개의 매장을 보여줍니다) 그것도 괜찮지만, 사용자의 입력 없이 내부적으로 그렇게 해야 하며, 해당 범위에서 매장을 찾지 못한 경우 적절한 결과를 찾을 때까지 자동으로 검색 반경을 넓혀야 합니다. 그리고 나서도 여전히 적절한 매장을 찾지 못했다면, 다음과 같이 말하는 페이지로 유감을 표시할 수 있습니다. "저런, 안됐군요. 반경

---

14 킹코스는 이 값을 어떻게 계산해낼까요? 저도 모릅니다. 관심도 없고요. 별로 알고 싶지도 않고 그건 여러분도 마찬가지일 겁니다. 전 그저 망할 커피가 필요할 뿐입니다. 스타벅스야, 내게 멍청한 질문은 그만하고 매장이 어디 있는지 좀 가르쳐주면 안 되겠니?

15 『The Undercover Economist』(옥스포드 대학 출판부, 2006)(옮긴이 : 번역서 『경제학콘서트』 웅진지식하우스, 2006)에서 팀 하트포드(Tim Hartford)는 다음과 같이 쓰고 있습니다. "실제로는 거의 동일한 원가가 드는 제품에 다양한 가격을 매김으로써 스타벅스는 가격에 둔감한 고객을 발굴할 수 있었다. 스타벅스는 돈 잘 쓰는 고객을 구분하는 완벽한 방법을 갖고 있지는 않으므로, 그들을 초대해 스스로 값비싼 낚싯밥을 물도록 하는 것이다."

100마일 내에 스타벅스 매장이 없습니다. 여기를 클릭해 우편 주문을 하시면 페덱스로 내일 아침까지 보내드리겠습니다. (저희 매장은 찾기 어려워도 페덱스 매장은 찾기 쉽지 않습니까?) 또는 여기를 클릭해 저희 프랜차이즈 센터로 가서 여러분 자신의 스타벅스 매장을 열어보겠다고 하는 것은 어떻습니까? 모든 이익을 가로채지만 않으면 됩니다." 아마 스타벅스 프로그래머는 정상적인 프로그래머들보다 훨씬 많은 카페인을 섭취해서, 지구상의 어떤 위치는 반경 5마일 안에 스타벅스 매장이 없을 수도 있다는 사실을 생각할 수 없었는지도 모르겠습니다. (대체 얼마나 더 설명을 해야겠습니까? 사용자는 당신과 다릅니다!)

스타벅스 회장인 짐 도널드(Jim Donald)에게 다음과 같은 편지를 쓴다고 상상해 봅시다.

"친애하는 짐에게. 당신네 회사 웹 사이트에서 이 근처 스타벅스 매장을 검색하는데 매장이 11마일이나 떨어져 있다는 이유로 매장 위치 검색기를 3번이나 실행시켜야 했소. 제대로라면 한 번만 실행시켜도 찾아내야 할 텐데. 내 돈을 당신에게 주기 위해 내가 이렇게 머리를 쥐어 뜯어야겠소? 킹코스에서처럼 내가 좀더 쉽게 사용할 수 있도록 하면 안되겠소? 당신 회사의 웹 디자이너가 『Why Software Sucks』[16]를 사서 읽어보게 하기 바라오. 어쨌든 나는 당신의 경쟁사인 피츠 커피(Peet's Coffee)로 가기로 했소."

---

16 (역자 주) 이 책의 원제목

명확하다고? 전혀!

사용자가 웹 사이트를 봤을 때 사이트의 기능은 명확해야 합니다. 사용자는 사이트에서 무엇을 할 수 있는지, 또 원하는 작업을 하기 위해 어떻게 해야 하는지를 보는 즉시 알아야 하는 것입니다. 가장 좋은 예는 구글(그림 2-11)로, 아마 전체 웹 사이트 중에서 가장 잘 알려졌을 것입니다. 사용자는 구글 사이트를 보자마자 바로 이해하고 사용할 수 있습니다. 깔끔하고 단순하며, 마케팅 쪽 얼간이들이 "브랜드 인지도 구축"을 위해 그렇게도 좋아하는 번쩍거리는 광고도 없습니다. 텍스트 메시징과 같이 복잡하고 잘 사용하지 않거나 시험적인 기

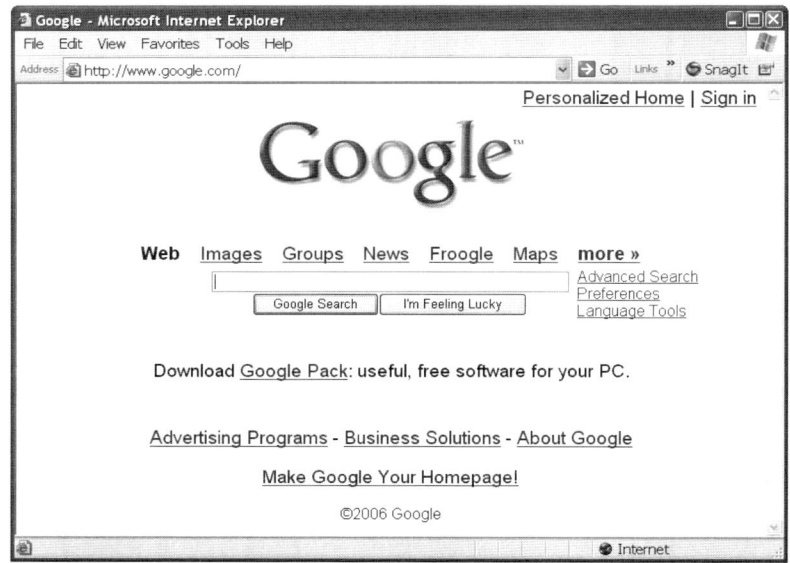

그림 2-11 구글의 영어 홈페이지. 깔끔하고 이해하기 쉽다.

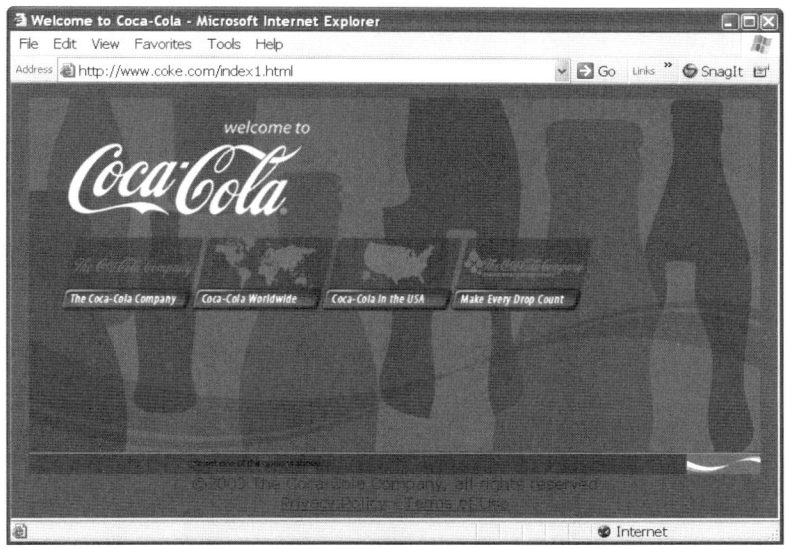

그림 2-12 코카콜라 홈페이지. 뭘 하는 페이지인지 알 수 없다.

능은 '더보기≫(more≫)' 링크를 통해 접근하도록 해 가장 기본적인 기능으로부터 사용자의 주의를 흐트러뜨리지 않도록 했습니다. 앞에서 본 스웨덴어 페이지(그림 2-3)에서조차도 실제로 기능을 그대로 이해할 수 있을 정도로 쉽게 되어 있습니다. 너무 훌륭해 개선할 여지가 없을 정도입니다.

이를 그림 2-12에 있는 코카콜라 홈페이지(Coke.com)와 대조해 봅시다. 이 사이트에서 뭘 할 수 있을 것 같습니까? 생각하건대 뭔가 있을 것 같기도 하고 없을 것 같기도 합니다. 그렇지만 그게 뭘까요? 저는 모르겠습니다. 페이지에 있는 'The Coca-cola Company', 'Coca-Cola Worldwide', 그리고 'Coca-cola In the USA' 버튼 위의 그림

그림 2-13 코카콜라 USA 페이지. 뭘 하는 페이지인지, 여기 왜 왔는지 여전히 알 수 없다.

이 알려 주는 것은 아무것도 없습니다. 마우스를 버튼 위로 가져갈 때까지 각 버튼이 뭘 하는 것인지 전혀 알 수 없습니다. 빈센트 플랜더스가 'MMN(Mystery Meat Navigation)'[17]이라 부르는 기법입니다. USA 버튼을 눌러도(그림 2-13) 사이트가 나를 위해 무얼 해줄 수 있는지 알 수 없습니다. 위, 아래, 왼쪽, 오른쪽 그리고 중간에 몇 개… 화면 전체에 링크만 가득할 뿐입니다. 'TV ads'를 제외한 다른 링크는 아무리 쳐다봐도 뭘 하는 것인지 상상할 수조차 없습니다. 또 TV 광고를 찾아 여기까지 오는 불쌍한 사람들이 있는지도 의문입니다. 공짜 음악이 있을까,

---

17 (역자 주) Mystery Meat는 잘게 다져져 그 주성분을 알기 어려운 고기를 말합니다. MMN은 눌러보거나 롤오버해보지 않고는 알기 어려운 네비게이션을 뜻합니다.

그림 2-14 이 페이지에서는 뭘 할지 알 수 있다. 이중 내가 원하는 것은 아무것도 없지만, 어쨌든 알 수 있다.

아니면 탄산음료에 대한 정보가 있을까, 행사 후원이나 영양 성분 정보가 있을까, 코카콜라가 그렇게 많이 후원하는 올림픽에 대한 어떤 정보가 있을까? 그런 것은 찾을 수 없습니다. 검색창도 없고 명확한 링크도 없어서 제가 바라는 것을 찾을 수 없습니다. 저는 이 사이트가 왜 이런 식으로 이런 모양을 하고 있는지 알 수 없습니다.[18]

---

18 (역자 주) 현재의 코카콜라 홈페이지는 완전히 개편되었지만, 원하는 정보를 찾아 들어가기까지 많은 단계를 거쳐야 하며 여전히 알아보기가 쉽지 않습니다.

코카콜라의 경쟁사인 펩시콜라의 홈페이지(Pepsi.com, 그림 2-14)를 살펴봅시다. 사용자는 첫 페이지에서 모든 것을 볼 수 있습니다. 음악, 스포츠, 광고, 잘못된 소문에 대한 경고, 영양 성분 정보, 휴대폰 벨소리, 영화 판촉물. 찾는 것이 명확하지 않을 때를 대비한 검색창. 초창기 버전에서는 수퍼볼(Super Bowl) 평생 관람권을 얻을 수 있는 기회를 제공하기도 했습니다. 이 사이트에서 무엇을 할 수 있을지, 뭔가를 찾기 위해 어디서 시작해야 할지 알 수 있습니다. 훨씬 나은 디자인입니다. 문제가 없는 것은 아니지만(나중에 설명할 것입니다), 적어도 이 사이트에서 뭘 할 수 있는지 정도는 보여주고 있습니다.

빈센트 플랜더스는 코카콜라 사람들이 웹 디자인과 섹스를 혼동했다고 생각합니다. 그는 자신의 웹 사이트에 이렇게 썼습니다. "실세계에서는 전희가 필수입니다. 감정을 끌어올려야 하고, 조심스러워야 하고, 설득해야 합니다. 좋습니다. 그러나 웹의 세계에서는 전희를 위한 자리가 없습니다. 전혀 필요하지 않습니다. 직설적으로 말한다면, '쿵쾅쿵쾅…… 아가씨 고마워'와 같은 식입니다. 사람들이 당신 사이트를 방문하게 하기 위해 유혹하거나 분위기를 잡을 필요가 없습니다. 그들은 어떤 이유 때문에 사이트를 방문한 것이고, 그들이 찾는 것을 빨리 보여줄수록 좋습니다."

구글은 이것을 알고 있습니다. 저는 다른 사이트를 찾기 위해 구글에 가고, 구글은 요란스럽지 않게 정말 잘합니다. 코카콜라는 꼼지락거리기만 할 뿐 요점(그걸 가지고 있거나 하다면)을 제대로 보여주지 못합니다. 펩시는 한가지만 빼고는 이보다는 훨씬 낫습니다. 책에서는 볼 수 없지만, 펩시 사이트 가운데 그림은 정말 어지러울 정도로 돌아갑니다. 이

제 이 짜증나는 그림에 관심을 돌려 봅시다.

스플래시, 플래시, 애니메이션

웹 디자이너가 사용하는 기술 중 가장 나쁜 두 가지는 스플래시 페이지와 애니메이션입니다. 스플래시 페이지란 "당신은 우리 사이트를 찾았습니다."하고 말하는 것 외에는 아무것도 하지 않는 페이지를 말합니다. 뭔가 유용한 것을 제공하는 사이트, 즉 실제 홈페이지는 스플래시 페이지의 링크를 통해 접근하게 됩니다. 그림 2-12의 코카콜라 페이지가 좋은 예입니다. 스플래시 페이지는 사용자의 시간을 낭비하게 할 뿐입니다. 브라우저의 주소 표시줄에 google.com을 입력했을 때 "안녕하세요. 구글에 오신 것을 환영합니다. 이 사이트 훌륭하지 않습니까? 여기를 클릭하면 실제로 검색을 할 수 있는 페이지로 갈 수 있습니다."와 같이 말하는 페이지가 나온다면 얼마나 많은 사람들이 구글을 이용할 것 같습니까? 스플래시 페이지가 필요한 사이트는 없습니다. 어느 사이트나 마찬가지입니다.

이와 비슷하게, 애니메이션 또한 널리 남용되고 있습니다. 다른 기술이 사용될 때도 있지만 보통은 브라우저에 설치되는 매크로미디어(Macromedia) 플래시 플레이어란 소프트웨어가 있어야 합니다. 매크로미디어에 근무했던 한 직원의 말에 의하면, 플래시는 원래 (앞에서 언급했던 벨리 댄서의 춤 동작 같은) 포르노 동영상을 위해 설계되었다고 합니다. 제 편집자가 더 이상 이에 대한 언급을 허용하지 않겠지만, 충분히 상

그림 2-15 한 페이지에서 눈을 어지럽히는 세 개의 광고. 광고가 번쩍거리는데 누가 페이지를 제대로 읽을 수 있겠는가?

상할 수는 있겠죠? 이런 훌륭하고 가치 있는 활용 외에도, 사용자가 사이트에서 목적한 바를 얻게 하는 데 비디오가 더 적절한 경우가 몇 가지 있습니다. 가구 제조사인 이케아(Ikea)가 좋은 예로, 애니메이션을 사용해 인쇄된 설명서보다 훨씬 명확하게 가구 조립 과정을 보여줍니다. 훌륭하고 인상적이며 놀랍습니다. 신이시여, 웹에 축복을!

그러나 대부분의 경우, 디자이너는 애니메이션을 위한 애니메이션으로 페이지를 난장판으로 만듭니다. 많은 웹 페이지 광고가 이런 기법을 사용합니다. 인간의 눈은 자연적으로 움직이는 것을 쫓기 마련이기 때문입니다. Slate.com의 화면 그림(그림 2-15)에서, 페이지를 읽으려 할 때, 윗부분은 델(Dell) 배너 광고가, 오른쪽에는 휴대폰 광고가, 밑에는 AT&T 로고가 눈을 어지럽힙니다. 저는 신문을 읽을 때 신문이 눈 앞에서 알짱거리는 것을 원치 않습니다. 커피를 마시지 못한 상태라면 더욱 그렇습니다(이 장 앞부분의 실패작 스타벅스 매장 검색기 부분 참조). 이렇게 짜증날 정도로 애니메이션이 남용되면 사용자는 브라우저에서 애니메이션 플레이 기능을 아예 꺼버리게 되고, 나쁜 점뿐만 아니라 좋은 점도 잃게 됩니다. 다행스럽게도, 자신의 의지에 따라 사용자가 애니메이션을 쉽게 켜고 끌 수 있게 하는 제품들이 나와 있습니다. 많은 광고 차단기가 이런 기능을 가지고 있으며, 이런 기능만을 전용으로 지원하는 mozdev.org의 플래시블록(Flashblock), 배리온 리(Baryon Lee)의 노!플래시(No! Flash)와 같은 제품도 있습니다.

스플래시 페이지와 쓸데없는 애니메이션뿐 아니라 플래시/스플래시의 조합으로 된 페이지 역시 사용자를 돌아버리게 만듭니다. Digital mass.com이란 인터넷 뉴스레터의 리뷰어인 줄리아 리프먼(Julia Lipman)은 "디자이너의 능력을 자랑하는 것 외에는 하는 일이 없는 화려한 페이지들"이라고 묘사했고, 사용자 인터페이스 전문가인 재어드 스풀(Jared Spool)은 한 웹 칼럼에서 다음과 같이 썼습니다. "스플래시 페이지를 만드는 것에 대해 고려하는 고객을 만나면 우리는 도우미들을 데리고 동네 슈퍼마켓에 가보자고 합니다. 도우미들에게 슈퍼마켓 문 앞에서 손님이 들어가려고 할 때마다 2분간 쇼를 보여주고 슈퍼마켓에 온 것을 환영하면서 빵은 6번 통로에 있고 오늘 우유를 세일한다

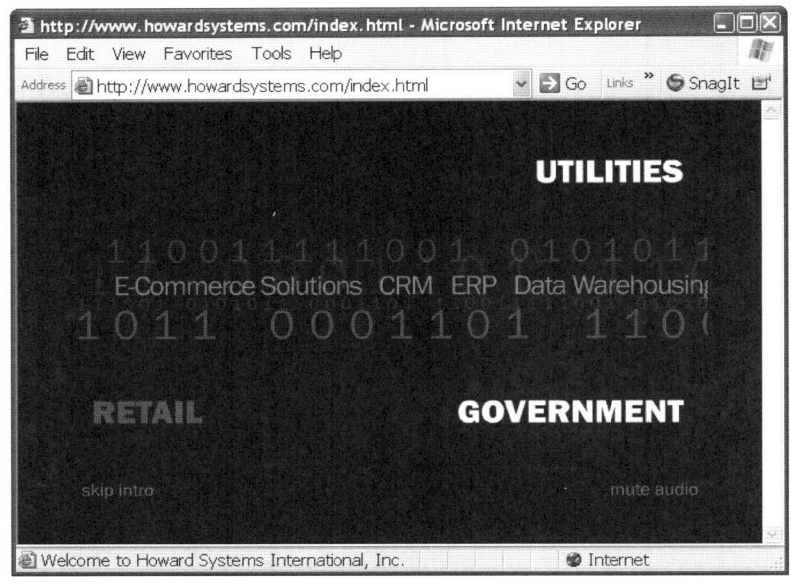

그림 2-16 HowardSystems.com의 플래시 페이지. 내 인생에서 본 최악의 사이트이자 플래시 남용의
대표적인 예

고 설명하게 합니다. 그리고 그 뒤에 서서 몇 명의 사람들이 쇼를 즐기
는지, 몇 명의 사람들이 가능한 빨리 쇼를 무시하고 안으로 들어가려고
하는지, 또 몇 명이 길을 가로막고 있는 도우미에게 한방 날리는지를
세어보게 합니다."

지금까지 본 것 중에서 가장 짜증나는 스플래시 페이지는 Howard
Systems.com(그림 2-16)이었습니다. 캡션이 오른쪽, 왼쪽으로 움직이
는 것이 거의 1분간 지속되었는데, 흐릿하게 보이는 'skip intro' 링크
를 클릭하지 않으면 그게 끝날 때까지는 아무것도 할 수 없었습니다.
이런 경우 대부분의 사용자들이 처음 시도하는 것은 가운데를 클릭하
는 것인데, 그것도 먹히지 않았습니다. 플래시터베이션(flashturbation)[19]

100

이란 용어는 이런 종류의 사이트를 가르키기 위해 생겼습니다. 그 회사는 분명 스플래시 페이지를 만드는 데 엄청난 돈을 썼을 테고, 고위 관리자 중 누군가 "오, 훌륭하군. 사람들이 즐길 수 있게 거기 계속 두게." 하고 말했을 겁니다. 그 인간 무슨 약을 잘못 먹었을까요? 그리고 이 시간 낭비와 짜증은 참는다 해도, "당신은 지금 당장 처리해야 할 일이 있습니다!"라니, 대체 이 바보 같은 슬로건은 또 뭐란 말입니까? 내 말이 맞으니까, 입 닥치고, 여기저기 들쑤시고 다니지 말고, 당장 내 앞에서 꺼지시오. 내가 일을 할 수 있게 말이오.

임상 실험

　　PC 애플리케이션과 마찬가지로 웹 사이트 또한 실제 사용자에게 테스트를 받아야 합니다. 그리고 별로 어렵지도 않습니다. 그냥 비디오 카메라와 공짜 맥주 같은 사용자를 꼬실 만한 미끼, 그리고 참을성만 있으면 됩니다. 사용자에게 완수해야 하는 특정 작업을 제시하고, 그들을 지켜보면서 어디서 어떻게 실패하는지만 지켜보면 됩니다. 재어드 스풀이 "우리는 그저 돈을 쫓고 고통을 찾습니다."라고 말하는 것을 좋아했던 거처럼 말이죠.

　밑든 말든, 디자이너로 하여금 자신이 만든 사용자 인터페이스에 대해 테스트를 받게 하는 것은 쉽지 않습니다. 아마존(Amazon.com)에 inhollywood

---

19 (역자 주) 플래시를 짜증날 정도로 지나치게 많이 사용한 웹 사이트

란 사람이 올린 스풀의 책에 대한 서평에서처럼 말입니다.

저는 얼마 전에 대규모 상업 부동산 사이트를 디자인한 디자이너를 초대한 적이 있습니다. 그러나 그는 "나는 사람들이 그 사이트에 대한 디자인을 어떻게 생각하는지 알 필요가 없다. 나는 특별한 목적을 가지고 그 사이트를 디자인했고, 그 목적을 달성했다고 믿는다. 거기서 내가 뭘 더 배울 수 있겠는가?"하며 초대를 거부했습니다.

이 얼마나 무례한 말입니까? 사람들은 어떻게 생각했을까요? 그 사이트를 테스트한 사용자들은 헷갈려서 원하는 기능을 찾기도 어렵고 검색도 어려워서, 별로 사용하고 싶지 않은 사이트라고 했습니다. 그 디자이너의 목적이 사람들을 더 좋은 사이트로 쫓아내는 것이었다면, 성공한 것이겠더군요.

디자이너들은 테스트가 필요하다는 것을 인식했을 때조차도 제대로 해내지 못합니다. 그들은 디자인을 자신들이 직접 테스트하거나 또는 팀에서 같이 일하던 동료에게 부탁합니다. 놀랄 일도 아니지만, 테스트는 성공적으로 통과합니다("모든 걸 적절히 사용할 수 있군. 따라서 우리가 일을 제대로 해낸 거야. 잘했어, 동지들."). 그러나 실제 사용자들이 사용하기 시작하면 일이 제대로 터집니다. 디자이너들은 사이트의 존재 목적과 기능을 이미 알고 있기 때문에, 그걸 모르는 사람들에게 사이트가 어떻게 비칠지를 상상할 시도조차 하지 못합니다. 그러나 새로운 방문자에게 수 초 이내에 그걸 설명하는 것은 사이트 디자인에서 풀어야 할 가장 중요한 문제입니다. 그렇게 하지 못할 경우 아무도 나머지 내용을 보지 않을 것이기 때문입니다. 디자이너는 이미 사이트를 어떻게 돌아다녀야 할지 알고 있기 때문에, 그들은 네비게이션 시스템이 일반 사용자에게도 쉬운지를 테스트할 수 없습니다. 그들은 이미 사이트가 사용자로부터 데이터를 어떤 식으로 요구하는지 알고 있기 때문에(신용카드 번호를 입력할 때 빈칸을 제거해야 한다는 식의), 일반 사용자가 그걸 생각해낼 수 있을지 장담할 수 없습니다. 이런 예는 많습니다.

사이트 디자이너는 테스트 사용자에게 어떤 작업을 주어야 할지 모를 때도 종종 있습니다. 예를 들면 "7월에 탈라하시(Tallahassee)로 가는 항공편 중 가장 싼 티켓을 구매하시오."와 같이 실제 사용자가 사이트에 와서 하려는 일을 시키는 대신, "사이트에서 좋은 점과 나쁜 점을 알려주세요."와 같이 말하는 것을 본 적이 있습니다. 재어드 스풀은 Ikea.com에서 수행했던 테스트에 대해 다음과 같이 설명합니다.

이케아의 디자이너들은 테스트 사용자들에게 "책장을 찾으시오."와 같은 작업을 시켰습니다. 거의 모든 테스트 사용자가 사이트의 검색창에 '책장'을 입력해 원하는 결과를 얻었습니다. 그러나 스풀이 "여러분은 200권 이상의 소설책을 소장하고 있으며 현재 상자에 담겨 거실 여기저기에 널브러져 있습니다. 어떻게 정리하는 게 좋을까요?"라고 테스트 사용자들에게 말했을 때, 그들은 매우 다르게 행동했습니다. 그들은 검색창을 사용하는 대신 상품 목록을 살펴보고, 가끔 검색 기능을 사용하기도 했지만 검색어는 '책장'이 아니라 '선반'이었습니다. 사용자들은 훨씬 더 어려워했는데, 그들의 정신 모델(mental model)이 사이트 디자이너와는 매우 달랐기 때문입니다. 디자이너들이 이런 테스트를 하고 제3자에게 익숙하지 않은 질문을 던지게 할 정도로 똑똑하지 못했다면 이런 사실을 절대 깨닫지 못했을 것입니다.

때때로 웹 페이지는 진공 청소기(또는 다른 가전제품)와 마찬가지로 개떡 같은 경우가 있는데, 사용자에게는 이것이 명확하게 보이지만 회사의 마케팅 얼간이들은 왜 그런지를 전혀 이해하지 못하곤 합니다. 예를 들어, 스풀은 테스트를 통해 디즈니 사이트의 애니메이션 로고가 사용자들을 매우 짜증나게 한다는 것을 알아냈습니다. "사용자들은 처음에는 페이지를 스크롤해서 애니메이션을 화면에서 안 보이게 합니다. 그게 불가능할 때는 아예 손으로 가려 버립니다. 그래야 나머지 텍스트를 읽을 수 있거든요." 디즈니 회장이 그 비디오를 한번 보도록 제가 뇌물이라도 먹였어야 했습니다(사실 지금이라도 그러고 싶습니다). 그러면 아마 회장은 사이트 설계자를 밧줄로 꽁꽁 묶어 그가 익사하기 전까지(어쨌든 세상은 좁으니까요) 이틀 동안 강에 처박아 놓을지도 모르겠습니다.

우리가 할 수 있는 일

웹 사이트는 사용자에게 서비스를 제공하기 위해 있는 것입니다. 이제 좋은 웹 사이트 디자인이 가능하고, 드물긴 하지만 존재한다는 것도 확인했습니다. 웹 사이트가 별로일 때는 디자이너가 사용자를 제대로 이해하지 못했기 때문입니다. 제 경험에 비추어 볼 때, 모든 웹 사이트 디자이너는 자신의 일을 훌륭히 해내고 정말 좋은 사이트를 만들고 싶어 합니다. 그러니 그들에게 알려 주십시오. 대부분의 사이트는 사이트 주인에게 피드백을 보낼 수 있는 링크를 가지고 있습니다. 그들은 종종 좋은 피드백에 대해 여러분이 생각하는 것보다 훨씬 큰 고마움을 표시하기도 합니다. 상세할수록 좋고, 웹의 다른

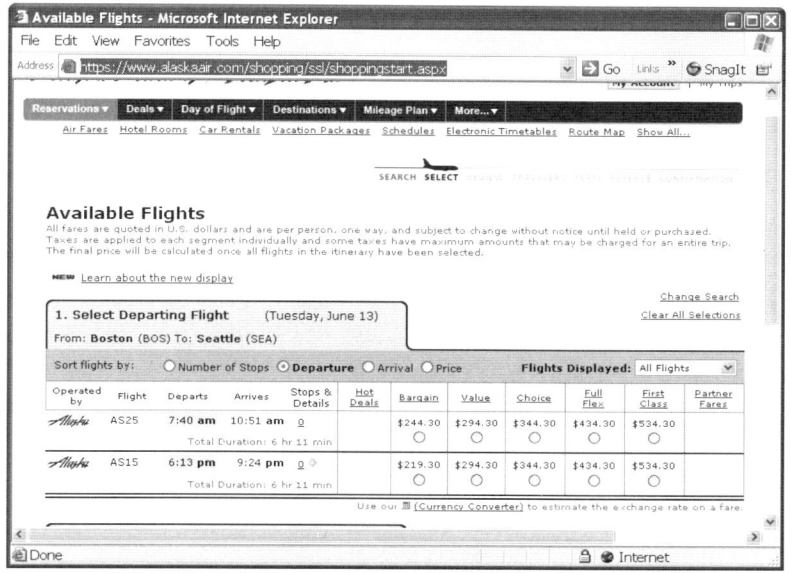

그림 2-17 피드백 이후 기능이 개선된 알래스카 항공사의 웹 사이트

어딘가에 이미 있는 기능을 요구하고 지적할 수 있다면 더욱 좋습니다.

예를 들어, 최근 저는 알래스카 항공사(Alaskaair.com)의 피드백 링크를 통해 다음과 같은 메모를 전달했습니다. "당신네 사이트는 보스턴에서 시애틀로 가는 항공편 목록을 가격으로만 정렬해 보여줍니다. 내가 당신네 항공사를 택한 이유는 당신네 항공사만이 이 경로에 대한 직항이 있기 때문인데, 긴 목록 속에 직항과 경유 항공편이 섞여 나와 구별하기가 어렵습니다. 오비츠(Orbiz)와 같은 다른 여행 사이트에서는 논스톱 항공편만 나오게 하거나 최소한 이 둘을 분리해 보여줘 쉽게 알아볼 수 있습니다. 당신네 사이트가 다른 사이트보다 사용하기 어렵기 때문에, 결국은 값비싼 당신네 예약 담당 직원에게 전화를 걸게 됩니다. 제

이야기가 당신네 사이트를 좀더 유용하게 만드는 데 도움이 되길 바랍니다. 빨리요."

그로부터 몇 달 후 사이트는 그림 2-17과 같이 개선되었습니다. 이제 페이지에 라디오 버튼이 있어 사용자는 항공편을 경유지 수, 출발/도착 시각 또는 가격 순으로 정렬할 수 있게 되었습니다. 그들은 다양한 정렬 옵션을 쉽게 선택할 수 있게 해 제가 제안했던 것보다 훨씬 좋게 만들었습니다. 물론 많은 고객이 가격으로 항공편 목록을 정렬하고 싶어 하겠지만, 여행 당일의 첫 번째 혹은 마지막 비행기를 원하는 사람들도 있을 테니까요.

알래스카 항공사가 제가 보낸 메모를 보고 이 작업을 한 것인지, 아니면 읽어보지도 않았는지는 알 수 없습니다. 그러나 기업 사이트에 여러분이 원하는 것을 말하지 않는다면 그걸 얻지 못한다 하더라도 놀랄 일이 아니겠죠. 물론 여러분이 무슨 말을 하건 원하는 것을 얻지 못할 수도 있습니다. 어떤 때는 여러분이 원하는 것이 다른 10명의 사람들이 원하는 것과 정반대의 것일 수도 있습니다. 그리고 어떨 때는 사이트 주인이 당신을 무시해버릴 수도 있습니다. 저는 스타벅스와 UPS에도 피드백을 보냈지만, 둘 중 어느 곳도 이 장에서 설명한 문제에 조치를 취하지 않았습니다. 이 책이 그들의 관심을 끌지 흥미롭습니다.

어떤 경우는 사이트 주인이 피드백을 원하지 않는 것처럼 보일 때도 있습니다. 또 UPS.com이 좋은(또는 나쁜) 예입니다. 피드백 폼에 도달하기 위해서 이상한 페이지를 다섯 개나 거쳐야 합니다.[20] 그러고는 7개의 섹션을 모두 채운 후에야 제출할 수 있습니다. (과정이 쉬워지도록 이 책의 웹 사이트에 링크를 올려 놓겠습니다. 마음껏 폭격할 수 있게요.)

때때로 최악의 오류로 인해 제 자신을 제어하지 못하고 비명을 지르기도 하지만(특히 제 작업을 모두 날려버려 제 시간을 낭비하게 하는 경우) 예의를 지키고 상처를 주지 마시기 바랍니다. 저는 종종 발신지를 스웨덴으로 하고 내용이 "Yøur site sücks, yøu dumb âsses."로 시작하는 메일을 UPS.com에 매일 100개씩 날려보내는 것을 상상하기도 합니다. 그 사이트 디자이너들은 왜 자신들이 멍청한지 모릅니다. 그렇지 않고서야 사이트를 그렇게 멍청하게 만들었을 리가 없죠. 단지 "넌 멍청해!"하고 소리치는 것만으로는 많은 것을 얻어내지 못합니다. 그게 사실이라도 말이죠. 아니 그게 사실일 때는 더욱 그렇죠.

물론 권위 있고 트래픽이 많은 사이트에 공개적으로 하는 경우는 예외입니다. "부끄러움의 전당(Hall of Shame)" 사이트들이 바로 이런 목적 때문에 있는 것이고, 제가 이 장에서 여러 번 인용한 빈센트 플랜더스가 운영하는 WebPagesThatSuck.com이 이런 사이트들의 할아버지뻘입니다. 그가 마이크 윌스(Mike Wills)와 같이 쓴 『Web Pages That Suck』(Sybex, Inc., 1998)이란 훌륭한 책과 그 후속작으로 혼자 쓴 『Son of Web Pages That Suck』(Sybex, Inc., 2002)에서 웹 디자이너들이 무시할 경우 매우 위험에 처할 수 있는 지침을 제공합니다. 정말 형편없는 웹 사이트라면 그의 「Daily Sucker」웹 칼럼(매일 새로운 사이트에 대해 어떤 부분이 잘못됐고 왜 그런지를 공개적으로 지적하며 비평하는 칼럼)에 공식 지명

---

20 www.upc.com으로 가서 국가를 선택하십시오. 그 다음 페이지 밑에 아주 작게 있는 Contact UPS 링크를 선택하십시오. 그리고 Internet Technical Support를 선택합니다. 그 다음 Contact Internet Technical Support를 선택합니다. 어떤 이유에서인지는 모르겠지만 Internet Technical Support 페이지와는 많이 달라서 별도 페이지가 필요하겠네요. 그 다음 Email UPS Internet Technical Support를 선택합니다. 폼에 내용을 채운 다음 Submit 버튼을 누릅니다. 어쩐지 우리 말을 들으려는 생각이 없는 것 같이 느껴지지 않습니까?

할 수도 있습니다. 저는 이런 지명을 당하는 사이트의 웹 마스터가 어떤 느낌을 가질지 궁금합니다. 플랜더스는 짜증나는 사이트에 메일을 보내는 대신 다음과 같이 씁니다. "…우리에겐 짜증나는 사이트에 메일을 보내고 그들의 사이트가 WPTS를 만든다고 알려주는 것을 즐기는 사이코가 몇 명 있습니다." 저도 그 사이코에 포함됩니다(이미 알고 있었다고요?). 제가 어떤 사이트를 지명할 때는 그 사이트가 저를 짜증나게 했기 때문이고, 그 사이트가 당선되면 저를 짜증나게 한 녀석의 코 앞에 그걸 들이대 보여주고 싶습니다. 계획적이고 고의적으로 말입니다. 그리고는 그걸 회사 사장에게 보냅니다. 때로는 종이에 인쇄해서 UPS 특송으로 보냅니다(제가 스웨덴에 있는 게 아니라면). 메일에서는 다음과 같이 말합니다. "축하합니다. 당신네 사이트는 정말 개판입니다. 사실, 빈센트 플랜더스가 오늘 공개할 웹 페이지 중에서 더 개판인 사이트를 찾을 수 없다는군요. 이제 당신네 사이트는 WebPagesThatSuck.com에 기억되었습니다! 그럼 좋은 하루 되세요." 그러면 그들은 커피 냄새를 맡기 위해 잠에서 깨겠죠. 근처에 스타벅스가 있을 때나 가능하겠죠. 그러나 저런, 스타벅스 매장은 6마일 떨어져있고, Starbucks.com은 매장이 어디 있는지 알려주질 않는군요. 킹코스에서 커피를 팔지 않는 게 유감이네요. 스웨덴어로 그런 걸 할 수나 있을까요?

3장

나를 안전하게 지켜줘

슬래머 웜! 코드 레드 바이러스! 해치를 단단히 걸어 잠그십시오! 미켈란젤로 바이러스가 활동하는 날에는 컴퓨터를 꺼놓아야 합니다. 스파이웨어가 여러분의 키 스트로크를 가로채 신용카드 번호와 패스워드를 훔쳐갑니다. 누군가 당신의 모뎀을 가로채 900곳에 전화를 걸고 요금은 당신에게 청구하게 합니다. 컴퓨터에 대해 나쁜 소식을 듣지 않고 넘어가는 날이 하루도 없는 것 같습니다.

이 장에서 여러분의 컴퓨터나 네트워크를 안전하게 하는 방법을 알려주지는 않을 겁니다. 방화벽이나 바이러스 탐지기 같은 것에 대해 설명하는 좋은 글들은 널려 있습니다.[1] 그 대신 보안(security)에 대해 생각하고 그것을 프로그램에 설계해 넣는 과정을 설명할 것입니다. 소프트

---

1 카네기-멜론 대학의 CERT(Computer Emergency Response Team, www.cert.org)에 있는 글을 읽어보시기 바랍니다.

웨어 개발자가 풀어야 하는 여러 문제와 이를 성공적으로 해결하거나 실패하는 방법에 대해서도 설명할 것입니다. 무책임한 벤더들은 위험성을 내포한 프로그램이라도 여러분에게 팔아먹기 위해 허무맹랑한 광고를 일삼습니다. 이 장을 읽고 나서, 어떤 것이 보안 관점에서 맞는 말인지, 어떤 것이 알지도 못하고 떠드는 소리인지를 여러분 스스로 구분할 수 있게 되기 바랍니다.

예전에는

세상에는 항상 우리에게 해를 가하려는 나쁜 사람들이 있게 마련입니다. 때로는 경제적인 이유로 그럴 수 있습니다. 마약 중독자가 마약 값을 구하기 위해 우리의 카 오디오를 훔치려고 할 수도 있고, 조직화된 범죄집단이 우리의 자동차를 통째로 훔치려 할 수도 있습니다. 때로는 이상을 추구해 그럴 수도 있습니다. 과격한 환경주의자가 차에 치이는 얼룩 올빼미의 희생을 막기 위해 당신의 험머(Hummer)[2]를 망가뜨리고 싶어할 수도 있고, 테러리스트가 악의 제국인 미국을 무릎 꿇게 하고 싶어할 수도 있습니다. 그리고 어떨 때는 나쁜 놈들이 자신의 능력을 과시하기 위해 우리의 자동차 앞 유리를 내려칠 수도 있습니다. 우리는 이런 위험을 완전히 제거할 수는 없지만, 허용 가능한 수준으로 감소시킬 수는 있습니다. 보통은 그런 사람들이 돌아다니는 지역에서

2 (역자 주) GM에서 판매하는 4륜 구동 SUV 자동차

멀찌감치 떨어져 있으면 되겠죠. 그런 지역에 가야 할 일이 생기면 감시가 잘되는 유료 주차장에 차를 세우거나, 최소한 사람들 눈에 잘 띄는 밝은 장소를 찾을 수 있습니다. 그것마저도 불가능하다면 택시를 이용하거나, 구세군에서도 기증받는 것을 거부할 정도로 낡은 고물 차를 몰고 가 피해를 최소화할 수 있습니다.

데스크탑 컴퓨터 초창기에는, 나쁜 녀석들이 우리 컴퓨터에 쉽게 침투할 수 없었습니다. DOS나 윈도우의 초창기 버전과 그 위에서 돌아가던 애플리케이션에는 보안 기능이란 게 전혀 없었을 정도로 좋은 시절이었습니다. 소프트웨어 개발자도 편했고, 고객도 편했습니다. PC를 물리적으로 잘 잠가서 보관하는 한 나쁜 녀석들이 몰래 PC 안으로 기어들어와 못된 짓을 할 수 없었습니다. 대형 스크린 TV 같은 비싼 가전제품을 다루는 것처럼 익숙한 방법을 통해 컴퓨터를 안전하게 지킬 수 있었습니다. 우리의 가장 큰 걱정은 도둑맞을 경우 다시 장만하기 위해 큰 돈이 필요하다는 것이었습니다.

우리는 조크(Zork, 텍스트 기반의 던전 어드벤처 게임)와 같은 독립형(stand-alone) 애플리케이션을 사용했고, 다른 컴퓨터와 연결하는 일은 드물었습니다. 연결을 한다 해도 직접 연결하는 것이어서 상대적으로 안전했습니다. 예를 들어, 1990년대에 체크프리(CheckFree)로 자동 청구서 결제를 할 때 제 컴퓨터는 전화 모뎀을 사용해 체크프리의 번호로 전화를 걸었습니다. 아날로그 전화선을 도청하지 않는 한 어떤 나쁜 놈들도 거래를 몰래 훔쳐볼 수 없었고, 전화선 도청은 훔칠 수 있는 금액의 크기에 비해 어렵고 위험한 일이었습니다.

네트워크가 기업 환경으로 퍼져나가고 직장 컴퓨터들이 서로 묶였을 때도 거의 모든 프로그램과 데이터를 신뢰할 수 있는 곳으로부터 얻었기 때문에 보안은 큰 문제가 아니었습니다. 정보 시스템 직원들이 새로운 프로그램을 설치했고, 우리는 여기에 스파이 프로그램이 숨어있을지 같은 것에 대해서는 걱정할 필요가 없었습니다(사장이 우리가 열심히 일하고 있는지 감시하는 프로그램은 빼고요. 이에 대해서 우리가 할 수 있는 건 별로 없습니다). 우리가 작업하던 문서 데이터와 이메일은 내부 동료로부터 온 것이었으며, 여기에 소프트웨어 폭탄 같은 게 들어있을 거라 걱정할 필요도 없었습니다(나쁜 프로그래머의 실수로 인한 버그 같은 것은 빼고요. 여기에 대해서도 그때나 지금이나 우리가 할 수 있는 건 별로 없습니다). 회사는 직원의 급여 테이블과 같은 일부 민감한 데이터에 접근을 통제해야 했지만, 오늘날의 문제에 비하면 작은 문제에 불과했고, 보통 민감한 데이터는 회사 내 다른 부분에서 접근할 수 없게 별도로 분리된 컴퓨팅 환경에 두어 해결했습니다. (제 편집자는 제가 회사 급여 시스템의 로그인 계정을 물어봤을 때 그 회사 감사관이 했던 말을 여기에 그대로 싣는 것을 허용하지 않을 것입니다.)

개떡 같은 이유

인터넷은 모든 것을 바꾸어 버렸습니다. 인터넷은 세상에 있는 모든 컴퓨터를 서로 연결시켰고, 착한 사람들(예를 들어 Amazon.com 같은) 간의 커뮤니케이션이 아주 쉬워졌습니다. 물론 이것이 나쁜 사람들에게도 똑같이 적용된다는 것은 놀랄만한 일이 아니죠.

사이버공간에서의 나쁜 녀석들은 우리의 차에 해를 끼치려는 것과 똑같은 이유로 우리의 컴퓨터에도 해를 끼치고 싶어합니다. 돈을 벌거나 사회에 영향을 끼치고 싶어서 또는 그냥 과시하고 싶어서 그럴 수도 있습니다. 그들은 우리 컴퓨터에서 그들의 프로그램이 실행되도록 하거나, 우리의 민감한 데이터를 훔쳐내거나 또는 이 둘을 조합해 우리에게 해를 끼칠 수 있습니다. 인터넷이 이런 종류의 범죄 행위를 쉽게 하고 물리적 세계에서보다 보안을 어렵게 하는 데는 세 가지 이유가 있습니다.

첫째, 인터넷에서는 범죄 행위를 하는데 있어 거리 제약이 없습니다. 예를 들어, 루마니아에 있는 나쁜 놈이 뉴욕에 있는 우리 자동차를 어떻게 할 수는 없지만, 인터넷은 그들이 목표를 지정하기만 하면 공격 데이터를 무자비하게 전송할 수 있습니다. 또는 흥미롭게 보인다거나 아무런 해가 없을 것 같다고 생각해 무심코 공격 데이터를 요청할 수도 있습니다. 만약 그게 공격 데이터였고, 우리가 문을 제대로 잠그지 않았다면 그들은 수천 킬로미터 밖에서도 바로 옆에 있는 것처럼 안으로 치고 들어올 수 있습니다. 프란시스 케언크로스(Frances Cairncross)는 『The Death of Distance』(Harvard Business School Press, 2001)[3]란 책에서 인터넷을 통한 값싸고 빠른 데이터 커뮤니케이션이 야기한 결과에 대해 논의했지만, 이게 그런 결과 중 하나였는지는 기억하지 못하겠습니다.

둘째, 인터넷을 통한 공격은 물리적 세계에서보다 시간이 적게 듭니다. 자동차 앞 유리를 깨뜨리고 스테레오를 뜯어내는 데는 몇 분이 걸

---

3 (역자 주) 1997년 발간된 동명의 도서에 대한 번역서 : 『거리의 소멸 디지털 혁명』(세종서적, 1999년)

리고, 그걸 팔아 돈을 만드는 데는 여러 시간이 걸립니다. 그런데 컴퓨터를 크랙하는 데는 수 초가 걸릴 뿐입니다. 인터넷 공격자는 동일한 시간 동안 자동차 도둑보다 훨씬 많은 목표물을 공격할 수 있고, 이는 취약한 대상을 찾아낼 확률을 높입니다.

셋째, 인터넷에서는 물리적 세상에서보다 공격도구가 훨씬 빠르게 퍼져나갑니다. 금고털이범이 자물쇠 구조에 대한 생각을 다른 도둑과 교환하는 것은 매우 어렵습니다. 그러나 인터넷에서는 빈틈을 찾아낼 똑똑한 사람이 한 명만 있으면 됩니다. 그럼 그 친구가 그 빈틈을 공격하는 소프트웨어를 만들어, 순식간에 모든 사람에게 배포할 수 있습니다. 이렇게 해서 더 나쁜 놈들(기술로는 원래의 똑똑한 친구의 근처에도 못 미치는)이 그걸 이용할 수 있게 되고, 공격은 더욱 빠르게 퍼져나갑니다. 범선 시대보다는 제트 비행기가 있는 오늘날 전염병이 더 빨리 퍼져나가는 것처럼 말입니다.

이 세 가지가 한꺼번에 효과를 발휘합니다. 한 대형 금융사의 웹 사이트는 보통 1초에 백 번도 넘는 공격을 받는다고 합니다. 엄청난 양으로 들립니다. 적어도 저에게는 그랬습니다. 그렇지만 인터넷은 여전히 경제적으로 매력적입니다. 그 대형 금융사는 매 초 100번의 공격에 맞서면서도 동시에 고객에게 좋은 응답을 충분히 제공합니다. 그리고 고객이 직원에게 전화를 걸어 한 계좌에서 다른 계좌로 송금을 하면 회사는 25달러의 비용이 들지만, 고객이 온라인으로 작업하면 회사는 몇 센트밖에 들지 않습니다. 이런 거래가 하루에 백만 번 있다고 하면, 여기서 절약되는 돈은 세계 최고 수준의 보안 전문가(그 회사가 이미 실제로 고용하고 있을)에게 주는 돈보다도 많아질 것입니다.

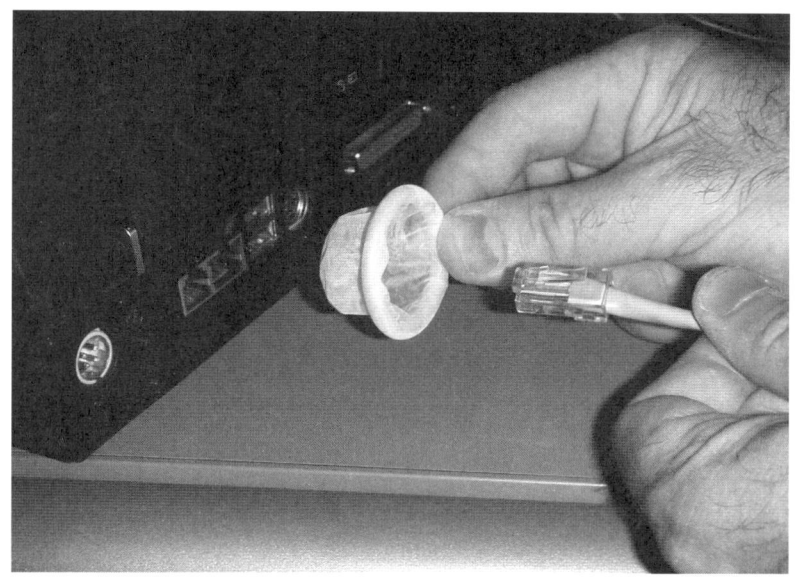

그림 3-1 컴퓨터를 안전하게 지키기 위해 취해야 할 조치

우리 컴퓨터는 정말 무자비한 세상에서 살아남아야 합니다. 우리는 높은 수준의 보안을 필요로 하지만 프로그램은 너무도 이를 만족시키지 못합니다. 우리는 결코 절대적 보안을 얻을 수는 없을 겁니다. 이 장의 뒷부분에서 설명하겠지만, 그렇게 하는 데는 트레이드오프가 있고 비용이 너무 높을 것이기 때문입니다. 그러나 주의 깊은 사고와 좋은 설계를 통해 수용 가능한 수준의 보안을 얻을 수 있습니다. 개념적으로 말하자면, 우리에게 필요한 것은 네트워크 연결선에 콘돔을 끼우는 것입니다(그림 3-1).

현대 컴퓨팅 업계의 보안 문제는 두 가지 주요 원인으로부터 나옵니다. 첫째, 대부분의 프로그래머가 보안 문제를 다루는 데 있어 자신들이 뭘 하는지 잘 모른다는 것입니다. 보안은 매우 전문화된 분야지만, 프로그래머들은 제너럴리스트(generalist)입니다. 현재 업계에 있는 사람들 중 대학에서 보안을 공부한 사람은 거의 없습니다. 그때는 그런 걸 가르치지 않았으니까요. 이제 겨우 몇몇 컴퓨터과학 커리큘럼에 나타나기 시작했고, 대부분의 경우(항상 그런 건 아니지만) 실무 경험이 많지 않은 강사들이 가르칩니다. 오늘날 소프트웨어 업계의 고위 관리자는 거의 대부분 화려하고 눈길을 끄는 기능(페이퍼 클립의 춤추는 눈썹 같은)이 승진의 중요 요소였던 시절에 그 지위에 올랐습니다. 그들은 보안을 지루하고 이해하기 어렵다고 생각합니다. 그들은 지하실에 있는 꼬질꼬질한 보안 담당자(괴짜가 봤을 때도 이상한)가 이런 문제를 모두 사라지게 해서 자신들은 다시 재미있는 것을 할 수 있게 되길 바랄 뿐입니다.

방어적 사고는 일반 프로그래머의 사고방식과는 완전히 달라 프로그래머들은 이를 좋아하지 않습니다. 우리는 그들이 문제를 공략할 때 무엇을 하는지에 스스로 기술한 것을 보고 그걸 알 수 있습니다. 그들은 문제를 분리한 후, 이해할 수 있을 때까지 그것에 대해 생각한 다음, 틈이 보일 때까지 공격 목표에 노력을 집중합니다. 방어적 사고방식은 매우 다른 것으로 그렇게 시작하는 것도 어렵고, 그걸 유지하는 것도 어렵습니다. 방어적 사고는 심지어 모욕적인 뜻이 되기도 합니다. "당신은 마지노선⁴ 같은 생각을 하는군. 겁쟁이 같으니라고." 하키 게임을 직접 보게 된다면 눈을 수비수에만 고정시켜 보시기 바랍니다. 아마 수

---

4 마지노선(Maginot Line)은 1차 세계대전 후 프랑스가 독일의 침략으로부터 방어하기 위해 국경을 따라 쌓은 요새입니다. 독일은 1940년 프랑스를 침공할 때 무모하게 이 위험한 사자 이빨 속으로 뛰어드는 대신 요새화되지 않은 벨기에를 통해 마지노선의 북쪽 끝을 돌아들어가 프랑스의 나머지 지역을 점령한 다음, 마지노선 안에 있던 군대가 배고파 항복할 때까지 기다렸습니다.

초 이상 그렇게 유지하기가 거의 불가능하다는 것을 알게 될 겁니다. 우리 두뇌는 눈에게 퍽[5]의 움직임과 그 주변의 상황을 향하도록 끊임없이 명령을 내릴 것입니다. 이 유혹을 참아내고 수비수에 집중하면, 수비수는 공격수와는 완전히 다른 게임을 한다는 것을 알게 됩니다. 수비수는 기다리고, 전방을 주시하며, 예측해서, 공격이 들어올 지점으로 미리 이동합니다. 두 번째 피리어드부터는 최종 수비수인 골키퍼에만 집중해 보려고 해보십시오. 우리가 골키퍼의 부모거나 우리 자신이 골키퍼가 아닌 이상, 그렇게 하지 못합니다. 따라서 평생을 칼을 휘두르며 공격하는 것만 연습하고 훈련 받은 사람을 다른 식으로 행동하도록 바꾸는 것이 어렵다는 것은 별로 놀랄 만한 일도 아닙니다.

좀더 심각한 문제는 보안 기술을 이해하는 프로그래머조차도 기술 자체에만 관심을 가질 뿐 이를 사용하는 사람에 대해서는 관심을 가지지 않는다는 것입니다. 그들은 사용자를 자신들이 만든 훌륭한 방정식에서 짜증나는 방해꾼 정도로 생각합니다. 많은 병리학자들이 환자를 흥미로운 질병의 불쾌한 부작용쯤으로 생각하는 것처럼 말입니다. 프로그래머들은 그들이 내부 전략을 올바르게 해놓으면 모든 것이 완벽하게 작동할 것으로 생각합니다. 틀렸습니다! 컴퓨팅 분야의 거의 모든 문제와 마찬가지로 보안 또한 기술적 문제라기보다는 사람과 관련된 문제입니다. 이 장에서 이에 대해 설명할 것입니다. 보안 전문가인 브루스 슈나이어(Bruce Schneier)는 이렇게 말했습니다. 보안은 과정(process)이지 제품이 아닙니다. 보안은 고리와 같아서 그 강도는 고리의 가장 약한

---

5 (역자 주) 아이스 하키 게임에서 사용하는 둥글 납작한 고무공

부분의 강도와 같습니다. 저는 여기에 다음을 추가하고 싶습니다. 설계 과정에서 인간의 본성을 인지하고 이해하고 고려하기 전까지는 사용자, 즉 인간이 항상 고리의 가장 약한 부분이고, 바로 이 부분이 고리가 끊기는 부분이 될 것입니다. 자, 이제 제가 몇 가지 예를 보여드리겠습니다.

프로그래머가
알아야 하지만 모르는 것들

제가 여러 번 말씀 드렸듯이, 보안은 일반 애플리케이션 프로그래머들도 잘 모르는 고도로 전문화된 분야입니다. 게다가 그들은 자신이 모른다는 사실과 그로 인한 결과도 인지하지 못하고 있습니다. 그들은 자신에게 말합니다. "에, 보안 관련 문제는 나중에 필요하면 생각하자고. 다른 문제처럼 말이야." 이런 식은 더 이상 먹히지 않습니다. 나쁜 놈들은 너무도 똑똑하고 어둠의 기술을 사용하는 데에 너무도 열성적이기 때문입니다. (제가 아는 한 애플리케이션 프로그래머는 이렇게 한탄했습니다. "그놈들은 여자친구도 없고, 먹지도 않고, 자지도 않는다고요. 그들이 하는 거라곤 해킹밖에 없다니까요. 우리가 어떻게 이길 수 있겠어요?") 여기 프로그래머가 잘 몰라서 잘못 처리하는 예를 보이겠습니다. 20여 년 전 제가 한참 많은 것을 배우던 시절 참여했던 프로젝트에서 있었던 일입니다. 제 고백입니다.

저는 그 당시, 지금은 망해 사라져 더 이상 원성을 듣지 않는 한 회사에서 일하고 있었고, 거기서 대형 은행용 외환 거래 시스템을 구축했습니다. 우리는 시스템을 많이 팔지는 못했지만(그래서 망했죠), 합병 후 20년이 지난 지금에도 이름을 대면 알 수 있는 몇몇 은행에 납품을 했었습니다. 세상의 모든 지식 근로자와 마찬가지로, 트레이더들도 아이디와 패스워드를 입력해 터미널에 로그인하는 것으로 자신들의 일과를 시작했습니다. 이 정보를 네트워크를 통해 중앙 서버로 보내 신원을 확인한 다음에야 서버가 거래 입력을 허용했습니다.

바로 여기에 문제가 있었습니다. 패킷 스니퍼(packet sniffer)라는 장치가 있는데, 이걸 네트워크에 붙여 놓으면 그 네트워크를 통해 전달되는 모든 데이터를 읽고 기록하는 것이 가능합니다. 패킷 스니퍼는 일반 PC에서 돌아가는 간단한 프로그램으로 구하기도 쉽습니다. 단지 대부분의 프로그램과는 다른 방식으로 네트워크 연결을 재설정해 동작하는 것일 뿐입니다. 물론 보안 감사나 프로그램 개발과 같은 합법적인 사용도 많았기 때문에 패킷 스니퍼의 사용 자체를 금지할 수는 없었습니다. 게다가 패킷 스니퍼를 금지한다면 전미총기협회(NRA, National Rifle Association) 회원 독자가 펄쩍 뛰면서 패킷을 수집하는 것만 금지하라고 할 것이 뻔합니다.

그 네트워크는 은행 내부에서만 접속이 가능했고 외부에서는 접속할 수 없었기 때문에, 다른 대륙에 있는 나쁜 놈이 몰래 들어오지 않을까 하는 걱정은 하지 않아도 되었습니다. 그렇다고 해도, 가장 위험한 것은 내부 범죄기 때문에 은행은 이를 방지하거나 적발하기 위해 모든 절차에 온갖 보호/감시 장치를 포함시켜 둡니다.[6] 수백 미터에 걸친 케이블에 연결된 컴퓨터라면 어느 곳에서나 외환 거래 네트워크 트래픽을 읽을 수 있었기 때문에, 벽과 천장을 통해 지나가는 수많은 케이블에서 나쁜 놈의 커넥션을 찾는다는 것은 불가능해 보였습니다. 더군다나 패킷 스니퍼 프로그램이 네트워크 내에서 적절히 인가된 컴퓨터에서 돌고 있다면 더욱 그렇겠죠.

그림 3-2와 같이 패스워드를 평문[7]으로 네트워크를 통해 보낸다고 생각해 봅시다. 나쁜 놈은 패킷 스니퍼로 패스워드를 가로채 읽은 다음, 인가된 트레이더와 동일하게 로그인해 거래를 입력할 수 있게 됩니다. 당연히 이런 것은 허용되지 않습니다. 그 당시 제 상사는 훌륭한 애플리케이션 프로그래머였고 상당히 똑똑했지만, 보안에 대해서는 잘 알지 못했습니다. 그는 그림 3-3과 같은 방안을 제안했습니다. 패스워드를 보내기 전에 해시라는 수학적 조작을 통해 알아볼 수 없게 바꾸자는 것이었습니다(1). 해시 연산은 페인트를 섞거나 계란을 프라이하는 것과 마찬가지로, 정방향으로 계산하기는 쉽지만 역방향의 계산은 불가능한 수학 함수입니다. 클라이언트에서 네트워크를 통해 평문 패스워드 대신 해시된 패스워드를 보내면, 나쁜 놈은 해시 값이 포함된 패킷을 읽더라도 해시 함수의 단방향성에 의해 원래의 패스워드를 알아낼 수 없습니다. 반면 서버는 해당 사용자로부터 요구되는 패스워드로 해시 값을 계산한 다음, 사용자가 보낸 값과 일치하면 사용자가 정확한

6 예를 들어, 저는 한 은행에서 문제가 발생한 컴퓨터를 살펴보기 위해 트레이딩 룸에 들어갔다가 트레이더들이 민감한 전략에 대해 토의하고 있는 것을 보게 되었습니다. 그때 저는 제가 우연히 들은 내용이 악용되지 않도록 하기 위해 그들이 토의를 끝내고 그 결과를 시장에 발표할 때까지 그 방에 남아있도록 요청받았습니다. 그들은 말했습니다. "플래스키, 우리가 자네를 믿지 못하는 것은 아니네만, 일은 일 아니겠나. 우리를 믿게. 토의 내용이 밖으로 새어 나가서, 자네가 용의자로 의심받고 싶지는 않을 것 아닌가? 저쪽에 전화기로부터 멀찌감치 떨어져 앉아서 신문이나 보고 있게. 그리고 우리 일이 끝날 때까지 손은 우리가 볼 수 있도록 탁자 위에 올려놓게." 저는 시키는 대로 따랐습니다.

7 (역자 주) 암호화되지 않은 데이터를 뜻합니다.

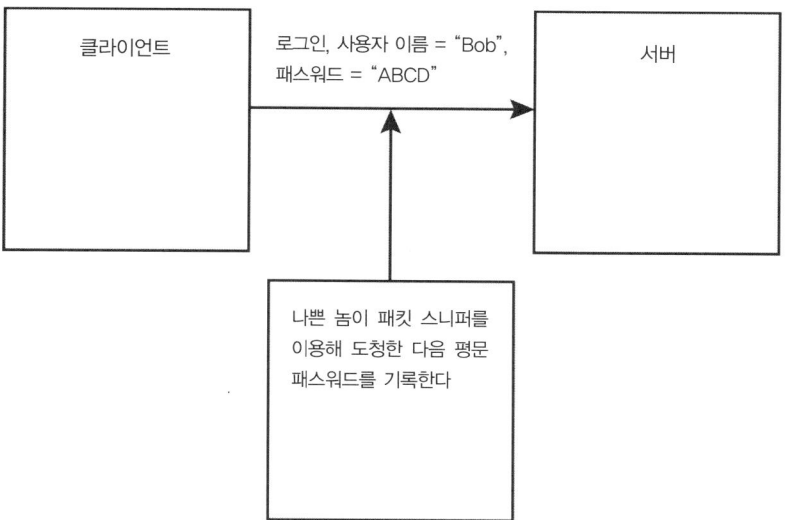

그림 3-2 패스워드를 평문으로 전송. 좋은 생각 아님.

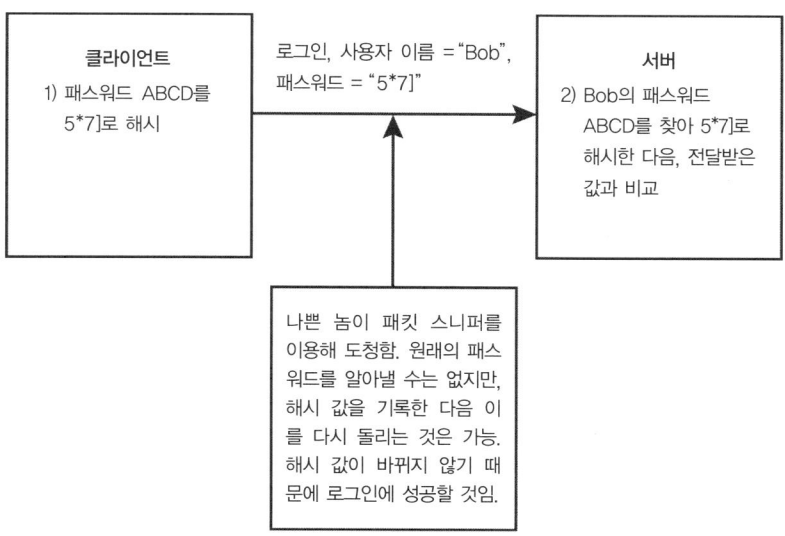

그림 3-3 해시된 패스워드를 전송. 그럴듯하게 보이지만 기록 공격에 취약함.

패스워드를 입력했다고 판단하고(2) 따라서 그가 주장하는 실제 트레이더라고 판단할 것입니다. 해시 값이 다르다면 그가 주장하는 트레이더가 아닌 셈이 되는 것이죠.

안됐지만, 이 방법으로는 문제를 해결하지 못합니다. 패스워드가 바뀌지 않는 한 패스워드의 해시 값 또한 바뀌지 않을 것이기 때문입니다. 나쁜 놈은 패스워드의 해시 값을 기록해두고, 동일한 값을 서버에 보내주는 프로그램을 작성하기만 하면 됩니다. 아주 간단한 일입니다. 회사가 망한 후, 그 은행에서 그 버림받은 제품에 새로운 기능을 추가하려고 했을 때, 저는 이와 동일한 방법으로 기록/재실행(recording/playback)을 통해 공격하는 것을 보여주었습니다. 저는 소프트웨어 보안 분야에서 일해본 적도 없고, 세상에서 가장 똑똑한 사람도 아니었지만, 공격하는 데는 20분밖에 걸리지 않았고, 그 중 10분은 패킷 스니퍼를 어디에 연결할까 고민하는 데 걸린 시간이었습니다. 첫 번째 로그인 패킷이 지나가는 것을 봤을 때 저는 스스로 "이렇게 단순할 리가 없을 텐데."하고 말했습니다. 그러나 정말로 단순했습니다. 그 거래 시스템은 네트워크 선에 물리적으로 연결할 수 있는 별로 똑똑하지 않은 공격자의 그다지 특별하지도 않은 공격에도 뚫릴 정도로 보안이 취약했습니다. 그 시스템 설계자가 일을 제대로 할 만한 기술을 가지고 있지 않았기 때문입니다.

문제를 제대로 이해만 하면 패스워드를 안전하게 보내도록 설계하는 것은 그리 어렵지 않습니다. 그림 3-4처럼, 로그인할 때마다 해시 값이 랜덤하게 변하도록 하면 됩니다. 클라이언트에서 서버로 사용자 아이디를 포함한(패스워드는 포함하지 않고) 로그인 요청을 보냅니다(1).

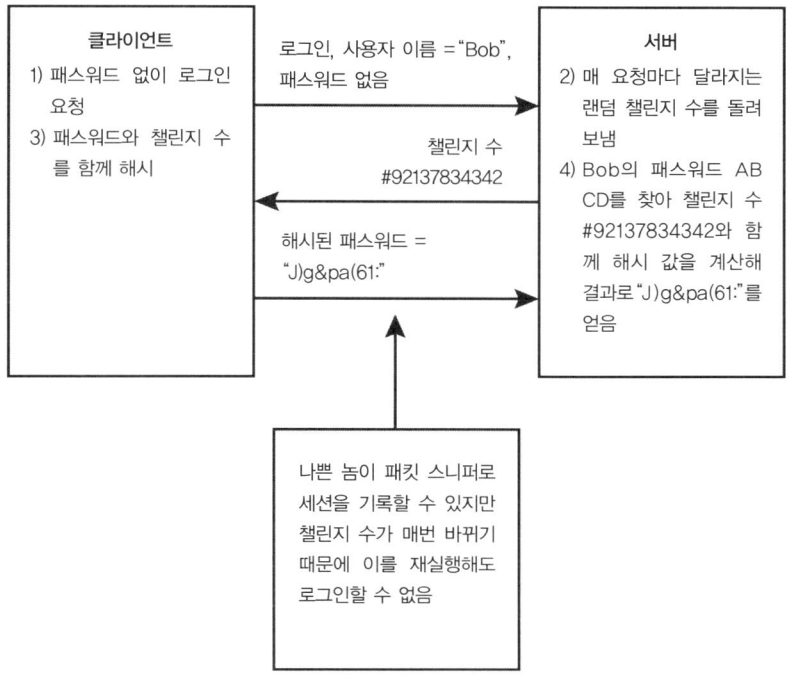

그림 3-4 인증을 위한 핸드셰이킹 사용. 챌린지 수가 매번 다르기 때문에 해시 값도 매번 달라진다. 이는 기록/재실행 공격에 취약하지 않다(이 말이 안전함을 뜻하는 것은 아니다).

서버는 챌린지(challenge)라 불리는 아주 큰 난수를 (매 요청 때마다 다르게) 보내 응답합니다(2). 클라이언트는 챌린지 수와 패스워드를 섞은 다음 여기에 해시 연산을 수행해 그 결과를 서버로 보냅니다(3). 그동안 서버에서도 동일한 연산을 수행해 값을 구해놓습니다(4). 클라이언트에서 보낸 값과 서버에서 계산한 값이 같으면 클라이언트는 정확한 패스워드와 챌린지 수로 시작한 것이 되고, 따라서 그 사용자는 실제로 자신이 주장하는 사용자가 맞다고 할 수 있습니다.

나쁜 놈이 이 로그인 세션에서 도청한다 해도 소용없습니다. 첫 번째 예에서 그랬던 것처럼 재연할 수가 없습니다. 다음 로그인 요청에는 챌린지 수가 바뀔 것이고 패스워드를 포함한 해시 값도 바뀔 것이기 때문입니다. 이 시스템을 공격하는 방법은 무차별 대입 공격(brute force attack)뿐입니다. 나쁜 놈은 별도의 컴퓨터에서 가능한 모든 패스워드 문자열을 하나씩 차례로 입력해가며 원래의 챌린지 수와 조합한 다음 해시 함수를 적용해 그가 기록한 해시값과 일치하는지 확인할 것입니다. (그는 이 작업을 운영 시스템에서는 하지 않을 것입니다. 거의 모든 로그인 시스템은 아무리 허술한 시스템이라 할지라도 이런 종류의 공격을 막기 위해 로그인 실패가 일정 회수 이상 계속되면 사용자 계정을 잠가 버리기 때문입니다.) 그는 이제 사용자의 패스워드를 알아냈다고 생각하고 은행 네트워크에 연결된 컴퓨터로 돌아가 로그인합니다. 그러나 패스워드가 적당히 길고 충분히 무작위적이면, 공격자가 모든 가능성을 확인하는데 수천 년은 족히 걸릴 것이고, 그 정도 시간이 지난 후라면 어떻게 되든 우리는 별로 신경을 쓰지 않을 것입니다.

이런 형태의 로그인 동작을 핸드셰이킹(handshaking)이라 하며, 뭘 해야 하는지 깨닫기만 하면 프로그램을 만드는 것도 그리 어렵지 않고, 로그인하는 데 드는 시간도 많이 늘어나지 않을 것입니다. 제 상사는 이것을 이해하지 못했고, 자신이 이것을 이해하지 못했다는 사실을 이해하지 못했습니다. 그는 보안 시스템을 설계해서는 안 되는 것이었고, 저를 포함해 그 회사의 다른 사람들 역시 사정은 마찬가지였습니다. 다행히 제가 아는 한, 그 시스템을 10년 이상 사용한 은행은 없습니다(따라서 비난의 화살을 조금 덜 수 있겠죠). 제가 맞기를 바랍니다.

어떤 프로그램에서 보안 구멍이 발견됐다는 소식을 듣는다면, 그건 프로그래머가 이런 종류의 실수를 저지른 것이고 다른 프로그래머가 그걸 찾았다는 소리입니다. 이런 에러는 보통 여기서 설명한 것보다 훨씬 미묘하고, 로그인 외의 다른 부분에서도 발견되곤 합니다. 그러나 여기서 설명한 것과 비슷한 이유에 의한 유사한 종류의 에러입니다.

인간의 조작

이제 여러분은 보안 프로그램 설계에 대해 최소한 조금은(얼마 전까지 이걸로 밥 벌어 먹고 살던 사람들보다도 많이) 이해하게 되었습니다. (등골이 오싹하지 않습니까?) 그러나 보안은 기술 이상의 것을 포괄합니다. 브루스 슈나이더는 『Applied Cryptography』(Wiley, 1995)라는 암호학(암호를 만들고 깨는 방법을 연구하는 학문)에 대한 책을 썼는데, 그 분야에서는 아주 유명한 책입니다. 7년 후 그는 『Secrets and Lies : Digital Security in a Networked World』란 책을 썼는데, 다음과 같은 말로 시작합니다. "저는 실수를 바로잡기 위해 이 책을 썼습니다. 『Applied Cryptography』는 수학적 유토피아를 설명합니다. 저는 암호학이 해답인 것처럼 말했습니다. 실제로는 그렇지 못했습니다. 독자들은 암호학을 그들의 소프트웨어에 뿌려 소프트웨어를 안전하게 만들 수 있는 마법의 보안 가루라고 믿었습니다… 한번은 동료로부터 세상은 『Applied Crypto-graphy』를 읽은 사람들이 설계한 형편없는 보안 시스템으로 가득 차 있다는 말을 들었습니다." 고객을 위한 보안 시스템을 분석하고 설계하면서 그는 새로운 사실을 깨달았고 이를 다음과 같이 기술했습니다. "취약점이 수학과는 아무런 관계가 없다는 것을 알게 되었습니다. 취약점은 하드웨어와 소프트웨어, 네트워크 그리고 사람들 속에 있었습니다. 형편없는 프로그래밍, 허술한 운영체계 또는 엉성한 패스워드 선택 속에서 완벽한 수학은 쓸모가 없었습니다." 그러고는 다음과 같이 요약했습니다. "기술이 보안 문제를 해결할 수 있다고 생각한다면, 문제도, 기술 자체도 이해하지 못한 것입니다." 이보다 더 적절한 말은 없겠죠.

앞에서는 프로그래머가 어떻게 실수를 하고 이로 인해 시스템이 어떻게 취약해지는지를 보았습니다. 이제 프로그래머가 자신이 맡은 부분을 제대로 했더라도, 인간이 보통 하는 행동대로 하는 것 만으로도 사용자가 어떻게 시스템을 망칠 수 있는지 설명하겠습니다.

앞 절의 마지막 부분에서 저는 생각할 수 있는 모든 패스워드를 해시 함수에 넣어보는 공격 방법(무차별 대입 공격)으로 나쁜 놈이 해시된 패스워드를 깰 수 있다고 했습니다. 시스템에서 어떤 해시 함수가 사용되었는지 알아내는 것은 그리 오래 걸리지 않을 것입니다. 적절한 수학적 속성을 가진 해시 함수는 많지 않고, 전문가에게는 그걸 구분하는 것이 어렵지 않습니다. 해시 함수만으로 안전해지는 것은 아닙니다. 나쁜 놈이 시도해야 하는 패스워드 수가 충분히 많아야 안전해지는 것입니다. 만약 패스워드가 6개의 문자로 되어 있다면 나쁜 놈은 AAAAAA부터 ZZZZZZ까지 3억 개 이상의 문자 조합을 모두 확인해봐야 합니다. 패스워드에 숫자도 포함될 수 있다고 하면 가능한 패스워드는 20억 개 이상으로 늘어납니다. 패스워드 길이를 6자에서 8자로 늘리면 가능한 조합이 거의 3조 개 가까이로 늘어납니다. 대소문자를 구분하고 특수문자까지 포함시키면 1천조 개에 이르는 조합이 생겨납니다. 나쁜 놈이 이 모든 조합을 확인하려면 1초에 1,000개씩 확인한다고 해도 31,000년 이상이 걸릴 겁니다. 1년에 한두 번 정도 패스워드를 바꿔준다면 무차별 대입 공격에 대해 심각하게 걱정할 필요가 없습니다.

그러나 나쁜 놈이 똑똑하다면, 그는 확인할 패스워드를 선택하는 데 있어 인간적 요소를 고려할 것입니다. 모든 문자열이 동등한 가치를 지니는 것은 아닙니다. 패스워드는 보통 인간 사용자가 생각해 내는 것이고, 인간은 자신의 언어로 생각을 합니다. 인간은 아무리 노력하더라도 그의 두뇌로부터 무작위적 패스워드를 끌어낼 수는 없습니다. 따라서 이 똑똑한 나쁜 놈은 무차별 대입 공격을 사용하는 대신 사전식 대입 공격(dictionary attack)이라 불리는 공격법을 사용할 것입니다. 그는 AAAAAA을 시도해보고 그 다음엔 AAAAAB, 그 다음엔 AAAAAC를 시도해보는 식으로 작업하지는 않을 것입니다. 그는 '사용자(인간)가 패스워드를 생각해 낼 테니 실제 단어로 되어 있을 거야. 따라서 사전 어딘가에 존재하는 단어겠지.' 하고 생각할 것입니다. 그는 흔히 사용되는 단어 목록(웹에 널려있습니다)을 구한 다음 거기 나오는 단어로 하나씩 시도해볼 것입니다. AARON, ABACUS, ACTIVE, 기타 등등. idoit(1장), marketingbozo(6장)과 같이 제가 만들어낸 신조어를 포함시키지 않는다면, 보통 인간의 어휘력은 5,000개 내외입니다. 앞의 예에서와 마찬가지로 1초에 1,000개씩 확인할 수 있다면 결과가 어떻게 될까요? (직접 계산해보세요.) 엉성한 패스워드를 선택하면 그걸 깨는 데 걸리는 시간이 31,000년에서 5초로 줄어들게 됩니다.[8] CompuServe가 처음 저에게 할당했던 패스워드('elvesoffend')처럼 두 단어를 붙여 사용해도 나쁜 놈은 7시간 내에 그 패스워드를 깰 것입니다.

여기서 우리에게 정말 필요한 것은 k!&wLa 또는 b8I2=o와 같이 완전히 무작위적인 패스워드입니다. 이런 패스워드를 생성하는 것은 별로 어렵지 않습니다. 우리를 위해 이런 걸 해주는 유틸리티 프로그램이나 웹 사이트가 있습니다. 앞에서 설명한 외환 거래 시스템은 은행에서 사용되었고 매일 수십억 달러가 왔다 갔다 했기 때문에, 아마도 사용자에게 무작위적으로 생성된 패스워드를 할당하도록 설계해야 했을지도 모릅니다. 무작위적으로 생성된 다른 패스워드로 패스워드를 재설정하는 것은 허용되지만, 사용자가 원하는 패스워드로 바꾸는 것은 허용되지 않도록 말입니다.

그러나 이런 접근 방법에는 명백한 단점이 있습니다. 무작위적으로 생성된 패스워드를 기억하는 것은 인간에게는 매우 어렵고, 자주 사용하지도 않거니와 여러 개의 패스워드를 기억해야 한다면 특히 더 어렵습니다. 이 애플리케이션을 사용하는 것은 트레이더의 주요 업무고 트레이더는 최소 하루에 두 번(아침에 출근해서 한 번, 점심 식사 후 한 번) 로그인할 것이므로, 그가 절실하게 원하고 패스워드를 지나치게 자주 바꾸지만 않는다면(예를 들면 1년에 두 번 정도만 바꾼다면) 그는 패스워드를 기억할 수 있을 것입니다. 우리는 패스워드를 종이에 적어둘 경우 많은 사람들이 부러워하고 높은 연봉을 받는 직장에서 쫓겨날 수도 있다고 트레이더들을 위협하면서 그들의 자연스런 충동과 싸워야 할 것입니다. 그러

---

8 어떤 사용자들은 패스워드를 외국어 단어로 하면 안전할 것이라 생각합니다. 나쁜 놈은 5,000 단어를 5초 만에 확인할 수 있으므로, 1시간도 안 되는 시간에 ISO(International Standards Organization) 목록에 있는 Abkhazian부터 Zuni까지 404개의 언어를 모두 확인해볼 수 있습니다. 실제로는 가장 많이 사용되는 10여 개의 언어만 확인할 것입니다. 흔하지는 않지만 이게 안 통하면, 다른 사용자에 대한 공격을 시도하겠죠.

고는 주기적으로 트레이더들의 책상을 검사해 기록된 패스워드를 발견하면 해당 트레이더를 시범 케이스로 해고하도록 해야 할 것입니다. 트레이더들은 이미 다른 여러가지 보안 지침을 이해하고 따르기 때문에, 아마 이 지침도 잘 따를 것입니다.

대부분의 소비자 웹 사이트(예를 들어, 온라인 잡지 구독 또는 소매 쇼핑 사이트)에서 이런 고수준의 패스워드 보안은 유지하기도 어렵고, 적절하지도 않습니다. 일반 소비자들은 높은 급여를 받는 직원들만큼 짜증을 참지도 않을 것이고, 보안이 깨진다 해서 엄청나게 큰 손해를 보는 경우도 드뭅니다. 보통의 사용자들은 무작위적 패스워드를 여러 개(어쩌면 하나도) 기억할 수 없습니다. 여러분이 그걸 강제한다면 사용자들은 패스워드를 포스트잇에 써서 모니터에 붙여놓거나 또는 좀더 사용하기 쉬운 다른 상점 사이트로 가버릴 것입니다. 다행히 나쁜 놈들에게 상점의 개인 계정은 대형 은행의 외환 거래 조작보다 그다지 매력적인 목표가 아니고, 보안이 뚫렸을 때의 결과도 훨씬 덜 심각합니다.

참을성의 한도

컴퓨터가 완전히 안전해지려면 네트워크에서 차단하고 전원은 끈 다음 콘크리트로 둘러쌓아 땅속 10미터 아래에 묻어둬야 합니다. 그러나 일을 하는데 있어 그렇게 하는 것은 별로 도움이 안되기 때문에, 컴퓨터를 실제로 사용할 때는 적절한 수준에서 보안과 실용성 사이에 타협을 하게 됩니다. 애플리케이션에 대해 적절한 수준의 트

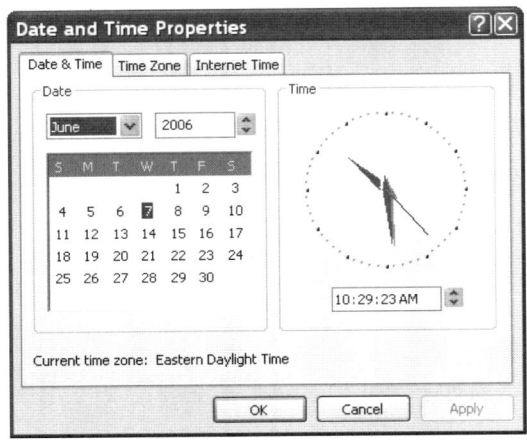

그림 3-5 윈도우XP의 오른쪽 아래 구석에 있는 디지털 시계를 더블클릭 했을 때 나오는 시계 달력 대화상자

레이드오프를 선택하는 것이 프로젝트의 성공과 실패를 가릅니다. 규칙이 너무 관대하면 충분히 강력하게 보호할 수 없고 보안으로 초래된 불편함도 낭비일 따름입니다. 규칙이 너무 엄격하면 사용자는 제품을 사용하지 않거나 이를 돌아가는 경로를 찾아냅니다.

저는 이런 문제를 묘사하기 위해 '참을성의 한도(hassle budget)'란 용어를 생각해 냈습니다. 참을성의 한도란 사용자가 제품을 사용하기 위해 감내할 수 있을 정도의 보안과 관련된 오버헤드의 양입니다. 이는 제품의 종류에 따라 그리고 사용자의 성향에 따라 크게 변합니다. 프로그램 설계자는 작업을 하는데 있어 참을성의 한도를 충분히 활용해야 하지만 지나치면 안됩니다.

우리는 윈도우 작업표시줄 오른쪽 구석에 있는 시계에서 이에 대한 명확한 예를 볼 수 있습니다. 시계를 더블 클릭하면 그림 3-5와 같이 시계와 달력이 보이는 창을 볼 수 있고, 여기서 시스템의 현재 시각과

그림 3-6 사용자가 시계를 수정하는 것을 허용하지 않는 메시지 박스

날짜를 보고 수정할 수 있습니다.

저는 전화로 예비 고객과 향후 업무 회의 일정을 논의할 때 이것이 매우 편리하다는 것을 알게 되었습니다. 저는 11월 23일이 무슨 요일인지 또는 다음 주 월요일이 몇 일인지를 빠르게 알아야 하는데, 이 박스를 이용하면 빠르고 명확하게 알 수 있습니다. 그러나 문제는 관리자 권한을 가진 사용자만이 이 박스를 볼 수 있다는 것입니다. 예를 들어 제 아내는 집에서 사용하는 컴퓨터 시스템에서 관리자가 아닙니다(신이시여, 우리 아내가 관리자가 되지 않기를…) 그래서 아내가 컴퓨터에 로그인한 상태에서 제가 날짜를 확인해야 할 때, 저는 박스를 띄우기 위해 작업 표시줄의 시계를 더블 클릭하지만, "당신은 시스템 시간을 수정할 수 있는 적절한 수준의 권한을 가지고 있지 않습니다."하고 말하는 짜증나는 메시지(저는 이것을 에러 메시지라고 부르지 않을 겁니다. 저는 아무 잘못도 하지 않았습니다. 이걸 작성한 명청한 프로그래머가 잘못한 겁니다.)만을 볼 수 있을 뿐입니다(그림 3-6). 따라서 달력을 표시하기 위해 저는 시작 메뉴로 가서 시작 〉 프로그램 〉 보조프로그램 〉 명청이 〉 짜증 〉 바부탱이…(무슨 뜻인지 알 겁니다)를 선택해야 합니다.

관리자만이 시스템 시간을 수정할 수 있도록 한 것은 합리적이라 할 수 있습니다. 컴퓨터의 내부 날짜와 시간이 정확할 때 제대로 동작할 수 있는 프로그램도 많기 때문에, 자신이 무슨 작업을 하는지 아는 사람에게만 시간과 날짜를 수정하는 권한을 허용한 것이 틀린 생각은 아닙니다. 그러나 관리자가 아닌 일반 사용자가 달력과 시계조차도 볼 수 없게 한 것은 정말 바보 같은 짓입니다. 민감한 데이터를 보여주는 것도 아닙니다. 즉, 다음 주 목요일 날짜가 몇 일인지를 사용자에게 숨겨야 하는 것이 아니란 말입니다. 일반 사용자에게도 박스를 보는 것은 허용되어야 합니다. 단지 어떻게든 그것이 읽기 전용이란 사실만 알려주면 됩니다. 확인 버튼을 비활성화시킨다든지, 또는 읽기 전용이라는 설명의 문자열을 표시한다든지, 또는 표시만 하도록 디자인된 완전히 다른 대화상자를 보여주는 식으로 말입니다. 이 부분을 설계한 사람은 사용자의 참을성의 한도를 현명하게 사용하지 못했습니다.

사용자는 참을성의 한도를 넘었다고 느끼면, 프로그래머가 설정한 어떤 규칙이든 이를 회피할 방법을 찾으려 하게 되고, 현명한 것과 바보 같은 것을 구분하지 않습니다. 그는 어떻게 하는 것이 좋은 것인지 알지 못하고 알고 싶어하지도 않은 겁니다. 어찌됐든 그건 애플리케이션 설계자의 몫이니까요. 이 시계-달력 예에서, 사용자는 박스를 볼 수 있도록 스스로 관리자 권한을 얻으려고 할 것입니다. 사용자 관점에서야 합당하게 들릴지 모르지만. 실제로 이는 최소 권한의 원칙이란 보안 원칙을 깨는 것이 됩니다. 이 원칙에 따르면 사용자는 항상 자신의 작업에 필요한 최소 권한만을 가지도록 해서, 나쁜 놈에게 그 계정이 해킹 당하더라도 그 피해가 최소화되도록 해야 합니다. 만약 나쁜 놈이 관리자 권한을 가진 사용자로 시스템에 침투한 경우에는 디스크에 저장된 어떤 파일이라도 삭제할 수 있지만, 최소 권한을 가진 사용자로 시스템에 침투한 경우에는 그 사용자의 파일만을 삭제할 수 있습니다. 이것은 여러 사람이 하나의 컴퓨터를 공유하는 상황에서 특히 중요합니다. 일반 사용자가 이런 원칙을 알거라 기대해서도 안되고, 편의를 위해 이 원칙을 어기도록 조장해서도 안됩니다.

이 부분과 관련된 코드를 작성한 프로그래머는 "사용자는 그렇게 해서는 안됩니다. 달력을 보는 것은 그 대화상자의 원래 목적이 아닙니다." 하고 말할 게 뻔합니다. 바로 이런 태도가 바뀌어야 합니다. 프로그래머가 사용자에게 맞춰야지 그 반대가 아니란 말입니다. 사용자는 그 기능이 유용하고 편리하다는 것을 알았습니다. 그걸 안전하게 만드는 건 프로그래머의 몫입니다.

여기 좀더 피 튀기는 예가 있습니다. 여러 해 전 저는 선박과 항공기에 쓰이는 채프(레이더 교란 물질)를 만드는 회사에서 일한 적이 있습니다. 하는 일은 단두대 칼날처럼 날카로운 날을 가지고 있는 전기 프레스를 이용해 알루미늄 처리된 1미터 정도 길이의 유리섬유 다발을 우리가 방어하고 싶은 레이더 파장의 반 정도 길이(보통 수 센티미터)로 잘게 조각내는 것이었습니다. 이 장비에는 두 개의 스위치가 있었는데, 조작하는 사람이 한 손으로 동시에 두 스위치를 조작할 수 없도록 충분히 멀리 떨어져 있었고, 이 두 버튼이 동시에 눌리지 않으면 동작하지 않았습니다. 이 기계 설계자는 이렇게 해두면 기계가 동작할 때 사용자의 손이 날에 들어갈 일이 없을 거라 생각했을 겁니다. 그러나 한 사용자는 기계를 조작하면서 담배 피우는 것을 좋아했습니다. (이 이야기는 공장에서 사람들이 담배 피우는 것이 허용되던 옛 시절 이야기입니다.) 그는 직접 두 개의 탭이 달린 막대를 만들었습니다. 그리고 한 손으로는 막대를 들어 두 탭이 각 버튼을 누르게 하고, 다른 한 손으로는 담배를 피웠습니다. 그는 한 손으로도 담배를 꺼내 불을 붙이고 피우는 것에 매우 익숙했습니다. 그는 기계 사용법이 참을성의 한도를 초과했다고 생각했고, 따라서 편법을 고안했습니다. 저는 그가 담배 홀더가 있는 인조 팔을 구할 수 있기를 바랄 뿐입니다.

사용자는 게으르다

특히 컴퓨터 사용에 있어 인간을 정의하는 속성이 하나 있다면 그건 게으름입니다. 사실, 게으름은 인간의 행위를 규정하는 데 있어 식욕과 성욕에 이어 세 번째로 중요한 요소입니다.[9] 제가 1장에서 언급했듯이 대부분의 프로그래머는 수동 변속 기어를 선호하고, 일반 사용자는 자동 변속 기어를 선호합니다. 사용자들은 단지 특정 작업을 완료하고 싶을 뿐입니다. 신문을 살 필요 없이 뉴스를 읽고, 쇼핑하러 밖으로 나갈 필요 없이 잡화를 주문하고, 음악과 비디오를 사지 않기 위해 훔쳐서 듣거나 보고, 주말에 데이트가 없으면 너저분한 그림을 다운로드합니다. 그들은 자동차 자체에 관심을 가지지 않고 마찬가지로 컴퓨터 자체에도 별다른 관심을 보이지 않습니다. 손가

9 저는 처음에 게으름을 식욕에 이어 두 번째로 중요하다고 생각했습니다. 그런데 친구 한 명이 원고를 읽고는 "오늘 밤에 섹스를 할 수 있다면 오후에 마당 잔디를 깎을 건가?" 하고 물었습니다. 그 다음부터 정직하고 똘똘한 저는 그 둘은 비교할 수 없는 것이라고 말했습니다.

락을 탁 쳐서 자신이 원하는 것을 할 수만 있다면 자동차나 컴퓨터 같은 것이 없더라도 훨씬 행복해 할 겁니다. 자동차 오일을 교환하거나 타이어 공기압을 점검하지도 않습니다. 법에 명시되어 있지 않다면 어떤 것도 하려 하지 않습니다. 강제하지 않으면 컴퓨터를 안전하게 하는 어떤 조치도 취하지 않을 것이 뻔합니다. 훌륭한 프로그램 설계란 이런 것을 고려해 가능한 모든 것을 자동으로 보완하는 것입니다. 사용자의 게으름을 이해하고 활용하는 것은 북 클럽에서도 하고 있는 것이므로, 소프트웨어 개발자들 역시 그렇게 해야 하는 것입니다. 여기 뭔가를 잘 못하는 것과 그것을 제대로 고친 예가 있습니다.

초창기에 소프트웨어 개발회사들은 애플리케이션의 새로운 버전 발표를 거의 1년마다 한 번씩 했습니다. 각 버전에는 새로운 기능과 이전 버전의 기능으로 파생된 버그에 대한 수정(또한 그전 버전의 버그 수정 때문에 발생한 버그에 대한 수정도)이 포함되어 있었습니다. 모든 컴퓨터가 네트워크에 연결되고 인터넷을 통해서 공격을 받기 시작하면서 그 정도 길이의 일정은 충분히 신속한 것이 되지 못했습니다. 보안상의 허점이 발견되면(제발 다행히 착한 사람에 의해서) 제작사는 나쁜 놈들이 그걸 이용해 공격을 퍼붓기 전에 즉각 문제를 수정해야 합니다. 이는 보통 패치(애플리케이션 벤더의 웹 사이트에서 다운로드해 컴퓨터에 설치하는 작은 소프트웨어)라 불리는 방법을 통해 수행됩니다. 이것은 완전히 새로운 버전의 프로그램이 아니라 단지 취약점을 수정해 대체하는 작은 조각입니다.

문제는 패치가, 안전 벨트나 산아 제한 같은 것들과 마찬가지로, 이것을 이용할 때만 작동한다는 것이고, 알아서 스스로 패치를 적용하는 사람은 거의 없다는 것입니다. 벤더들은 종종 패치를 웹 사이트에 올려

놓고, 메일을 통해 등록된 사용자들에게 패치를 적용할 것을 알리기도 합니다. 메일 주소를 바꾸거나 아예 등록조차 하지 않은 상당수의 사용자들은 차치하더라도, 메일을 제대로 읽고 웹 사이트를 방문해 온갖 쓰레기 더미 속에서 올바른 패치를 찾아내(HP가 정말 많은 제품을 지원해야 한다는 것은 이해하지만, 적절한 것을 찾기는 정말 어렵습니다) 다운로드한 후 패치가 다른 것을 망쳐 버릴 위험을 감수하고 이를 설치하는 사람은 거의 없습니다.

사용자가 알아서 패치를 적용하기만 바랐던 것은 심각한 결과로 나타났습니다. 예를 들어, 2003년 1월 25일 데이터베이스 서버를 강타해 그 대부분을 정지시키고 전체 인터넷을 다운시킬 지경까지 내몰았던 슬래머 웜 사건은 패치 관리만 적절히 되었어도 일어나지 않았을 것입니다. 마이크로소프트는 이에 대한 패치(문제는 해결하면서 다른 어떤 것도 망가뜨리지 않는 좋은 패치)를 이미 석 달 전에 내놓았습니다. 공격받은 컴퓨터들은 패치가 적용되지 않은 것들이었고, 이중에는 마이크로소프트 사내의 것도 있었습니다. 공격받았던 프로그램은 전문적인 관리자가 필요한 것이었고 이런 관리자의 역할 중 하나가 프로그램을 항상 최신 상태로 유지하는 것입니다. 마이크로소프트에서 일하는 전문가조차도 최신 패치를 적용하지 않았다면, 나머지 사람들은 어떠했을까요?

마이크로소프트는 이후 안티바이러스 벤더가 수년 전부터 제공해 오던 것과 같이 자동 업데이트를 도입했습니다. 윈도우 업데이트 서비스는 처음에는 부가적인 것이었고, 이는 이를 찾아내 설치하고 사용하기 위해 노력하는 사람이 거의 없다는 것을 뜻하기도 했습니다. 그러나 지금은 윈도우XP 서비스팩2에 내장되어 있어, 이 기능을 사용하지 않으려면 직접 찾아내서 꺼야 합니다. 이제는 자동 업데이트가 주기적으로 마이크로소프트 사이트에서 업데이트를 확인하고 새로운 업데이트가 있으면 이를 다운로드해 설치합니다. 마이크로소프트의 개발 도구 차기 버전에서는 애플리케이션 프로그래머가 자신이 만드는 제품에 대해 이와 똑같은 작업을 쉽고 편하게 할 수 있도록 할 것입니다. 그렇게 된다면, 자동 설치된 패치가 프로그램의 기존 기능을 망가뜨릴 경우 회사로 엄청난 양의 기술문의 전화가 몰려올 수도 있다는 것이 중요한 문제가 될 것입니다. 이를 방지하는 길은 그저 업데이트를 완벽하게 테스트하는 것뿐입니다.

윈도우의 어떤 기능을 디폴트로 활성화할지, 어떤 기능을 활성화하는데 사용자의 명시적 행동을 요구할지를 결정할 때 사용자의 게으름은 중요 고려 사항입니다. 컴퓨터를 안전하게 하는 데 있어 사용자가 적극적으로 조치를 취해야 한다면, 그들은 아무것도 하지 않을 겁니다. 예를 들어, 예전에는 소프트웨어의 관리자 계정의 패스워드를 'admin'으로 설정해놓고 설치 후 관리자로 하여금 바꾸도록 하는 것이 일반적이었습니다. 엄청나게 많은 사람들이 패스워드를 바꾸지 않고 그대로 두었습니다. 웹 바이러스가 그 패스워드를 추측해 해킹할 때까지도 바꾸지 않았습니다. 노벨상을 수상한 물리학자 리처드 파인먼 (Richard Feynman)은 그의 자서전에서 재미 삼아 금고를 훔쳐보는 데 게으름을 이용하는 것을 세 번째 주요 방법으로 꼽았습니다. (첫 번째 방법은 사용자의 책상에서 암호가 적혀있는 메모를 찾는 것이고, 두 번째는 금고 주인의 생애에서 중요한 날짜를 추측해보는 것이었습니다.) 대부분의 금고는 0-25-0 또는 25-50-25와 같은 기본 번호로 설정되어 판매됩니다. 구매자는 이를 변경해야 하지만, 많은 사람들이 변경하지 않고 그냥 씁니다. 대부분의 기능을 비활성화시켜 놓고 사용자가 필요한 기능만 활성화시켜 놓는 것이 모든 기능을 기본적으로 활성화시켜 놓고 사용자가 불필요한 것을 비활성화시키도록 하는 것보다 훨씬 안전합니다. 물론 프로그램에 있다고 알고 있는 기능을 처음 시도했을 때 동작하지 않으면 사용자들이 바로 벤더에 기술지원 전화를 거는 단점이 있겠지만요. 전화로 "예, 여기를 클릭한 다음 패스워드를 입력하고 직접 켜주셔야 합니다."하고 대답하는 것은 비용이 많이 듭니다. 기술적 관점에서도 기능을 디폴트로 비활성화시켜 두는 것만으로는 충분하지 않습니다. 벤더는 사용자가 쉽고 안전하게 그들이 필요로 하는 기능을 켤 수 있도록 어떻게 도울 수 있을지 주의 깊게 생각해야 합니다.

참을성의 한도와 게으른 사용자(다른 종류의 사용자는 없습니다)를 통해 저는 플랫의 제3법칙을 창안했습니다. 간단합니다. "게으름은 모든 것을 능가한다." 어떤 것이 하기 쉽다면 사람들은 그것이 옳든 그르든 자주 할 것입니다. 어떤 것이 하기 어렵다면 그것이 해야 하는 것이든 아니든 잘 안 할 것입니다. 따라서 똑똑한 프로그램 설계자는 안전하고 좋은 것은 쉽게 할 수 있고, 위험하고 나쁜 것은 하기 어렵게 만들 것입니다. 시계/달력 대화상자 설계자도 이것을 고려했다면 제대로 만들었을 것입니다.

사회 공학

제 동료 물리학 교수가 한번은 제가 가르치는 학생들에게 기압계를 이용해 건물의 높이를 측정하는 방법을 가능한 많이 생각해내 보라고 했습니다. 우리는 건물 바닥과 꼭대기의 기압차를 측정하는 것과 같은 뻔한 방법 외에도 브레인스토밍을 통해, 건물 꼭대기에서 기압계를 던져 떨어지는 데 걸린 시간을 측정하는 방법, 지구 질량의 중심으로부터 멀어지면 무게가 줄어드는 원리을 이용해 건물 바닥과 꼭대기에서 기압계의 무게 차이를 측정하는 방법 등 다양한 방법을 생각해 냈습니다. 그러나 우리가 생각한 것 중 가장 쉬우면서도 정확한 방법은 빌딩 주인을 찾아가 "당신 건물 높이가 얼마나 되는지 알려주면 이 훌륭하고 완벽한 기압계를 드리겠습니다."하고 말하는 것이었습니다.

이것은 종종 시스템에 침입하는 가장 쉬운 방법이기도 합니다. 그냥 사용자에게 잘 물어보면 되는 것입니다. 이는 또한 소프트웨어 벤더가 방어하기 가장 어려운 것이기도 합니다. 그들이 제어할 수 있는 부분을 그냥 통과해 버리기 때문입니다. 잘 물어서 보안을 뚫고 들어가는 것을 사회 공학(social engineering)이라 합니다. 이 방법이 얼마나 잘 통하는지 알면 아마 놀랄 것입니다.

유명한 해커 케빈 미트닉(Kevin Mitnick)은 시스템을 해킹한 죄로 기소되어 감옥에 갔습니다. 그는 2000년 의회에서 다음과 같이 증언했습니다. "사회 공학을 이용한 방법이 너무도 잘 통했기 때문에 기술적 공격을 사용할 필요가 거의 없었습니다… 누군가 기업 내부 직원에게 전화를 걸어 컴퓨터의 방어 수준을 낮추거나 그가 찾는 정보를 말하게 할 수 있다면 기업이 보안 기술에 투자한 수백만 달러는 그저 낭비일 뿐입니다." 그의 책 『The Art of Deception : Controlling the Human Element of Security』(Wiley, 2002)[10]에는 그가 즐겨 사용한 몇 가지 기술이 소개되어 있습니다.

예를 들어, 사회 공학자가 여러분의 휴지통에서 회사 전화번호부와 조직도를 얻었다고 가정해 봅시다(이것을 '휴지통 뒤지기'라고 합니다). 여러분은 이런 전화를 받게 될 겁니다. "안녕하세요, 밥씨. 저는 사라[조직도 상에서 찾은 정확한 관리자 이름]입니다. 저는 프랭클린[역시 조직도 상에 있는 정확한 이름으로 여러분의 상사의 상사의 상사]씨와 함께 일하고 있습니다. 작년 크리스마스 파티에서 만났던 것 같은데요. [물론 만난 적이 없지만, 누가 그걸 기억하겠으며, 특히 이런 매력적인 목소리의 주인공에게 누가 아니라고 딱 짤라 말할 정도로 무례할 수 있겠습니까?] 우리는 새로운 고객 사무실에 와 있는데, [그전에 전화로 그 고위급 인사가 그 도시에 없음을 확인했습니다] 당신의 도움이 필요합니다. 여기서는 제가 회사 시스템으로 로그인을 할 수가 없네요. 우리는 그 [매우 중요한 프로젝트에 대한] 파일이 필요한데, 그걸 이메일로?[혼잣말인 것처럼] 프랭클린씨 메일 주소가 어디 있더라? [다시 전화로 돌아와서] thisguy@seemsplausible.com로 보내주시겠습니까? 고맙습니다. 큰 도움이 되었습니다. 제가 프랭클린씨에게 꼭 말씀드리겠습니다. 그럼 이만."

이게 속임수란 것을 누가 눈치챌 수 있겠습니까? 전화를 건 사람은 여러분의 회사 내부와 프로젝트에 대해 잘 알고 있었습니다. 그는 분명

---

10 (역자 주) 번역서: 『해킹, 속임수의 예술』(사이텍미디어, 2002년)

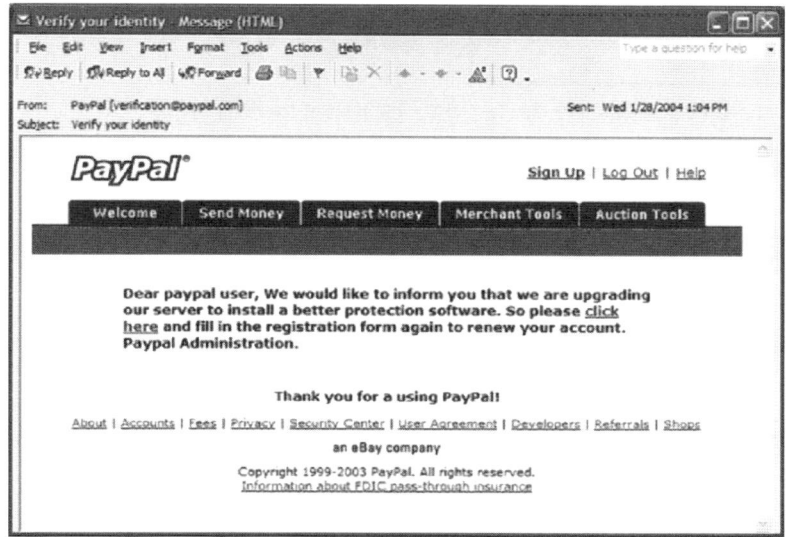

그림 3-7 피싱 공격

합당한 사람이었습니다. 고위급 인사에게 자신을 좋게 보일 수 있는 기회와 그걸 거절했을 때의 결과를 생각해 보십시오. 이런 게 사회 공학입니다. 여러분은 이런 것이 컴퓨터 보안과는 아무 관계가 없다고 생각할 겁니다. 그러나 정보를 보호하기 위해 여러분이 감수한 수많은 고통이 전화 한 통화로 아무 쓸모없는 것이 되어버렸습니다. 고리에서 가장 약한 부분을 보완하지 않는 한 다른 어떤 기술로도 안심할 수 없습니다.

충격적입니까? 그렇지 않습니다. 인간의 어리석음을 과소평가하지 마십시오. 여러분의 사용자 ID와 패스워드를 훔쳐내는 데도 비슷한 기법을 사용할 수 있습니다. "그런 일은 절대 없을걸!"하고 자신 있게 말하겠지만, 다른 사람에게 자신의 사용자 ID와 패스워드를 제시하는 것

그림 3-8 서버로의 접속이 보안 접속임을 나타내는 연결 브라우저 상태표시줄

그림 3-9 자물쇠가 브라우저의 상태표시줄이 아니라 페이지에 표시되어 있음.
보안 접속인 것처럼 보이게 하기 위한 속임수

은 드문 일도 아닙니다. 로그인 할 때마다 그렇게 하고 있으니까요. 나쁜 놈이 할 일이라고는 그저 ID와 패스워드 요청이 합당해 보이도록 상황을 꾸미는 것입니다.

그림 3-7은 몇 해 전 많은 사람들이 이메일에서 봤던 예를 보인 것입니다. 온라인 송금 서비스 업체인 PayPal.com에서 온 것으로 되어 있지만, 실제로는 나쁜 놈이 보낸 것입니다. '보낸 사람' 주소는 PayPal.com으로 되어 있습니다. 대부분의 사용자는 이 주소가 메시지를 실제로 보낸 곳과는 다를 수 있다는 것을 알지 못합니다. 종이에 편지를 써서 보낼 때 회신 주소를 마음대로 쓸 수 있듯이, 이메일의 '보낸 사람' 주소에도 원하는 주소를 마음대로 넣을 수 있습니다. 보통은 답장 메일을 제대로 받기 위해 여기에 정확한 메일 주소를 입력하지만, 이 경우는 다릅니다. 실제로 이메일이 어디를 거쳐서 왔는지는 이 프로그램이 보여주지 않는 헤더 정보에 묻혀 있습니다. 메시지 양식도 PayPal 온라인 룩앤필과 비슷합니다. 이 나쁜 놈은 PayPal.com 웹 사이트를 그대로 베꼈을 테니까요. 'click here(여기)'를 제외한 모든 링크는 실제 PayPal.com 페이지로 연결됩니다. 'click here' 링크를 클

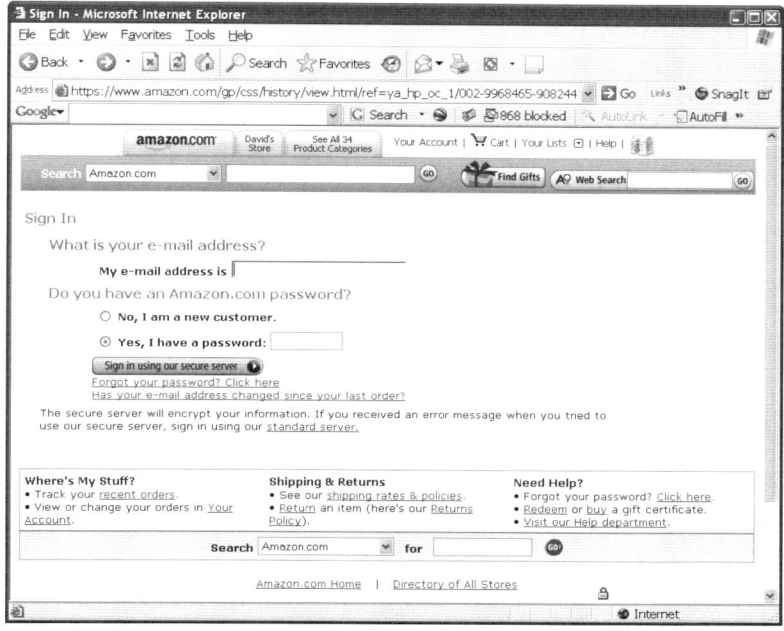

그림 3-10 자물쇠 그림이 페이지에 있지만, 복잡한 페이지에서는 쉽게 구별하기 어렵다

릭하면 PayPal 주소처럼 보이는(제 기억이 맞는다면, ebay-paypal.com) 사이트로 연결되지만, 실제로는 나쁜 놈이 만든 사이트죠. 차이점이라고는 브라우저 오른쪽 아래 구석에 있는 자물쇠 모양뿐으로, 보안 접속 페이지는 자물쇠 표시가 페이지 자체가 아니라 브라우저의 상태표시줄에 나타나야 합니다(그림 3-8, 3-9). 이는 구별하기가 쉬울 것 같지만, 복잡한 일반 웹 페이지에서는 쉽게 구별할 수 없습니다(그림 3-10). 문법 오류("Thank you for a using PayPal!")만 빼고는, 실제 페이지와 거의 동일하게 보입니다. 이런 종류의 사회 공학을 피싱(phishing)이라 부릅니다. 소프트웨어 벤더가 이런 종류의 공격을 막는 것은 거의 불가능합니다.

사용자는 송신자가 불분명한 메일에 포함된 링크를 믿어서는 안된다는 것을 알고 있어야 합니다. 그러나 이 경우에도 브라우저에 직접 'ebay-paypal.com'이란 문자열을 입력해 나쁜 놈의 사이트로 가도록 지시할 수 있습니다. 대형 금융사인 시티뱅크(진짜 웹 주소는 Citibank.com)조차도 cittibank.biz(2006년 3월 1일까지도 접속 가능했습니다.)와 같은 언뜻 보기에 비슷한 주소에 대해서는 취약할 수밖에 없습니다.

심지어 위와 같은 위장 사이트를 만들지 않고도 패스워드를 훔쳐낼 수 있습니다. 약간의 돈을 투자해 음악, 비디오, 포르노, 기타 등등의 컨텐츠를 구입하거나 또는 그냥 훔쳐낸 다음, 직접 웹 사이트를 만들고 사람들을 끌어들일 만한 내용을 홈페이지에 올려놓고, 사용자들에게는 공짜 계정을 준다고 말합니다. 그는 사용자 정보를 다른 목적으로 사용하지 않을 것이라는 개인정보 보호 정책을 약속하고(물론 거짓말이죠), 심지어는 패스워드를 잃어버렸을 때를 대비한 확인 질문까지 추가해 사이트가 정말 진짜인 것처럼 보이게 합니다. 그렇게 모은 사용자 ID와 패스워드로 이베이나 아마존 또는 뮤추얼 펀드 회사 같은 다른 사이트에 로그인을 시도합니다. 만약 그 사용자가 ID와 패스워드를 여러 사이트에서 반복적으로 사용했다면(매우 흔한 일입니다), 더 이상 보안을 기대하기는 힘들겠죠.

누군가의 패스워드를 훔치는 것은 너무도 쉽기 때문에, 제가 왜 생체 인증(biometric authentication, 4장 참조)을 부정적으로 생각하는지 알 수 있을 겁니다. 일반 사용자를 위한 키보드에 내장된 지문 인식기도 마찬가지입니다. 나쁜 놈이 여러분의 지문을 훔치더라도 지문은 절대 바꿀 수가 없으니까요. 나쁜 놈은 지문을 채취하기 위해 여러분이 사용한 물컵이나 문고리를 조사할 필요조차 없습니다. 그냥 여러분에게 지문인식기로 인증하도록 부탁한 다음 그 지문 파일을 보관하면 될 뿐입니다. 기술로 사회 공학을 막기란 매우 어렵습니다. 미트닉의 책을 사서 읽으면 아마 며칠 동안 잠을 편하게 이루지 못할 겁니다. 저도 로리 개릿(Laurie Garret)이 쓴 『The Coming Plague: Newly Emerging Diseases in a World Out of Balance』란 책을 읽고 그랬습니다. 아마 컴퓨터 보안과 출혈열은 제가 생각했던 것보다 많은 관련이 있는 것 같습니다.

보안에서 가장 중요한 것

보안에서 가장 위험한 것은 보안에 대해 잘못된 믿음을 갖는 것입니다. 익명으로 남길 원하는(왜 그런지는 곧 알게 됩니다) 제 고객 이야기를 하나 할까 합니다. 첫날 저는 다른 직원들 속에 섞여 경비원에게 던킨 도넛 포인트 카드를 (건물 출입카드라도 되는 것처럼) 흔들어 보여주며 당당하게 걸어서 건물 안으로 들어왔다는 것을 고객에게 알려주었습니다. 그 경비원이 도넛에 환장한 사람이라 했더라도 너무나 부주의한 것이었습니다. 다음날 저는 다른 시도를 해보기로 했습니다. 건물로 들어가 데스크의 방명록에 사인을 했습니다. 청원경찰(아무 의미도 없는 계급장을 착용하고 있는)은 제 아이디를 물어보지도 않았고, 제가 방문한다고 말한 사람에게 연락을 취해 확인하지도 않았으며, 제가 방명록에 테드 카진스키(Ted Kaczynski)라고 적어놓은 것도 주의 깊게 보지 않았습니다. 그는 제게 손을 흔들며 "즐거운 시간 되십시오."하고 말했을 뿐입니다. 아마 그 고객은 그들이 보안이라고 생각하는 것에 쓰던 돈을 모아 길거리에서 태워 버리는 편이 더 안전할지도 모르겠습니다. 그렇게 한다고 보안이 더 나빠지는 것도 아니고, 적어도 자신들이 안전하지도 않으면서 안전하다고 생각하지는 않을 것이기 때문입니다.

　그날 아침 강의에서 저는 15분 동안 수강생들에게 그 회사의 보안의식 결여에 대해 질타했고, 그들의 등 뒤를 살펴보라고 조언했습니다. 보안 때문에 고용한 사람이 보안에 전혀 도움이 되지 않고 있었기 때문입니다. 마음이 조금 진정됐을 때 한 학생이 "저, 이거 뻥인 것 같기는 한데, 비행기가 세계 무역 센터(World Trade Center)를 들이받았다는 메일을 받았는데요." 하고 말했습니다. 저는 지금은 폐간된 영국의 유머 잡지인 펀치(Punch)를 생각하며 "혹시 보낸 날짜가 4월 1일로 되어 있습니까?"하고 물었습니다. 전설에 의하면 그 잡지의 1919년 4월 1일 헤드라인은 "아치듀크 프란츠 페르디난드 살아있다. 전쟁, 실수로 발발!"[11] 이었다고 합니다. 그러나 그 날은 9월 11일이었습니다. 우리 모두 아는 것처럼 말입니다. 그것은 보안에 대한 잘못된 믿음이 초래한 재앙이었습니다. 따라서 보안에 대한 잘못된 믿음을 갖지 않도록 주의하십시오. 보안에 대한 잘못된 믿음이 초래한 결과는 그와 같습니다.

---

11 제1차 세계대전(1914~1918)의 원인은 여러 가지이고 복잡합니다. 그러나 그 화약에 불을 붙인 것은 1914년 6월 28일 사라예보에서 발생한 오스트리아 왕자 아치듀크 프란츠 페르디난드 암살 사건이었습니다. 그리고 펀치는 그 특유의 유머로 알려져 있었지만 1915년 12월 8일 존 맥크레(Dr. John McCrae)의 'In Flanders Fields'란 유머와는 전혀 관계없는 시를 출판한 첫 잡지였습니다.

우리가 할 수 있는 일

오늘날 보안은 중요합니다. 메모장이나 사용하거나 솔리테어 카드 게임이나 하던 때는 그렇지 않았지만, 지금은 그렇습니다. 여러분도 저와 마찬가지로 이런 것에 신경 쓰지 않았던 예전 시절을 그리워하겠지만, 그것도 다 성장하는 과정일 것입니다.

이제 여러분은 컴퓨터 보안에 대해 조금은 알게 되었습니다. 시스템을 설계할 수 있을 정도는 아니지만, 언제 보안에 대해 걱정해야 하는지, 어떤 것이 속임수인지를 알아채는 데는 충분할 것입니다. 뭔가에 대해 걱정해야 할 것 같은 생각이 들면, 아마 걱정을 하는 것이 맞을 겁니다.

보안 제품 개발자뿐 아니라 주요 소프트웨어 벤더들도 보안에 관심을 갖기 시작했습니다. 마이크로소프트도 드디어 그 중요성을 깨달은 듯 합니다. 빌 게이츠는 2002년 1월 15일 사내 메일을 통해 전 직원에게 마이크로소프트에서 가장 높은 우선순위를 갖는 것은 '신뢰할 수 있는 컴퓨팅'이라고 발표했습니다. "…신뢰할 수 있는 컴퓨팅은 우리가 하는 다른 어떤 작업보다도 중요한 것입니다. 우리가 이걸 하지 않는다면 사람들은 우리가 만든 훌륭한 제품을 이용하지 않거나 또는 이용할 수 없게 될 것입니다." 저는 수년 동안 마이크로소프트가 우선순위를 조정해야 한다고 말해왔습니다. 모든 가능한 보안상의 구멍을 막고 시스템이 갑자기 죽을 수 있는 가능성을 차단하는 것에는 소홀한 채 페이퍼 클립의 눈썹을 깜박거리게 하는 데 개발자들이 시간을 허비하고 있는 것은 미신을 믿는 것과 다를 바 없습니다.

마이크로소프트는 모든 개발자가 보안 교육을 받고 취약점을 찾아내기 위해 코드를 한 줄 한 줄 검토하는 작업을 수행했다고 언론을 통해 알렸습니다. 또한 마이크로소프트사에 있는 제가 아는 사람들의 말을 들어보면 문화 자체도 완전히 바뀌었다고 합니다. 나중에 시간이 났을 때 (어디서 일하든 시간은 저절로 생겨나지 않습니다. 중요한 것을 처리하기 위해 시간을 내서 작업하지 않으면 절대 저절로 되는 법이 없습니다.) 보안 관련 기능을 덕지덕지 붙이는 것이 아니라 개발자가 작성하는 모든 설계 명세에서부터 보안에 대한 고려를 포함시켜야 하고, 제품을 보기 좋게 만들기보다는 안전하게 만드는 관리자에게 승진의 기회가 주어진다고 합니다. 제가 다른 장에서 설명했듯이, 프로그래머들은 제가 본 다른 어떤 집단보다도(의사나 조종사를 포함한) 동료의 평가를 중요하게 생각합니다. 그리고 그런 평가가, 즉 "와, 정말 대단하네요. 당신 정말 똑똑하군요."와 같은 지적 능력에 대한 찬사가 번지르르한 사용자 인터페이스를 설계하는 사람들에게보다는 보안 버그를 찾아내 잡는 사람에게로 옮겨가기 시작했습니다. 물론 마이크로소프트는 거대한 회사고, 이제는 어떻게 유지보수 해야 할지 아무도 알지 못하는 프로그램 코드도 많습니다. 최선을 다한다고 해도 그 효과가 세상에 전파되기까지는 어느 정도 시간이 걸릴 것입니다.

분명 여러분을 보다 안전하게 하기 위해 소프트웨어 회사가 해야 할 일들이 많습니다. 자동 업데이트 제공 같은 것들 말입니다. 그리고 사용자 인터페이스 개선을 요구했던 것과 마찬가지로 이런 것들에 대해서도 개선을 요구해야 합니다. 그러나 끔찍한 사용자 인터페이스와는 달리, 보안은 소프트웨어 개발자의 노력뿐 아니라 사용자의 협력 또한 필요로 합니다. 예를 들어, 마이크로소프트의 대표 제품인 윈도우XP 서비스팩2와 윈도우 서버 2003은 유지보수가 중단된 윈도우95나 윈도우98보다 훨씬 덜 취약합니다. 문제를 일으키고 싶은 나쁜 놈은 최신 버전보다는 예전 버전의 윈도우를 공격 목표로 삼을 것이고, 오래된 버전을 쓰는 사용자는 "나는 보안 같은 것에는 신경 쓰지 않아. 보안이 강화된 것이 있다는 건 알지만, 안 쓸래. 네가 하고 싶은 대로 해." 하고 말하는 것과 같습니다.

데일 카네기는 그의 고전 『카네기 인간 관계론』(How to Win Friends and Influence People, 1937년 초판 발행됨)에서 가정 생활을 보다 행복하게 하기 위한 규칙 7에서 "결혼의 성적 측면에 대한 좋은 책을 읽으라"고 했습니다. 보안도 이와 비슷하며, 나쁜 놈이 여러분의 컴퓨터 또는 여러분에게 뭔 짓을 한다는 생각이 들 때는 더욱 그렇습니다. 컴퓨팅 세계는 변화가 너무도 빨라 어떤 책이든 큰 도움을 주지는 못합니다(물론 이 책은 빼고요). 그러나 1년에 한 번 정도는 사용자를 위한 보안에 대한 좋은 글을 읽고, 그 글에서 시키는 대로 따라야 합니다. 운영체계를 가장 강력한 수준으로 업그레이드하고, 방화벽과 바이러스 탐지기를 설치하고, 자동 업데이트를 켜 놓으십시오. 이런 것들이 특정 프로그램의 동작을 멈추게 하더라도 말입니다. 제가 소프트웨어 회사를 그렇게 강력하게 비난해 왔는데, 여러분도 그 정도는 해줘야 하지 않겠습니까?

4장

대체 넌 누구야?

제가 컨설팅했던 은행의 외환 트레이더 마이크는 패스워드가 뭘 위한 것인지 이해하지 못했습니다. 위스콘신 대학 동문회 열성 회원인 마이크는 그 짜증나는 마스코트를 따서 그의 패스워드를 항상 'Badger'로 하길 원했습니다. 제가 그의 패스워드를 초기화하자, 그는 트레이딩 룸에서 "어 이런, 플래스키가 나를 또 배저로 만들었어!" 하고 말했습니다.

문제의 기원

여러분은 마이크를 보고 활짝 웃겠죠. 호머 심슨(Homer Simpson)[1]처럼 "뜨아!" 하고 이마를 탁 치면서 말이죠. 물론 여러분은 잘 알고 있겠죠. 패스워드는 인증, 즉 당신이 정말 당신이 말하는 본인이란 것을 증명하기 위해 있는 것입니다. 거의 모든 컴퓨터 사용자가 아이디와 패스워드를 입력하는 것으로 하루 일과를 시작합니다. 웹 사이트에서 작업을 처리할 때나 메일을 확인할 때도 아이디와 패스워드를 입력합니다. 패스워드는 일반적이고 쉽게 보이지만 잘 이해해야 합니다. 그러나 우리가 사용하는 각각의 컴퓨터 시스템마다 사용자 아이디와 패스워드를 따로 가지고 사용하는 것은 오늘날의 컴퓨팅 환경에서는 적합하지 않습니다.

왜 여전히 개떡 같은가

문제의 일부는 패스워드를 이해하지 못하는 사용자에 있습니다. 이런 문제는 보통 해결할 수 있고, 더 중요한 점은 그 멍청한 사람 외의 다른 사람에게는 아무런 해가 없다는 것입니다. 마이크의 경우, 저는 다른 트레이더에게 부탁해 마이크의 패스워드를 사용해 공포가 느껴질 정도로 그의 디스크를 엉망으로(그러나 진짜로 해를 끼치지는 않게) 만들어서 패스워드의 중요성을 일깨웠습니다. 그는 충격에 휩싸였고, 저는 디스크를 복구해 주었습니다. 그는 다시는 그러지 않겠다고 했고 패스워드를 바꾸었습니다. (모든 사람이 이런 따뜻한 분위기의 사무실에서 일하는 것은 아닙니다.) 그러나 더 큰 문제는 자신들의 제품에 넣기 위해 구축하는(또는 구축에 실패하는) 보안 시스템의 요구사항과 한계를

---

1 (역자 주) 만화 '심슨 가족'에 나오는 등장인물

제대로 이해하지 못하는 개발자와 소프트웨어 아키텍트에 있습니다. 이는 훨씬 더 위험한데, 그 파급효과가 해당 제품을 사용하는 모든 사용자에게 미치기 때문입니다. 컴퓨터 보안은 고도로 전문화된 기술입니다. 일반 애플리케이션 프로그래머는 본질적으로 보안에 대해 아무것도 모릅니다. 내과 전문의가 신경외과에 대해 아는 것이 거의 없는 것과 마찬가지입니다. 차이점이 있다면, 내과 전문의는 보통 두통을 호소하며 병원에 온 환자의 머리를 드릴로 뚫어볼 생각을 하지는 않는 반면, 애플리케이션 프로그래머는 그가 아무것도 모르는 보안 프로젝트에 할당되었을 때 매우 자주 "좋아! 매뉴얼은 어디 있지? 그냥 할 수 있다고 말하자. 그리고 결과를 보는 거지. 결국은 많이 배우게 될 거야." 하고 말한다는 것입니다.

보안 설계를 제대로 하려면 사용자 행동을 주의 깊게 분석하고 이해해야 합니다. 프로그래머 괴짜들이 익숙하지 않기로 유명한 또 다른 일이죠. 저는 최근에 보안에 대한 깊이 있는 기술 토론회에 참석한 적이 있는데, 약간의 흥미로운 수학이 포함되어 있었습니다. (예. 저도 괴짜입니다.) 그러나 저는 다음과 같은 질문을 해서 질의응답 시간을 끝나게 해버렸습니다. "제 생각이 틀렸다면 알려주십시오. 당신은 당신 것이 훌륭하다고 생각하는 모양인데, 사용자가 패스워드를 포스트잇에 적어 모니터 앞에 붙여놓을 필요가 없게 하기 전까지는 그다지 유용해 보이지 않는데요?" 발표자는 인정하지 않을 수 없었고, 그런 상황에서 컴퓨터는 값비싼 문진(paperweight)이 되어 버리는 것이었지만, 그건 그의 문제가 아니었습니다. 저는 그를 한방 먹이고 싶었습니다. 인간적 측면이 보안 시스템에서 해결해야 할 가장 중요한 문제지만, 이걸 시도하는 곳은 거의 없습니다.

패스워드를 기억하는 것은 생각보다 어렵습니다. 직장 또는 학교에서 컴퓨터 계정이 하나뿐일 때는 문제가 안됩니다. 그러나 요즘은 사이버공간에서 아이디와 패스워드를 요구하는 곳이 박테리아처럼 늘어나고 있습니다. 저는 여러 웹 사이트에 있는 저의 모든 계정을 세어 봤는데, 놀랍게도 27개나 되었습니다. 그리고 이건 제가 쉽게 찾을 수 있었던 것만을 포함한 것입니다. 아마 최소한 같은 양 만큼의 아이디와 패스워드가 제 디스크 드라이브의 어두운 구석에 짱박혀 있을 겁니다. 나중에 컴퓨터 앞에 앉거든 여러분 자신의 것도 세어 보기 바랍니다. 이메일, 채팅, 음악 사이트, 다른 음악 사이트, 항공사, 여행사, 은행과 뮤추얼 펀드사, 신용카드사, 이동통신사, 집사람이 찾아내지 못하길 바라는 포르노 사이트 등 최소한 12개 이상은 될 겁니다. 그리고 이는 이들을 안전하고 사용하기 편리하게 관리하는 것이 불가능함을 의미합니다.[2]

상호 모순적 요구사항

보안 전문가들은 가상의 도둑이 여러분의 정보로 패스워드를 유추할 수 없도록 패스워드는 임의적이어야 한다고 말합니다. 즉 여러분의 배우자 이름, 아이나 개 이름 등은 안됩니다. 좋습니다. 맞는 말입니다. 저도 이런 명확한 정보로부터 패스워드를 추측

---

2 (역자 주) 최근에는 여러 사이트에 따로 가입하지 않고 하나의 아이디로 사용할 수 있도록 하는 오픈 아이디(open ID)가 나왔지만 아직은 널리 사용되고 있지 않습니다.

해 크랙을 해봤습니다. 그래서 저는 패스워드를 정할 때 항상 난수 발생기(random generator)를 사용합니다. 그리고 보안 전문가들은 패스워드를 기록하면 안된다고 말할 것입니다. 이것 또한 합당합니다. 노벨 물리학상 수상자인 리처드 파인만(Richard Feynman)은 제2차 세계대전 중 원자폭탄 프로젝트에서 일하던 때 자물쇠 비밀번호가 적혀 있는 노트를 찾아내 손쉽게 비밀 자료에 접근할 수 있었습니다. 노트가 제대로 숨겨져 있지 않았기 때문입니다. 그는 빈정대는 메모를 남겨놓았는데 이는 보안 담당자들을 돌아버리게 만들었습니다. (그의 자서전인 『Surely You're Joking, Mr. Feynman』[3]을 참조하시기 바랍니다.) 그리고 또 보안 전문가들은 각각의 계정에 대해 다른 패스워드를 사용하라고 말할 겁니다. 위의 두 이야기와 마찬가지로 이렇게 해야 하는 이유 또한 명확합니다. 이렇게 하면, 나쁜 놈이 보안이 약한 보이스카우트 웹 사이트를 해킹해 여러분의 패스워드를 알아냈다 하더라도, 그 패스워드를 여러분의 뮤추얼 펀드 웹 사이트(훨씬 더 보안이 강한, 또는 강해야 하는)에서 사용하지는 못할 것입니다. 그리고 마지막으로 보안 전문가들은 패스워드를 주기적으로 바꾸라고 말할 것입니다. 누군가 여러분의 패스워드를 훔쳐냈다 하더라도 그걸 오랫동안 사용하지 못하게 말입니다.

위의 네 가지 아이디어는 모두 완벽하고 훌륭합니다. 그러나 불행하게도 인간은 물리적으로 위 네 가지를 모두 실천할 수는 없습니다. 우리 뇌가 그런 걸 할 수 있게 되어 있지 않습니다. 그래서 우리가 컴퓨터를 만들어낸 거죠. 운이 좋다면 네 가지 중 한 번에 두 개 정도는 할 수

---

3 (역자 주) 번역서 : 『파인만씨 농담도 잘 하시네 1, 2』(사이언스북스, 2000년)

있을 겁니다. 사용자가 실제로 실천할 수 있는 수준에서 어떻게 하면 가능한 안전하게 할 수 있을까를 생각하지 않고, 사용자가 실천할 수 없음을 알면서도 네 가지 지침을 모두 지키라고 하는 것은 전문가로서의 의무를 저버리는 것입니다. 마치 목사가 죄를 짓지 않는 사람들만 돌봐주는 것과 마찬가지입니다. 쉽긴 하지만 별 도움은 되지 않죠. 이는 문제가 정말 뭔지를 이해하고 이를 해결하기 위해 노력하는 것을 회피하는 것일 따름입니다.

패스워드를 선정하는 것은 서로 모순인 요구사항 중 하나를 고르는 것입니다. 단지 하나의 패스워드만 기억해도 된다면(패스워드를 바꾸는 데 노력을 들이지도 않을 테니 그에 대한 책임도 없다면) 여러분은 패스워드로 임의의 문자열을 사용할 수 있고, 적어 두지 않고, 가끔씩 바꿔줄 수도 있을 것입니다. 다른 방법으로, 패스워드를 어딘가 안전한 곳에 적어 두는 것이 괜찮다면[4] 원하는 만큼의 임의의 문자열을 사용하면서 원하는 만큼 자주 바꿔줄 수 있습니다. 또는 패스워드를 특정 패턴에 따르도록 해서 여러분의 뇌가 그걸 모두 기억할 수 있게 한다면 기록해 두지도 않고 여러 개의 서로 다른 패스워드를 사용하면서 가끔씩 바꿔줄 수도 있습니다. 이번 분기에는 모두 물고기 이름으로 하고, 다음 분기에는 모두 새 이름으로 하는 식으로 말이죠. 해킹당할 가능성이 가장 적은 것은 첫 번째 방법으로 모든 계정에 대해 임의의 패스워드를 하나(괴짜들의 경우는 두세 개) 사용하면서 이를 적어 두지 않는 것입니다. 물론 패스

---

4 월스트리트 저널에서 한 사용자는 30개 이상의 패스워드를 자신의 지갑에 가지고 다닐 수 있도록 종이에 적는 것을 시도했다고 합니다. 그러나, 목록이 계속 늘어나 곧 읽을 수 없는 지경에 이르렀다고 합니다. 사용자는 "문신을 새기는 것도 방법이 될 수 있다."고 했답니다. 바꿀 일만 없다면 괜찮겠죠.

워드가 유출될 경우의 피해는 가장 크겠지만 말입니다. 이게 제가 아는 대부분의 사람들이 사용하는 방법이며, 아마 셋 중 가장 안전한 방법일 겁니다. 완벽하지는 못하지만, 그건 다른 방법도 마찬가지입니다.

그런데 이 방법의 문제점은 패스워드에 대한 요구사항이 사이트마다 다르다는 것입니다. 어떤 사이트에서는 'A'를 'a'와 다르게 취급합니다. 즉, 대소문자를 구별합니다. 어떤 사이트에서는 대소문자를 구별하지 않습니다. 어떤 사이트에서는 패스워드로 문자와 숫자뿐 아니라 특수문자를 지정하는 것을 허용하지만 어떤 사이트에서는 이를 허용하지 않습니다. 나쁜 놈들이 알아 맞추기 어렵게 하기 위해 패스워드에 문자와 숫자, 특수문자를 모두 포함하도록 요구하는 사이트도 있습니다. 제가 아는 어떤 사이트는 패스워드에 특수문자를 포함시키되 처음 또는 마지막에 특수문자가 오면 안되도록 하고 있습니다. 하버드 익스텐션 스쿨의 교직원 시스템은 6자리 숫자로 된 패스워드를 요구합니다. 패스워드에 문자나 특수문자를 허용하지 않고 6자리보다 적은 숫자도 안됩니다. 만약 하버드가 다른 곳과 같은 식으로 되어 있었다면, 저는 아마 이미 제가 기억하고 있는 패스워드를 사용할 수 있었을 겁니다. 제 뇌에는 완전히 다른 식의 패스워드를 하나 더 기억할 만한 공간이 없었기 때문에, 지나다니는 사람들이 볼 수 있도록 패스워드를 적어서 제 사무실 게시판에 붙여 두었습니다.

또 다른 예로 제 정보원 중 한 명이 알려준 것인데, 그의 회사 보안 담당자들은 최근 모든 사용자에게 한 달에 한 번씩 패스워드를 바꾸도록 했고, 패스워드에는 최소한 하나의 문자와 하나의 숫자를 포함하도록 했다고 합니다. 논리적으로 들립니다. 그러나 그들은 인간의 속성은 고려하지 않은 것이 틀림없습니다. 사람들은 매달 새로운 임의의 문자열을 기억할 수 없습니다. 그렇다면 그 회사의 사용자들은 실제로 어떻게 했을까요? 그 정보원에 의하면 그들은 기억하기 쉬운 패턴을 만들었다고 합니다. Jan2003, Feb2003과 같은 식으로 말입니다. 도둑놈이 한 사용자의 패스워드를 알아내거나 또는 훔쳐 낸다면, 여러 사용자가 사용하는 패스워드의 패턴을 알아낼 수 있을 것이고, 패스워드가 변경되더라도 계속해서 해킹할 수 있을 것입니다. 이는 약간 나쁜 정도가 아니라 정말 끔찍한 것이고, 이런 정책이 보안에 조금이라도 도움이 된다고 생각한 컴퓨터 보안 담당자는 바보 멍텅구리입니다. 주의: 때로는 제대로 알지도 못하면서 아는 척 하는 멍청한 상사 때문에 어쩔 수 없이 바보 같은 짓을 하는 보안 담당자도 볼 수 있습니다. 논란의 여지가 있기는 하지만, 독일이 제2차 세계대전에서 패한 것도 바로 이런 이유 때문입니다. 한 고위급 멍청이가 에니그마 암호화 장치에서 스크램블러(scrambler)를 매일 다른 위치로 사용하도록 명령했습니다. 같은 위치를 사용하면 적들이 쉽게 알아낼 것이라 생각했기 때문입니다. 그러나 이 규칙을 유추해냄으로써 앨런 튜링(Alan Turing)과 그의 동료들이 확인해야 하는 조합은 2/3로 줄어들었고, 때로는 가까스로 시간에 맞춰 암호를 해독해 내곤 했습니다. 이 규칙이 없었다면 영국의 암호 해독가들이 해독하려 했던 에니그마 정보는 너무 늦게 해독되어 전술적으로 그다지 유용하지 않았을지도 모릅니다.

흔한 경우는 아니지만, 동일한 문제가 사용자 아이디를 정할 때도 나타납니다. 계정을 만들 때는 보통 그 시스템에서 다른 아이디와 겹치지 않게 유일한 이름으로 정해야 합니다. 저는 한 사이트에서 dplatt을 사용하지만 다른 어떤 사이트에서는 그 아이디가 이미 사용 중이어서 daveplatt으로 정했는데, 또 다른 사이트에서는 그 아이디마저 사용 중이어서 daveplatt1으로 써야 했습니다. 저는 각 사이트에서 사용하는 제 아이디를 전부 기억할 수가 없습니다. 그러나 패스워드 문제와 달리 여기에는 아주 쉬운 해결책이 있습니다. 사이트 개발자들이 사용만 해준다면 말이죠. 바로 사용자 아이디로 이메일 주소를 사용하도록 하는 겁니다. 유일하고 기억하기 쉬울 뿐 아니라 항상 같은 아이디를 사용할 수 있겠죠. 아마존(Amazon.com)과 같은 업계의 몇몇 선두주자들은 이미 그렇게 하고 있습니다. 그러나 사용자 아이디에 '@' 기호나 '.'(마침표)를 포함하는 것을 허용하지 않는 사이트도 있고, 이메일 주소만큼의 길이를 허용하지 않는 사이트도 있습니다. 개발자들의 이런 어리석음에 통탄을 금할 길이 없습니다. 사실 사용자 아이디에 아무 문자나 허용하도록 프로그램을 작성하는 것이 문자열을 검사하고 금지된 문자를 거부하도록 하는 것보다 쉽습니다. 어떤 개발 관리자는 "사용자의 작업을 더 어렵게 만들고 우리의 작업도 쉬워지지 않게 하는 데 우리의 귀중한 시간과 돈을 씁니다. 단지 고통을 위해서요." 하고 말했다고 합니다. 그 사람이 정말 그렇게 말하지는 않았겠지만, 결과적으로는 그렇게 된 것입니다. 하여튼 그의 머리는 조금 모자란 게 분명합니다. 저장 공간은 전혀 문제되지 않습니다. 8자리의 표준 사용자 아이디와 64자의 이메일 주소는 차이가 큰 것처럼 보이지만, 실제로 현대 컴퓨팅 환경에서는 그리 큰 차이가 아닙니다. 이메일 주소를 아이디로 사용하더라도 6천만 명의 아이디를 저장하는 데 드는 디스크 비용은 현재의 가격으로라면 1달러 정도에 불과하고, 디스크 가격은 매년 절반으로 떨어지고 있

그림 4-1 개인화 기능의 일환으로 종종 사용자 아이디가 표시되기도 한다. (위쪽 중간 부분)

습니다. 50억 명(세계 인구수)의 이메일 주소를 저장하는 데 드는 디스크 저장공간 비용은 대략 100달러 정도밖에 되지 않습니다(이 역시 현재의 가격이고, 디스크 가격은 급격하게 하락하고 있습니다).

개발자들은 보안상의 이유 때문에 이메일 주소를 아이디로 사용하는 것을 허용하지 않는다고 말할 수도 있습니다. 이메일 주소는 공개된 것이니까요. 이는 그들이 문제를 제대로 이해하지 못하고 있음을 보여줄 뿐입니다. 사용자 아이디를 공개하지 못할 이유가 없습니다. 사용자 아이디 공개가 안 되는 것이라면, 사용자가 로그인 창에 아이디를 입력할 때 패스워드를 입력할 때와 마찬가지로 '*'로 알아볼 수 없도록 하지 않고 스크린에 그대로 보여주는 것 역시 잘못된 것입니다. 초창기 시스템에서는 사용자 아이디가 이메일 또는 메신저 프로그램(그 시스템 내에서만 동작하는)의 주소로 사용되었습니다("Phone PLATT"과 같은 식의 명령이 있었다는 말입니다). 사실 사용자 아이디는 사용자가 로그인 했음을 나타내기 위해 웹 페이지에 표시되기도 합니다(그림 4-1 참조). 마이크의 아이디를(패스워드가 아니라) Badger로 하는 것은 전혀 문제되지 않습니다.

사용자 아이디는 유일해야 하지만 비밀일 필요는 없습니다. 패스워드는 공개되어서는 안되지만 유일할 필요는 없습니다. (한 독자가 알려주

160

길, 다른 사용자가 이미 그 패스워드를 사용하고 있다며 자신의 패스워드를 사용하지 못하게 하는 사이트도 있다고 합니다. 이 역시 사용자를 짜증나게 하는 것이 유일한 목적인 일에 개발 비용을 낭비한 것입니다. 그리고 이는 다른 사용자의 보안을 약간 약화시키는 결과를 초래합니다. 적어도 현재 사용 중인 패스워드 하나가 노출되었기 때문입니다.) 조합(combination)이 우리를 유일하게 하고 안전하게 하는 것입니다. 자신의 어리석음을 감추기 위해 보안을 들먹이는 멍청한 인간들보다 저를 짜증나게 하는 것은 없습니다. 법을 잘 지키는 사람들에게 보안은 세금이나 마찬가지입니다. 쓸데없는 세금을 부과하거나 이를 낭비하는 것은 죄악입니다.

꼴통상: ConsumerReports.com은 실제로 사용자가 패스워드를 입력할 때 일반 텍스트로 보여주었습니다. 제가 그것에 대해 지적한 후에도 1년 이상이나 계속 그랬습니다. 지금은 더 이상 그러지 않지만, 이것은 제가 컴퓨팅 비즈니스에 발을 들여놓았을 때부터 또는 그 이전부터 엄청난 중죄였습니다. 제가 대학 1학년 때 사용하던 종이에 인쇄되던 텔레타이프조차도 패스워드 항목은 여러 번 겹쳐 써서 지나가는 사람이 볼 수 없게 했었습니다. 이런 기본적인 사실조차도 모르는 개발자나 관리자는 주요 시스템을 만드는 데 있어 보안 관련 부분을 담당해서는 안되지만, 현실은 꼭 그렇지도 않습니다. 다행히 그들은 제가 가진 소중한 것들을 돌보는 사람이 아닙니다. 그러나 여러분이 온라인 작업을 하는 많은 곳에서 보안을 담당하는 사람은 어떤 사람들일지 궁금해지지 않습니까?

어떤 사이트는 이미 존재하는 계정 번호를 로그인 아이디로 사용하도록 합니다. 그들의 내부 로직이 계정 번호(예를 들면 항공사의 회원 번호 같은)를 기반으로 하기 때문입니다. 항상 소지해야 하는 학생증이나 사원증에 있는 학번이나 사번 같이(업무 관련 문서에 접근할 때 항상 기입해야 하는) 장기적이면서 밀접한 관계 하에 사용하는 것이라면, 어느 정도 의미가 있다 할 수 있습니다. 저는 항공사나 백화점과 그런 친밀한 관계를 맺고 싶지는 않습니다. 사용자의 정신 모델에 따라 인터페이스를 설계하지 않고 사용자에게 프로그램의 내부 구현에 맞추도록 요구하는 것은 매우 거만한 행동이지만 우리 업계에서는 매우 흔하게 볼 수 있습니다. 그 사이트 프로그래머는 여러분의 삶을 쉽게 만들어줄 수 있으면서도 그것을 거부하고 있는 것입니다. 개발자가 해야 할 거라고는 딱 하나밖에 없습니다. 그냥 연결만 시켜주면 됩니다. 사용자 아이디를 받아서 계정 번호를 찾으면 되는 것입니다. 너무도 멍청하거나 게을러 이걸 할 수 없다면 다른 사람에게 상처를 주기 전에 또는 다른 사람이 당신에게 상처를 주기 전에 이 바닥을 떠나십시오. 다시 한번 말하지만 아마존은 이걸 제대로 했고, 이런 표준을 따르지 않는 다른 사이트는 용서할 수 없습니다.

이런 예는 보안이 일반 프로그래머는 제대로 알지 못하는 고도로 전문화된 분야라는 말이 무얼 뜻하는지 보여줍니다. 따라서 모든 웹 사이트마다 어쩔 수 없이 만들어야 하는 아이디와 패스워드를 모두 기억하고 이를 사용하기 편하게 보관하는 방법은 종이에 적어 컴퓨터 옆에 두는 것뿐입니다. 이런 메모는 보통은 모니터 옆에 붙어 있고, 보안이 매우 중요한 경우라면 키보드 밑에 붙어 있습니다. 저는 여행사와 관련된 아이디와 패스워드를 파일 하나에 저장해 관리합니다. 이게 없으면 저는 여행사 웹 사이트를 사용할 수 없습니다. 간단한 방법이죠.

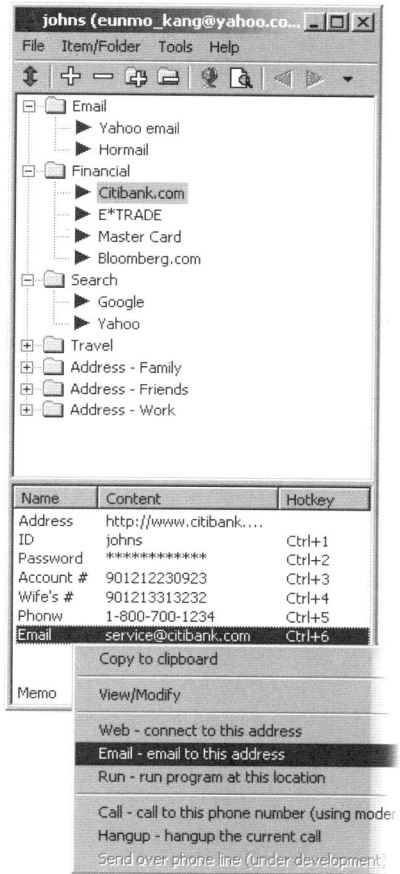

그림 4-2 아하 패스워드 관리 프로그램

퀴큰(Quicken)이나 마이크로소프트 머니(Money) 같은 개인 재무 프로그램 또한 여러분이 관리하는 은행과 신용계좌에 대한 아이디와 패스워드를 저장하는데 이 기법을 사용합니다. 이런 기능이 없었다면 훨씬 불편했겠죠. 이런 목적을 위해 아하(Aha, 그림 4-2)나 로보폼즈(RoboForms)

와 같은 패스워드 관리 프로그램이 나와 있기도 합니다. 이런 프로그램은 모든 패스워드를 암호화해 하나의 목록에 저장하고, 우리가 정한 하나의 패스워드(이상적으로는 무작위적이면서 기억할 수 있는)를 통해 여기에 접근할 수 있도록 합니다. 그러나 여기에도 이들만의 복잡한 문제와 타협이 있고, 이런 도구는 아직 표준이 되지 못했습니다. 대규모 기업 환경에서는 "안됩니다. 패스워드를 기억해야 합니다."라고 주장하는 사람들에 의해 이런 도구 사용이 대부분 금지되어 있습니다. 저도 할 수만 있다면 그렇게 하고 싶지만, 두세 개 이상은 기억할 수 없습니다. 다른 사람들도 마찬가지일 겁니다. 이런 규칙을 만든 꼴통들도 마찬가지겠죠. 패스워드 관리 프로그램 사용이 허용된 경우라도 프로그램은 여러분의 PC에서만 동작하므로 공용 PC에서 여러분의 계정을 사용할 수 없는 문제는 풀리지 않습니다. 공용 PC에서 퇴직금 계정에 접근할 일은 없겠지만, 아마 항공권을 확인할 일 정도는 있지 않겠습니까?

고대 그리스 비극처럼, 우리가 더욱 격렬하게 투쟁할수록 일은 더욱 꼬여 버리게 됩니다. 각 사이트들은 어쩔 수 없이 저마다 다른 방법으로 보안을 구축했지만, 결국은 어느 곳도 안전하지 않게 되고 만 것입니다. 컴퓨터 보안의 가장 큰 적은 제가 3장에서 설명한 패킷 스니퍼(좋은 놈 또는 나쁜 놈이 네트워크에서 트래픽을 볼 수 있도록 하는 장치)가 아니라, 바로 포스트잇 메모입니다. 어떻게 하면 이런 개떡 같은 소프트웨어를 나아지게 할 수 있을까요?

좋아, 그래서 어떡하라고?

패스워드를 다른 형태의 인증정보 (credential)로 대체할 수 있을까요? 패스워드의 경우 인증정보는 당신이 아는 어떤 것, 즉 당신과 시스템이 공유하는 비밀입니다. 대안으로는 당신이 가지고 있는 어떤 것(키 카드 같은) 또는 당신 자신의 어떤 것(지문 같은)이 있습니다. 이런 것들은 시스템을 보다 안전하게 만들 수는 있지만 사용하기는 불편해집니다. 따라서 저는 이런 것이 조만간 주류가 될 것이라고 생각하지 않습니다. 왜 그런지 볼까요?

우리는 스마트 키나 스마트 카드와 같이 본질적으로 시리얼 번호를 포함하는 마이크로 칩을 인증에 사용할 수 있습니다. 흔히 신용카드 형태로 제작되고 리더(reader)에 넣어 읽을 수 있습니다(그림 4-3). 최근에는 USB 키 포맷으로도 나오기 시작했습니다(그림 4-4). 가격은 대략 20달러 정도고 각각의 모델에 대한 소프트웨어를 다운로드 받아 설치해야 합니다. 패스워드를 물어보는 대신(또는 패스워드를 물어볼 뿐만 아니라), 로그인하려는 사이트에서 컴퓨터에게 카드를 읽어 시리얼 번호를 보내달라고 요청하고, 번호가 맞으면 로그인됩니다. (나쁜 놈이 중간에서 가로채거나 대화를 훔쳐보고 속임수를 쓰는 것을 방지하기 위한 암호학 관련 기술은 설명하지 않겠습니다.) 바로 눈에 띄는 문제는 인증을 위해 사용자는 해당 장치를 물리적으로 소지해야 하고 서버는 어떤 장치가 어떤 사용자의 것인지 알고 있어야 한다는 것입니다. 장기적이고 친밀한 상황이라면 그럭저럭 괜찮지만, 비계획적이고 충동지향적인 전자상거래에서는 꽝입니다. 책을 주문하기 전에 아마존이 스마트 카드와 리더 정보를 요구하는 것

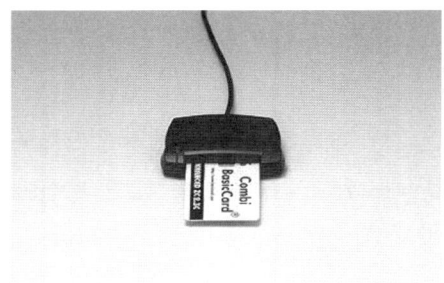

그림 4-3 스마트 카드와 리더

그림 4-4 USB 형식의 보안키

을 상상할 수 있습니까? 의심할 여지 없이 다른 형태의 카드와 리더를 사용할 다른 사이트에 대해서는 어떻게 할 겁니까? 슈퍼마켓과 주유소, 비디오 대여점 회원카드로 꽉 차있는 지갑과 열쇠고리에 각각의 웹 사이트에 대한 카드를 또 추가해야 할까요? 도서관에 있는 공용 컴퓨터와 같이 카드 리더가 없는 곳에서는 어떻게 될까요? 그런 곳에서 은행 계좌에 접근해서는 안되겠지만, 항공사 우수 고객 계정에 접근하는 것은 있을 수 있는 일 아닙니까? 비계획적이고, 단속적인 속성을 가진 대부분의 전자상거래에서 이런 형태의 장치는 적합하지 않습니다.

스마트 카드는 고도의 보안이 필요하고 지속적인 관계가 필요한 경우 패스워드와 함께 사용하면 특히 유용합니다. 예를 들어, 저는 인터넷을 통해 제 고객사의 내부 네트워크에 접속해 일해야 했던 때가 있었습니다. 그 회사는 제게 사용자 아이디와 패스워드(무작위적일 뿐 아니라 두세 달에 한 번씩 바꾸어야 했습니다.)뿐만 아니라 스마트 카드와 카드 리더까지 보내주었습니다. 나쁜 놈이 외부에서 해킹을 하려면 제대로 인식되는 스마트 카드를 훔쳐야 할 뿐 아니라 그 카드와 연결된 사용자 아이디와 패스워드(어떤 사용자는 아이디와 패스워드를 잊어버리지 않으려고 카드에 적어두기도 합니다. 에휴~)를 알아내야 합니다. 아이디/패스워드만 있는 경우보다는 확실히 불편했습니다. 그러나 그 회사의 네트워크에 접근하는 것은 충분히 민감한 사안이었기 때문에 그들은 그렇게 해야 한다고 주장했고, 저 또한 그 일이 충분히 짭짤한 일이어서 그렇게 하기로 했었습니다. (주의 : 그런 조치를 취한다고 해서 제가 그 회사를 속이는 것까지 막지는 못합니다. 그 회사가 걱정했던 부분도 바로 이런 점이었습니다.)

때로는 생체 인증(biometric authentication)을 마치 성배라도 되는 것처럼 떠드는 것을 들어본 적이 있을 겁니다. 이는 망막 패턴이나 지문과 같이 우리 몸에 있는 바꿀 수 없는 패턴을 이용한 인증을 뜻합니다. 모든 사람은 자신만의 지문을 가지고 있고 이는 없어지지 않는 것이기 때문에 생체 인증은 궁극적인 해결책으로 자주 소개되곤 합니다. 슈퍼마켓에서 초기 테스트를 수행한 결과(지금까지 가장 큰 규모의 테스트는 피클리위글리(Piggly Wiggly)[5]였습니다.) 대부분의 고객이 이 아이디어를 좋아했습니다. 그들은 매장에 신용카드를 등록해 두고 계산할 때는 간단히 지문인식기에 손가락을 대거나, 때로는 추가적인 인증 단계로 집 전화번호를 입력하면 그만이었습니다. 나이 많은 사람들이 특히 좋아했는데, 현금이나 카드를 잃어버리거나 도난 당할 염려가 없었기 때문이었습니다.

그러나 양쪽 손이 모두 절단된 사람의 인증 문제는 차치하고라도(이런 경우는 발가락 지문을 써야 하나? 아니면 코 지문? 또는 위조 지문?), 지문을 통한 인증은 문제가 많습니다. 지문은 훔치기는 쉬운 반면 바꿀 수는 없기 때문입니다. 생각해 봅시다. 식당에서 사용한 모든 유리잔을 깨끗이 닦을 겁니까? 모든 문고리는 어떻고요? 방법이 없습니다. 제가 강의에서 이 점을 설명할 때, 저는 앞에 앉아 있는 학생이 들고 있는 컵을 잠시 빌려 불빛에 가까이 가져가 컵에 묻어있는 지문이 잘 보이게 하며 강조합니다. 패스워드의 장점 중 하나는 새로운 패스워드를 만드는 데 드는 비용이 싸다는 것입니다. 사실 공짜나 다름없죠. 따라서 패스워드가 유출됐다는 생각이 들면 언제든 새로운 패스워드로 바꿔 버릴 수 있습니다. 따라서 일단 나쁜 놈들이 지문 인식기에 관심을 가지기 시작하면 지문 인식을 통한 인증에 대한 반발이 생길 것입니다. 핵 미사일 기지와 같이 아주 강력한 보안이 필요한 특별한 경우에는 망막 패턴 인식이 의미 있을 수 있습니다. 그러나 책을 살 때 아마존에서 스마트 카드를 요구하는 것이 지나치다고 생각한다면, 책을 사면서 망막 인식을 하는 것은 더욱 말도 안 되는 것이겠죠. 망막 인식 역시 패스워드를 대체할 수는 없습니다.

5 (역자 주) 미국 남부에 있는 슈퍼마켓 체인점

패스워드의 단점에도 불구하고 우리는 당분간 패스워드를 사용하지 않을 수 없을 듯 합니다. 패스워드에 대해 사용자가 개발자에게 요구할 수 있는 것은 어떤 게 있을까요? 두 가지가 떠오릅니다. 첫째, 가능하면 가급적 패스워드 없이도 동작할 수 있게 해달라는 것입니다. 가입을 하지 않고도 웹 사이트를 10분 정도 둘러보는 것이 가능해야 합니다. (주의 : 예외도 있습니다. 예를 들어 뮤추얼 펀드 계정은 본질적으로 장기간의 친밀한 관계를 뜻하고, 보안 또한 매우 중요합니다. 따라서 이 문단은 이런 금융회사의 계정 관리 웹 사이트에는 적용되지 않습니다.) 예를 들어, 저는 웹에서 세 살배기 딸내미의 잠옷을 샀습니다. 그 상점(그들이 제게 화를 낼 것이 뻔하므로 공개하지 않겠습니다)은 회원에 가입해야만 상품을 구매할 수 있었습니다. 단지 신용카드 번호와 배송지 주소만을 입력하는 것은 허용되지 않았고, 지속적인 관계를 맺어야 했던 것입니다. 상점에서 아이디를 알려주지 않는다고 현금을 거부하는 것을 상상할 수 있습니까? 그리고 그 사이트는 평소의 경우보다 훨씬 더 짜증나게 했습니다. 사용 가능한 아이디를 찾기 위해 네 번이나 시도를 해야 했는데 그때마다 폼에 입력한 내용이 모두 날아가 매번 이름과 주소 등의 정보를 다시 입력해야 했습니다. 또한 그 사이트의 패스워드 규칙은 제가 사용하기 원하는 패스워드를 허용하지 않았습니다. 제 딸이 정말 갖고 싶어하는 것을 사는 중만 아니었다면("그렇지만 아빠, 약속했잖아요"), 처음 실패했을 때(그 전이었을 수도 있고요) 그들에게 폼을 채워 내라고 소리쳤을지도 모릅니다. 그림 4-5는 가입하지 않고도 구매할 수 있는 사이트의 예입니다.

오늘날 가장 짜증나게 인증을 남용하는 곳은 뉴욕 타임즈(New York Times)나 올랜도 센티널(Orlando Sentinel)과 같은 신문의 온라인 판입니

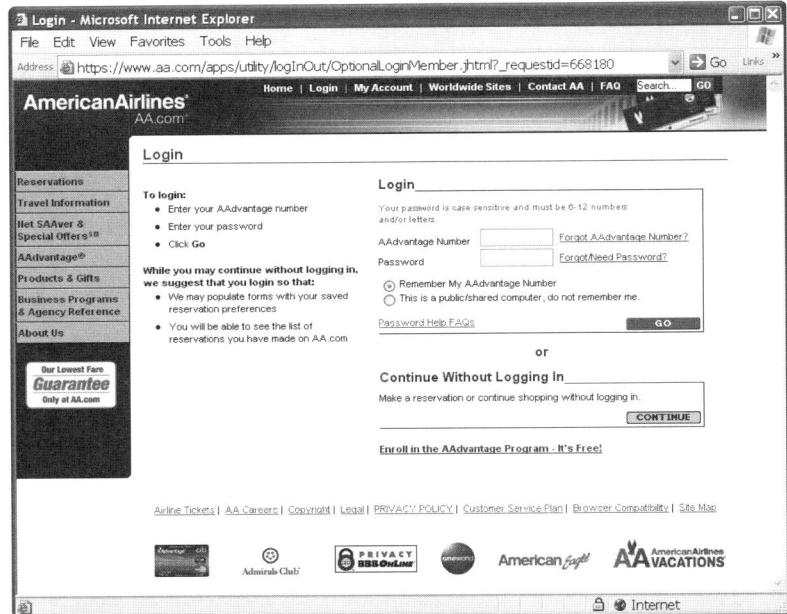

그림 4-5 사용자가 원할 경우 로그인을 할 수 있고, 원하지 않을 경우 로그인을 하지 않은 상태에서도
구매를 마칠 수 있는 사이트

다. 이들 사이트에 접속하는 것은 공짜지만[6] 회원 가입을 종용하고 아
이디와 패스워드를 요구합니다. 그들은 통계정보를 감시해 어떤 종류
의 독자가 어떤 종류의 기사를 읽는지 알고 싶어합니다. 물론 아이디로
이메일 주소를 사용할 수도 없고 패스워드에 특수문자를 포함시킬 수

---

6 뉴욕 타임즈는 최근 Times Select라 불리는 서비스를 시작했는데, 사이트에서 제공하는 대부분의 기사
는 공짜지만 주요 칼럼니스트가 작성한 칼럼을 읽기 위해서는 유료 구독을 해야 합니다. 고객들의 초기
반응은 한걸음 물러서 있는 것이었고, 여러분이 이 글을 읽을 때쯤이면 아마 그 서비스는 축소되거나 사
라질 것입니다. 특히 칼럼니스트들은 그들에게 영향력과 가치를 유지하게 하는 거대한 독자를 잃는 것에
대해 짜증낼 것입니다.

도 없습니다. 슬레이트 매거진(Slate Magazine)이나 맨체스터, 뉴햄프셔, 유니온 리더(Union Leader)와 같이, 쿠키로 사용자를 간단히 추적할 수도 있었을 겁니다. 대신 그들은 저와 여러분을 짜증나게 하고, 검증 받지 않은 아이디/패스워드 사용 사이트의 확산과 우주의 열 사망[7]에 기여하면서도, 보호하는 것은 아무것도 없습니다. 물론 저는 모든 질문에 거짓으로 답했습니다. 뉴욕 타임즈는 저를 알바니아(국가 목록에서 처음 나오는 나라)에 살고 있는 113살(입력 가능한 가장 큰 숫자) 먹은 할머니로 생각할 겁니다. 그 사이트 설계자는 컴퓨터 과학의 제0법칙, 간단히 말해 "쓰레기가 들어가면, 쓰레기가 나온다."를 몰랐던 게 분명합니다. 여러분도 그들에게 거짓말을 하십시오. 또는 다른 독자가 기증한 로그인 아이디를 퍼뜨리는 BugMeNot.com 사이트를 이용하기 바랍니다.

둘째, 개발자는 사용자가 아이디와 패스워드를 자유롭게 선택할 수 있도록 해야 합니다. 이는 사용자가 원할 경우 이메일 주소를 아이디로 사용할 수 있어야 함을 뜻하며, 이를 거부할 경우는 채찍으로 다스려야 합니다. 개발자는 사용자의 삶을 쉽게 하기 위해 존재하는 것이지, 사용자의 삶을 복잡하게 하기 위해 존재하는 것이 아닙니다. 그리고 은행과 같이 큰 돈을 지키고 있는 것이 아니라면, 사용자가 원하는 패스워드가 어떤 것이든 허용해야 합니다. 문자의 선택에 제한을 두면 안되고, 강력한 패스워드를 요구해서도 안됩니다. 그럼 사용자는 패스워드를 적어둘 것이고, 그러면 패스워드의 안전성은 포스트잇 수준으로 떨어지겠죠.

---

7 (역자 주) Heat death of the Universe. 엔트로피가 최대에 도달해 우주가 열역학적으로 종말을 맞이한 상태.

LandsEnd.com은 이 두 원리를 아주 잘 따랐습니다. 이 웹 사이트에서 구매할 때는 다른 곳과 마찬가지로 배송 정보와 지불 정보, 그리고 통보를 위한 이메일 주소를 입력합니다. 그러면 사이트는 이메일 주소를 사용자 아이디로 해서 방금 입력한 정보를 저장할 것을 제안하고 패스워드를 무엇으로 할 것인지 묻습니다. 현명하게도, 패스워드에는 어떤 특수문자도 포함시킬 수 있게 되어 있어(그러나 특수문자 입력을 강제하지는 않습니다), 원한다면 다른 인터넷 상점에서 사용하는 것과 동일하게 설정할 수 있습니다. 사이트가 제안하는 내용을 쉽게 이해할 수 있을 뿐 아니라, 최소의 노력으로 제안을 수락할지 말지를 선택할 수 있습니다.

이것이 오늘날 할 수 있는 최상의 수준이지만, 인증에는 여전히 두 가지 중요 문제가 남아있습니다. 첫째, 모든 곳에서 인증을 제대로 사용하는 것은 아니라는 사실입니다. 실제로 대부분의 회사가 이를 제대로 하지 못하고 있고, 이런 얼간이들이 나머지들까지 망치고 있죠. 둘째, 웹은 여전히 유아기에 있다는 것입니다. 웹은 지금까지 존재했던 분야 중에서 가장 빠르게 변하고 있습니다. 현재의 인증 메커니즘은 거의 한계에 도달했습니다. 예를 들어, 스마트 폰에서 TTT(Triple-Tap Typing)[8]를 이용해 사용자 아이디와 패스워드를 입력할 때의 어려움을 생각해 보십시오. 웹이 성장과 발전을 지속하려면, 사용자가 서버와 비밀 패스워드를 공유하는 방법 이외의 다른 더 좋은 인증 메커니즘을 생각해내야 합니다.

---

8 TTT(Triple-Tab Typing)는 휴대폰과 같은 장치에서 숫자 키 패드를 이용해 알파벳 문자를 입력하는 방법입니다. 버튼 '2'를 한 번 누르면 'A'가 나오고, 두 번 누르면 'B'가 나오는 식입니다. 이 방법으로 많은 이름을 입력하는 것이 어렵기 때문에 휴대폰을 데스크탑 PC의 주소록과 연결하는 기능이 인기를 끄는 것입니다.

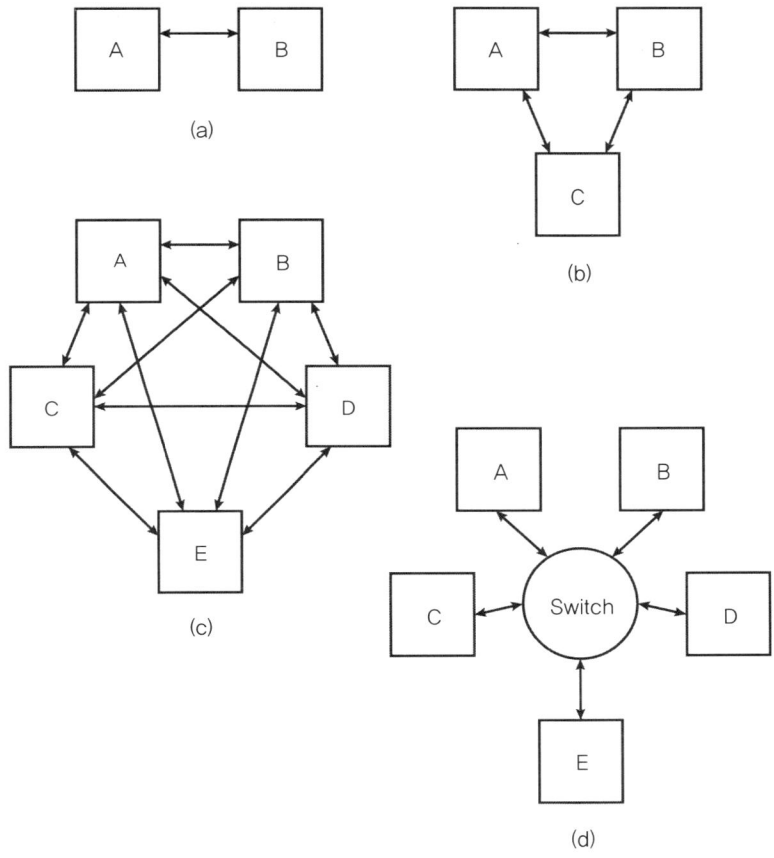

그림 4-6 각각을 연결했을 때와 중앙에 스위치를 두었을 때의 확장 적응성

이 모든 사용자 아이디/패스워드 쌍을 관리하는 것은 확장 적응성 (scalability) 문제가 있습니다. 이는 어떤 설계 방법이 사용자 수가 적을 때는 잘 동작하지만, 사용자 수가 많은 환경에 적용하면 구조상의 본질 적 한계로 인해 가끔 동작을 멈추는 것을 뜻합니다. 전화 네트워크를

설계한다고 생각해 봅시다. 처음에는 한 집에서 다른 집으로 전화선을 직접 연결합니다. 그게 제일 쉬우니까요. 연결할 집이 A와 B 둘 뿐이라면, 전화선은 하나면 충분합니다(그림 4-6a). 집이 셋일 때는 전화선도 세 개가 필요합니다(A에서 B로, A에서 C로, B에서 C로). 여전히 단순합니다(그림 4-6b). 집이 5개일 때는 10개의 전화선이 필요합니다. 이제 슬슬 복잡해지기 시작합니다(그림 4-6c). 집이 10개일 때는 45개의 전화선이 필요한데, 너무 많아서 설치/관리가 어렵습니다. 이런 경우 각각의 집을 직접 연결하는 네트워크 구성은 집이 4~5개를 넘으면 확장이 어렵다고 말합니다. 이 시점에서 우리는 다른 설계, 즉 중앙 스위치 장비를 두고 각각의 집이 여기로 전화선을 연결하는 방법이 필요해집니다(그림 4-6d). 스위치 장비에 비용이 들긴 하지만, 이렇게 하는 것이 전화선이 급격하게 늘어나는 경우보다는 값도 싸게 먹히고 작업도 쉽습니다. (집이 100개일 경우 각 집은 99개의 전화선과 연결해야 하고, 이 경우 총 4,950개의 전화선이 필요합니다. 집이 10,000개인 마을에서는 어떻게 될지 계산해 보시기 바랍니다.)

모든 웹 사이트가 각각의 인증 정보를 요구하고 따로 인증을 수행하는 현재의 인증 방식은 앞에서 설명한 것과 같은 이유로 확장에 한계가 있습니다. 사용자는 각각의 웹 사이트에 대해 별도의 인증 정보를 유지해야 하는데, 이미 설명한 바와 같이 짜증날 뿐 아니라 본질적으로 안전하지도 못합니다. 인증을 하는 모든 사이트는 인증 프로그램이 필요할 때 읽을 수 있지만 나쁜 놈이 훔칠 수 없도록 하면서 자체적으로 사용자의 인증 정보를 유지해야 합니다. 이는 비용도 많이 들고 제대로 하기도 어려운 작업에 엄청난 중복이 발생하고 있음을 뜻합니다.

해결책은 우리가 이미 다른 분야에서 사용하고 있는 방법입니다. 제

어머니가 어렸던 시절, 소비자 신용은 특정 상점에 있는 개인의 외상 계좌에만 있었습니다. 고기를 사면 정육점 주인은 외상 장부에 고기 값을 달아놓고, 월말에 한꺼번에 청구합니다. 제과점에서도 같은 방법을 사용했습니다. 요즘은 아무도 개인 외상 장부를 관리하지 않습니다. 대신 상점은 전체 지불 프로세스를 비자나 마스터 같이 회계, 지불, 수금 과정을 처리하는 신용카드 회사로 아웃소싱 합니다. 상점은 자신들의 핵심 역량(옷을 팔거나 자동차를 수리하는 등의)에 노력을 집중합니다. 고객은 두세 곳의 신용카드 발급사와 금전적 신뢰 관계를 구축하고, 이 관계는 거의 모든 곳에서 유효합니다. 고객이나 상점 어느 쪽도 수많은 쌍무 관계를 다루는 부담을 지지 않습니다. 구매 과정에서의 마찰이 얼마나 극적으로 줄어들었는지 신용카드 청구서를 보고 뒤로 넘어갈 정도입니다. 상점이 지불 과정을 아웃소싱한 것처럼, 웹 사이트도 인증 과정을 (1) 자신들이 뭘 하는지 잘 알고 따라서 (2) 제대로 할 수 있는 제3의 회사로 아웃소싱하는 것이 좋습니다, 아니, 해야 합니다.

정신 나간 소리처럼 들리지만 그렇지 않습니다. 컴퓨터와 관련없는 생활을 생각해 보십시오. 일상 생활에서의 장기적인 관계(직장이나 학교 같은)에서는 파트너에게 사진이 부착된 신분증(아이디)을 만듭니다. 아마 매주 두세 번씩 방문하는 슈퍼마켓에서도 그랬는지 모릅니다. 그러나 우리는 비계획적이고 빈번하지는 않지만 인증을 필요로 하는 각각의 관계에 대해 별도의 아이디를 갖고 있지는 않습니다. 배송물을 받기 위해 별도의 UPS 아이디를 갖고 있는 것도 아니고, 비행기에 타기 위해 각 항공사에 대한 아이디를 갖고 있지도 않으며, 편의점에서 술을 사는 데 성인임을 증명하기 위해서나 또는 수표를 발행하기 위한 아이디를

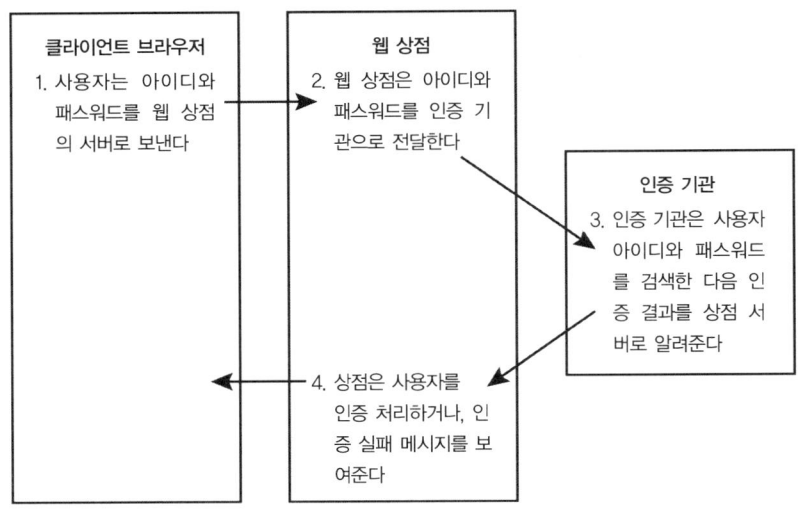

그림 4-7 마이크로소프트 패스포트의 SSO 인증

갖고 있지도 않습니다. 술을 파는 모든 주점에 대해 각각의 관계를 만들고 유지해야 한다면 휴가 계획에 차질이 생기겠죠. 그 대신, 여러분은 이 모든 인증 요구를 정부에서 제공한 아이디(자동차를 몰 때 국경을 넘을 때 필요한)를 제시함으로써 해결합니다. 벤더도 여러분과 직접적인 관계를 주장하는 것보다는 이런 제3의 기관이 제공하는 인증정보를 수용하는 것이 쉽습니다. 우리는 이미 대부분의 사업적 관계에서 인증을 아웃소싱하고 있습니다. 이제는 그 개념을 웹에 적용해 전자적으로 동작하게 만들기만 하면 되는 것입니다.

컴퓨터에서는 이런 것을 SSO(single sign-on)라 합니다. 제3의 인증 기관(trust provider)이 요금을 받고 사용자를 인증해 주는 것입니다. 웹 사이트에 로그인할 때 사이트에서 직접 인증을 수행하는 대신, 인증 정보를 인증 기관으로 보내고 여기서 확인을 한 다음 원래의 웹 사이트에 인증 결과를 알려주는 것입니다(그림 4-7). 이런 식으로 여기에 참가한 사이트에서는 동일한 아이디와 패스워드를 사용할 수 있게 됩니다. 서로 다른 많은 상점에서 신원 확인을 위해 운전 면허증을 사용하는 것과 마찬가지로 말입니다. 대단히 강력하고 확장 적응성이 뛰어난 설계입니다. 그러나 이름과 달리, 인증 기관은 하나만 있는 것이 아닙니다. 자유 시장 원리에 따라 상점은 인증 기관에 가입할지 하나 또는 여럿을 선택할 수 있습니다. 지금 어떤 신용카드를 받을지 결정하는 것과 마찬가지입니다.

그러나 이런 것이 실제로 활용되려면 조금 기다려야 할 것입니다. 마이크로소프트는 2000년도 경에 패스포트 시스템으로 이와 정확히 같은 서비스를 시도했었습니다. MSN.com이나 핫메일 또는 인스턴스 메신저와 같은 마이크로소프트 온라인으로 작업한 적이 있다면, 여러분은 마이크로소프트 패스포트를 가지고 있는 것입니다. 이는 사용자 아이디(여러분의 이메일 주소)와 패스워드가 마이크로소프트 웹 서버에 저장된 것입니다. 원래의 아이디어는 어떤 웹 상점이든 마이크로소프트에 적정한 요금을 내면 그들의 고객 인증을 마이크로소프트로 아웃소싱할 수 있게 만드는 것이었습니다. 마이크로소프트는 많은 웹 사이트가 이 시스템을 선택하길 기대했고, 삶도 편해질 뻔했습니다. 그랬어야 하는 건데요.

문제는 마이크로소프트 자신을 제외하고는 거의 아무도 마이크로소프트 패스포트를 인증 시스템으로 채택하지 않았다는 것입니다. 패스포트 웹 사이트에는 이를 사용하는 84개 사이트 목록을 표시했었는데, 이

중 22개는 마이크로소프트 관련 사이트였습니다(여기에 스타벅스도 있었습니다. 마이크로소프트사 직원들이 스타벅스를 엄청나게 많이 마셨으니까요). 이 수치는 인터넷의 모든 것이 폭발적으로 성장하던 시기였는데도 그 전년도의 90개 사이트보다도 줄어든 것이었습니다. 이제는 패스포트를 사용하는 상점 목록을 표시하지도 않습니다. 제가 아는 한 패스포트는 더 이상 새로운 사업을 하지 않으며, 이베이(eBay) 또한 패스포트 사용을 중단했습니다. 시장은 패스포트를 거부한 것이 분명합니다. (패스포트 팀으로부터 날아올 분노의 이메일로부터 저를 구원해주소서. 패스포트는 마이크로소프트의 다양한 제품 중 SSO를 위한 편리한 표준이었고, 상당히 유용한 기술이었습니다. 보편적인 웹 표준의 하나를 오락가락하다가 놓쳤습니다. 이로부터 뭔가를 배우길 바랍니다.)

　패스포트의 전진을 방해한 기본적인 문제는 마이크로소프트가 인증 데이터를 보관하는 것을 허용하는 것에 대한 고객의 부정적 생각이었습니다. 저는 2001년 9월 유럽 국가에서 .NET을 강의하면서 패스포트에 대해 논의한 적이 있습니다. 저는 수강생들에게 자신의 회사에서 기본적인 인증을 위해 패스포트 사용을 고려한 적이 있는지 물었습니다. 세 개의 은행에서 온 수강생들이 그들의 고객을 위한 웹 사이트에 사용을 고려했다가 사용하지 않기로 결정했다고 대답했습니다. 그 중 영어를 가장 잘하는 수강생이 설명했고, 나머지 수강생은 동의의 표시로 고개를 끄덕였는데, 그 내용은 다음과 같습니다. "은행으로서 우리가 파는 가장 기본적인 상품은 신뢰입니다. 당신의 돈을 맡길 만큼 당신의 형제를 신뢰합니까? 아닙니다[그는 제 형제를 아는 게 분명합니다]. 그러나 당신은 우리를 신뢰합니다[그는 제 은행에 대해서는 모르는 게 분명합니다. 제가 제 거래 은행을 신뢰하는 이유는 저금한 돈보다는 대출받은 돈이 더 많기 때문이죠]. 우리는 고객 그룹에 대한 조사를 수행했고, 우리가 고객의 인증 데이터를 직접 보관하지 않고 마이크로소프트가 보관하게 하는 것은 신뢰에 대한 배신이라고 생각하는 고객의 비율이 거북할 정도로〔그는 정확한 수치를 말하지는 않았습니다〕높다는 것을 알게 되었습니다. 그들은 인증 데이터가 해킹 당하거나 그들의 허락 없이 사용되지는 않을까 걱정했습니다. 저는 그들이 이런 걱정을 하는 것이 맞다고 말하는 것도 아니고, 우리가 이런 일을 더 잘 할 수 있다고 말하는 것도 아닙니다. 그러나 마음에 들든 들지 않든, 그것은 고객이 어떻게 느끼는지를 알려주는 것이었습니다. 따라서, 은행이 고객으로 하여금 그들의 신뢰를 배신하려 한다는 생각을 갖지 않게 하려면, 우리는 패스포트를 사용할 수 없었고, 그걸로 얘기는 끝났습니다."

저는 이 이야기로 더 이상 여러분을 지루하게 하지는 않겠습니다. 그러나 SSO 구현을 위한 기술은 이미 존재합니다. 이를 사용하게 하는 것은 기술적 문제라기보다는 사업적 문제와 관련이 많습니다. 예를 들어, 누가 인증 기관이 될 수 있을까요? 마이크로소프트는 아닌 것이 이미 시장에서 증명되었습니다. 아마 썬(Sun)이나 IBM도 아닐 겁니다. 우리는 이미 은행을 믿고 돈을 넣어두고 있으니 은행이 될지도 모르겠습니다. 또는 나쁜 일이 일어났을 때 우리에게 돈을 지불하겠다고 한 보험사의 약속을 믿으니 보험사가 될 수도 있겠죠. 또는 우리가 어느 정도 믿을 수 있고 이미 비인가 구매로 골머리를 썩고 있는 카드사가 될지도 모르겠습니다. 아니면 정부 기관이 될지도 모르죠. 우리는 정부 기관이 우리를 전자적으로 추적하는 것을 원하지 않지만, 그들은 이미 인증 정보 사업을 하고 있으니까요. 인증 기관은 어떻게 돈을 벌고, 누가 지불할까요? 고객 중 아무도 인증 기관을 사용하지 않기 때문에 이를 사용하지 않는 웹 사이트와, 웹 사이트가 인증 기관을 지원하지 않기 때문에 이를 사용하지 못하는 고객이란, '닭이 먼저인지 계란이 먼저인지' 문제를 우리는 어떻게 풀 수 있을까요?

언젠가는 제3의 기관을 통한 온라인 인증이 실현될 것이고, 그럼 온라인 인증은 지금보다는 덜 개떡 같을 것입니다. 그러나 지금은…

1. 보안, 특히 신분 인증은 고도로 전문화된 분야로 일반 애플리케이션 프로그래머는 여기에 대해 아는 것이 거의 없습니다.
2. 사용자 아이디와 패스워드를 사용하는 사이트는 검증 받지 않은 상태로 확산되고 있습니다.
3. 꼴통 프로그래머들(1번 참조)이 확산 문제(2번 참조)를 더욱 악화시키고 있습니다. 그들은 인간적 요소를 제대로 이해하지도 못하고 이해할 필요가 있다는 것을 깨닫지도 못하고 있습니다(3번 참조).
4. 인증을 제3의 기관으로 아웃소싱하는 것은 훌륭한 생각이고 기술적으로도 충분히 가능하지만, 아무도 이를 위한 비즈니스 모델을 생각해내지 못하고 있습니다.

5장

누굴 보고 있는 거야?

온라인 개인정보 보호는 일반 사용자의 신경을 건드립니다. 여러분은 아마 예전에 피터 스타이너(Peter Steiner)의 만화(그림 5-1)를 본 적이 있을 겁니다. 그것은 84견년(dog year) 전으로, 인터넷 시간을 고려하면 그보다 더 됐을 겁니다. 우리는 산타클로스나 부활절 토끼를 믿는 어린 아이들을 보며 느끼는 것처럼, 초창기의 순진함에 대해 조용히 웃고 약간의 슬픔을 느끼며 한숨을 쉽니다. 그때의 순수함으로 돌아갈 수 있었으면 하고 아무리 바란다 해도, 그럴 수 없다는 것을 잘 압니다. 인터넷은 익명적인 것처럼 보이지만 실제로는 그렇지 않습니다. 자신의 흔적을 남기지 않기 위해 주의를 기울이지 않으면(나쁜 놈들을 빼면 그렇게 하는 사람들은 거의 없죠), 인터넷상의 다른 곳에 있는 여러분의 적은 당신이 개라는 것뿐 아니라, 당신의 혈통과 나이, 강아지를 갖고 있는지, 개 집은 얼마나 주고 샀는지 등도 알 수 있습니다.

"On the Internet, nobody knows you're a dog."

그림 5-1 아, 어린 시절의 순수함이여.

그래, 그들은 당신을 알지

이 때문에 많은 사람들이 무서워하고 불안해 합니다. 저는 이 책을 준비하면서 개인정보 보호와 관련된 이야기가 컴퓨터 관련 또는 보안 관련 서적에서보다 일반 서적에서 더 자주 나타난다는 것을 알게 되었습니다. 이런 글들은 거의 항상 개인정보 보호(이 용어가 무얼 뜻하든 간에)는 좋은 것이고, 누구에게든 정보를 드러내는 것은 나쁜 것이라는 시각을 가지고 있습니다. 그들(그게 누구든)은 당신을 특별히 주시하고 있으며, 당신의 가장 민감한 과오(예를 들어, 코미디 프로를 보면서 치실질을 하는 것과 같은)를 USA 투데이 지 1면에 장식하고 싶어

한다고 생각하기 때문입니다.

　이런 걱정은 어느 정도 이해할 수 있습니다. 누군가가 당신에 대한 뭔가를 필요 이상으로 많이 안다면 화가 날 겁니다. 회사의 인사부 이사가 당신의 진료 기록부를 보고는 구내 식당에서 줄을 서서 기다리고 있는 당신에게 "밥씨 안녕하쇼? 오늘은 치질이 좀 어떻소?" 하고 말한다면 당신은 아마 천장을 뚫고 날아갈지도 모릅니다. 칼럼니스트 아담 페넨버그(Adam Penenberg)가 최근 Slate.com에 다음과 같이 썼습니다. "…개인정보 보호와 익명성에 대한 환상으로 우리는 원아(id)가 초자아(superego)를 죽여버릴 수 있게 합니다. 친구나 동료, 가족 또는 정부 검사와는 공유할 수 없는 아이디어를 탐색하는 데 인터넷을 사용한 적이 없었던 척은 하지 맙시다. 다른 식으로 말하면, 당신의 등 뒤에서 누군가가 지켜보고 있는 걸 안다고, 검색하고자 하는 것을 바꿀 겁니까?"

　그리고 개인정보 보호는 이 세상의 다른 모든 것과 마찬가지로 동전의 양면과 같습니다. 누군가가 당신에 대해서 당연히 알아야 하는 것을 모른다면 화가 날 것입니다. 예를 들어, 은행이나 카드사에 전화를 걸면 보통 짜증나는 전화 메뉴[1]를 알려주기 전에 키 패드를 이용해 계좌번호나 카드번호를 입력해야 합니다. 그리고 마침내 사람을 목소리를 들었을 때, 안내원이 처음 물어보는 것이 당신의 계좌번호나 카드번호라면 어떨까요? "젠장, 방금 전에 입력했단 말이오! 왜 또 말하라는 거

---

1 제 아버지는 회사에서 우리의 피드백을 담은 메시지를 들려주면 어떻겠냐고 했습니다. 다음과 같은 식으로 말이죠. "'젠장, 지옥에나 가라!' 하고 말하려면 1번을, '내 전화가 당신들에게 그렇게 중요하다면, 왜 더 많은 사람을 고용해서 전화를 빨리 받게 하지 않는 거야? 이런 거짓말에도 눈치채지 못할 정도로 내가 멍청해 보여?' 하고 말하려면 2번을, '이 망할 놈들, 지금 당장 총을 가지고 갈 거야!' 하고 말하려면 3번을 누르세요."

요? 당신 바보 아니오?" 하고 소리칠 겁니다. 또는 항공사에서 당신의
e티켓을 찾지 못하거나, 항공 마일리지를 제대로 넣어주지 않으면 어
떨까요? 또는 당신의 아이를 치료하는 응급실 의사가 아이의 알레르기
를 확인하기 위해 필요한 당신의 소아과 진료 기록에 접근할 수 없다면
어떨까요? 이 외에도 많습니다.

사람들은 자신의 삶이 조금이라도 어렵게 되기 전까지는 개인정보
보호를 추상적으로 생각합니다. 어떤 사람들은 1~2달러를 받고 개인
정보의 일부를 다른 사람에게 제공하기도 합니다. 그렇게 모인 개인정
보는 회원제 할인매장이나 우수 고객 프로그램에 전달됩니다. 여러분
은 이런 비유를 웃을지도 모르지만, 당신의 집이나 사무실을 청소하는
사람이 당신의 비밀 정보를 읽을 수 없게 하기 위해 얼마나 많은 노력
을 할 수 있습니까? 여러분은 청소부가 은행 계좌 통지서를 훔쳐갈 수
없도록 폐기처분하는 귀찮음을 감수합니까? 그렇게 하는 사람은 거의
없습니다. 여러분이 무슨 말을 하든, 여러분의 행동은 그렇게까지 할
만한 가치가 없다고 말하고 있습니다.

이 장에서는 사용자 관점에서 본 온라인 개인정보 보호에 대해 논의
합니다. 저는 여기서 일반적인 보통 사용자를 말하는 것이지, 동굴 속
에 살면서 모든 것을 현금으로만 계산해 아무도 추적할 수 없는 이상한
사람을 말하는 게 아닙니다. (글쎄, 아무도 여러분을 추적하고 싶어하지 않는다니
까.) 그리고 직장에서의 개인정보 보호 문제는 다루지 않을 겁니다. 사
장이 월급을 주니 어쩔 수 없죠. 여러분이 소프트웨어 패키지를 사용하
거나 인터넷에 접속할 때 누가 무엇을 알 수 있는지, 그것에 대해 여러
분이 얼마나 걱정해야 하는지, 그리고 이를 정말 신경쓰기로 결정했다

면 그들을 어떻게 골탕먹일 수 있는지에 대해서만 다룰 것입니다.

왜 전보다도 더 개떡 같아졌나?

어디에나 연결되어 있는 인터넷의 특성과, 세상의 모든 지적 상자가 서로 연결되어 있다는 사실은 인간과 관계된 모든 영역에 영향을 미칩니다. 이것이 개인정보 보호의 풍경마저도 바꾼다는 것은 놀랄 일도 아니죠. 무슨 일이 일어나고 있는지 살펴봅시다.

첫째, 항상 공개되어왔던 데이터는 이제 과거보다 훨씬 접근하기가 쉬워졌고, 이는 보다 많은 사람들이 보고, 생각하고, 이용하려 시도할 것임을 의미합니다. 예를 들어, 부동산 거래 정보(한 친구가 이 집을 저 친구에게 언제 얼마에 팔았다)는 제가 사는 주에서는 300년 전부터 공개되어 왔지만, 5년여 전만 해도 이런 데이터를 입수하는 것은 매우 불편했습니다. 업무 시간 내에 등기소까지 차를 몰고 가서 주차할 자리를 찾고 건물 안으로 걸어 들어가 줄을 서고 공무원 님들(짤라 버릴 수도 없는)의 커피 타임이 끝나기를 기다린 다음 정확한 등기부를 찾는(만일 거기에 있다면) 등의 절차를 거쳐야 합니다. 그러나 이제 메사추세츠의 모든 등기 정보는 웹에 올라가 있으며, 누구든 자신의 사무실에서 편하게 앉은 상태에서 웹 브라우저를 띄워 확인할 수 있습니다.

훌륭해 보입니다. 그렇지 않습니까? 공개 데이터는 말 그대로 공개된 것이니 쉽게 보지 못하게 할 이유가 없지 않습니까? 이 장을 준비하면서 저는 근처 좋은 동네에 사는 제 대학 동창이 얼마나 주고 집을 구입했는지 찾아보았습니다. 등기소 웹 사이트에서 집 가격을 찾는 데는 1분도 걸리지 않았습니다. 그러나 그 집은 그의 아내가 결혼하기 수개월 전에 직접 구입한 것이었고, 그로부터 수년 후 그들이 둘째 아이를 가졌을 때 등본에 그 친구의 이름을 올렸다는 사실도 알게 되었습니다. 저는 그의 신용도를 잘 알고 있었기 때문에, 이해할 만했습니다(그 친구는 1977년에 제게 돈을 빌렸는데 아직도 갚지 않고 있습니다). 그러나 그게 저와 상관이 있을까요? 아마 아닐 겁니다. 그리고 지금은 제가 들쑤시고 다닌 것에 대해 조금 미안한 생각도 듭니다. 예전보다 훨씬 쉽게 공개 정보에 접근할 수 있게 되었기 때문에, 보다 많은 사람들이 알게 될 것입니다. 이제 예전보다 말썽에 휩쓸리지 말고 얌전하게 있어야 하고, 다른 사람들의 분란에는 끼어들지 않는 편이 좋겠습니다.

둘째, 새로운 방법으로 데이터를 분류하고 관계를 찾는 현대의 컴퓨팅 환경은 개인정보 보호에 위협이 되고 있습니다. 예를 들어, 슈퍼마켓에서는 수요 패턴 예측과 재고 관리를 위해 각각의 상품이 얼마나 팔리는지를 주 별로 추적합니다. 정말 똑똑하다면 날씨와 같은 외부 데이터와 연계해 수요를 예측할 것입니다(최근 날씨가 유별나게 덥다면 아이스크림을 더 주문해 두겠죠). 그러나 지금은, 할인을 받기 위해 회원 카드를 제시할 때 여러분이 구입한 모든 것을 기록하고 이것을 지난주 또는 지난달에 구입한 것과 연결하는데, 이런 과정을 데이터 마이닝(data mining)이라 합니다. (보통은 그들에게 이런 정보를 추적하지 말라고 말할 수 있지만, 명시적으로 요청을 해야만 합니다. 이런 것을 옵트 아웃(opt out) 방식이라 합니다.) 그들은 고양이 사료를 구입하는 사람은 한 주 빨리 추수감사절용 칠면조 큰 것과 함께 레드 와인을 사는 반면, 개 사료를 구입하는 사람은 마지막까지 기다렸다가 작은 칠면조와 화이트 와인을 사는 경향이 있다는 사실을 알아낼 수도 있습니다. 그러면 여러분이 계산할 때 개인용 쿠폰을 주고 재고 목록을 적절히 조정할 수 있겠죠. ("아, 고양이 사료를 구입한 사람이군. 칠면조(대) 쿠폰을 선물하고, 레드 와인을 좀더 주문해야겠군".) 슈퍼마켓에서의 이 익률은 대부분 매우 작기 때문에 이런 식의 지능적 경영은 업계에서 망하지 않고 계속 남아있게 하는데 중요한 역할을 할 수 있습니다. 이런 일을 잘 하는 것이 월마트(Wal-Mart)의 강점일 것입니다.

어떤 사람들은 상점이 이런 정보를 이용해 고객에 해를 끼치지 않을까 걱정합니다. 또 어떤 사람들은 상점보다는 정부에서 이런 정보를 검색하지 않을까 두려워하기도 합니다. 예를 들어, 케니스 스타(Kenneth Starr) 검사는 모니카 르윈스키(Monica Lewinsky)와 당시 미국 대통령이었던 빌 클린턴(Bill Clinton)의 관계를 밝히는 데 도움이 될 것을 기대하면서, 르윈스키의 도서 구입 목록을 조사하려고 했었습니다. 최근 가장 논란이 되는 예는 애국법(Patriot Act)인데, 이 법에 따르면 FBI는 그 동기를 알리지 않고도 고객의 도서 대출 목록을 조사할 수 있습니다. (여기에는 판사가 발부한 수색영장이 필요하지만, 애국법에 대한 토론에서는 이 사실을 자주 빠뜨립니다.) 저는 저희 동네 도서관장에게 "당신의 도서관 카드를 두려워하는 정부를 두려워하라"라고 적힌 스티커를 주었습니다.

셋째, 과거에는 존재하지 않았던 새로운 종류의 데이터 처리가 나타나 개인정보 보호에 위협이 되고 있습니다. 예를 들어, 15년 정도 전부터 GPS 위성 수신기를 통해 여러분의 현재 위치를 쉽게 알 수 있게 되었습니다. 수신기 크기는 대략 책 한 권 정도, 가격은 수백 달러였습니다. 지금은 수신기 크기가 훨씬 작아지고 가격도 내려가 80달러짜리 넥스텔(Nextel) i88s와 같은 일반 휴대폰에도 내장될 정도입니다. 휴대폰은 무선 웹을 통해 현재의 위치를 데이터베이스로 전송하고, 적절한 권한을 가진 사람은 웹을 통해 이 정보에 접근할 수 있습니다. 기업은 자신들의 차량 위치를 추적할 수 있고, 부모는 자식을 추적할 수 있으며[2], 결혼한 사람들은 자신의 배우자를 추적할 수 있습니다. 이런 종류의 정보를 일반인들도 이용할 수 있게 된 것은 최근의 일입니다. 누가 어떤 상황에서 어떤 정보를 보게 할지를 어떻게 결정할 수 있을까요?

이 책의 제목으로 미루어 짐작한다면, 여러분은 아마 제가 개발자에게 모든 비난을 돌릴 거라 기대할지도 모르겠습니다. 그러나 다른 장에서와 달리 여기서는 그렇지 않습니다. 대부분의 경우 컴퓨터를 통한 개인정보 보호 위협은 꼴통 개발자들(자신들의 고객을 이해하지 못해 형편없는 코드를 작성하는) 때문이라고 보기가 어렵습니다. 그보다는 가치 중립적인 소프트웨어가 의도한 대로 사용되지 않고, 여러분을 거스르는 데 가치를 두고 관심을 갖는 사람들에게 이용당하기 때문입니다. 프로그래머들과 마찬가지로 이런 마케팅 얼간이(6장 참조)들도 여러분이 자신들과 다르다는 것을 이해하지 못해서, 어떤 종류의 데이터를 모을 때 여러분이 어깨를 으쓱하고는 무시해 버리는지, 어떤 종류의 데이터를 모을 때 여러분이 격노하는지를 모릅니다. 결국 적용 대상만 다를 뿐 문제는 동일한 것입니다. ("그대의 사용자를 알라. 사용자는 그대가 아닐지니")

그러나 약간의 주의 깊은 사고와 조그만 변경을 통해 적절한 소프트

2 www.teenarrivealive.com 참조

웨어를 사용하면 사용자의 개인정보 보호를 대폭 향상시킬 수 있습니다. 그러나 그렇게 하기 위해서 괴짜들은 그들이 전에 해보지 않았던 것, 즉 그들의 사용자를 이해하고 사용자는 그들과 다르다는 것을 아는 것이 선행되어야 합니다. (이제 슬슬 이 책의 패턴이 보이기 시작하죠?) 프로그래머들의 희망과 두려움은 사용자들이 느끼는 것과는 매우 다르고, 그들이 만드는 개인정보 보호에 대한 트레이드오프 또한 차이가 있습니다. 단순히 말하면, "당신의 개인정보를 제어할 수 있게 한다"라고 만든 소프트웨어는 어떤 데이터가 민감하고 어떤 데이터가 민감하지 않은지를 실제로 알고, 여러 가지 옵션에 대해 학습할 의지가 있고, 이를 적절히 설정할 수 있는 사용자에게만 소용이 있습니다. 세상에 그런 사람은 거의 없습니다. 일반인을 위한 소프트웨어라면 사용자가 어떤 것이 위험하고 어떤 것이 위험하지 않은지 모른다는 것을 인정하고, 처음부터 적절한 기본 설정을 제공해야 합니다. 제 말을 못 믿겠다고요? 여기 좋은 예가 있습니다.

사용자는 어떤 것이 위험한지 모른다

제게 당신의 은행 계좌번호를 알려주십시오. 월급이 들어갔다가 금방 나가버리는[3] 통장 말입니다. 이 책의 웹 사이트로 가서 양식을 작성해 제게 메일을 보내주십시

---

3 사람들이 "돈이 말을 한다(money talks)"고 하는데 정말입니다. 저도 돈이 "안녕, 플래스키. 1~2 마이크로 초 동안 네 지갑을 데우는 거 즐거웠어."하고 말하는 것을 들은 적이 한 번 있습니다.

오. 물론 은행 이름과 주소도 같이 보내주시고요. 그러면 저는 당신의 돈을 훔치기 위해 어디로 가야 하는지를 정확히 알게 됩니다.

그렇게 하고 싶지는 않겠죠, 그렇죠? 안 그런 정도가 아니라 "망할 플래스키! 난 당신을 손톱만큼도 믿지 않고, 그런 민감한 정보는 알려줄 수가 없다고!" 하고 말하겠죠.

여러분을 비난하지는 않겠습니다. 이런 종류의 책에 의지하지 않고는 저도 제 자신을 못 믿으니까요. 여러분은 은행 계좌번호와 같은 민감한 정보를 남에게 알려줘서는 안됩니다. 제가 사는 곳의 지역 신문에는 나이든 사람들에게 전화해 은행 검사관으로 행세하며 범죄자를 잡는데 도움이 된다며 그들의 은행 계좌번호를 묻는 사기꾼 이야기가 실렸습니다. 경찰은 은행 계좌번호를 절대로 알려줘서는 안된다고 충고했는데, 정말 맞는 말입니다. 저는 한술 더 떠서 이 책을 사기 위해 제 웹 사이트에 여러분의 신용카드 번호를 입력하는 것도 하지 말라고 조언할 참입니다. 여러분은 안전을 위해서 정말 조심해야 하고, 시간이 좀더 걸리더라도 예전 방식을 사용하는 것이 좋겠습니다. 종이 양식을 인쇄해 작성하고 개인 수표를 우편으로 보내주시기 바랍니다. 그렇게 하면 안전할 겁니다. 그렇지 않습니까?

에, 꼭 그렇지만도 않습니다. 수표장의 매 수표 밑부분에는 무엇이 있을까요? 빙고! 여러분의 계좌번호와 은행이 표시되어 있습니다. 친절하게도 마그네틱 잉크로 인쇄되어 있어 제가 고속으로 스캔할 수 있죠. 저는 타이핑 실수 같은 것을 걱정할 필요조차도 없어집니다. 저런.

그리고 대부분의 수표 위쪽에는 무엇이 있을까요? 주소가 있죠. 물론 수표를 주문할 때 주소를 넣지 않아도 되지만, 수표를 많이 쓰는 사람들은 보통 편의를 위해 주소를 포함시킵니다. 상점에서 주소를 요구하기 때문입니다. 때로는 수표에 운전면허증 번호를 인쇄해 넣기도 합니다(물론 아까 그런 상점들 때문이죠). 그리고 많은 고객이 사회보장번호를 넣기도 합니다. 두 배로 저런.

자, 이제 정말 꼴통상을 받기 위해 하나만 더 생각해 봅시다. 수표의 오른쪽 아래 부분에는 뭐가 있을까요? 그렇습니다. 문자를 쓰기 시작한 이래 사용자 인증 메커니즘으로 사용되어 왔던 잉크로 쓰인 자필 서명이 있습니다. 서명을 날조하는 것은 상당히 어려워서, 뛰어난 손재주를 가진 사람조차도 오랫동안 연습을 해야 했습니다. 이제는 간단한 200달러짜리 스캐너로 서명을 복사해 여러분의 계좌에서 제 계좌로 송금 요청을 할 수 있습니다. 저런.

여러분은 항상 돈을 보내는데 있어 수표가 가장 안전한 방법이라 생각해왔겠지만, 더 이상은 그렇지 않습니다. 수표 자체는 변하지 않았지만, 수표를 사용하는 세상이 변했기 때문입니다. 여러분은 그런 세상에 살고 있고, 아마 그런 변화가 일어나는 것을 봤겠지만, 그런 것을 일반 수표에 응용하는 것은 생각해 보지 못했을 겁니다. 이제 어떤 정보가 민감하고 어떤 정보가 민감하지 않은지를 일반 사용자가 알기란 얼마나 어려운지 이해할 수 있겠죠. 민감한 데이터가 유출되거나 도난 당하는 다양한 방법을 그들이 이해하기란 훨씬 어려울 것입니다. 이해할 필요도 없지만요. 그들은 어떤 기상 조건이 비행에 안전한지 알지 못합니다. 그래서 조종사가 그들 대신 결정을 내리는 거죠. 또한 그들은 어떤 약이 어떤 병에 안전한지, 어떻게 상호작용하고 다른 조건에서 부작용은 없는지 등을 알지 못합니다. 그래서 의사가 있는 거죠. 그런데 사람들은 도대체 왜 어떤 정보가 다른 사람에게 넘겨져도 안전한지 알 수 있다고 생각하는 걸까요? 알지도 못하고, 알 수도 없고, 알 필요도 없습니다. 소프트웨어가 그걸 해야 하는 것입니다. 그래서 우리가 돈을 주고 소프트웨어를 구입한 거구요.

그들이 처음 아는 것

인터넷에 연결된 모든 컴퓨터는 IP(Internet Protocol) 주소로 식별됩니다. IP 주소는 컴퓨터의 인터넷 전화번호(음성 통화에 사용되는 실제 전화번호와는 아무 상관 없습니다) 정도로 생각할 수 있습니다. 웹 서버는 고정된 IP 주소를 가지는데, 이는 하루가 지나도, 심지어는 서버가 죽었다가 다시 살아나도 주소가 바뀌지 않는다는 것을 뜻합니다. 예를 들어 Microsoft.com은 항상 IP 주소가 207.46.130.108이고, Amazon.com은 항상 207.171.166.102입니다. 브라우저의 주소 표시줄에 이 숫자를 입력하면 해당 사이트로 접속되는 것을 볼 수 있습니다. 'Microsoft.com'과 같이 사람이 읽기 쉬운 주소를 입력하면, 브라우저는 숫자로 된 주소를 찾기 위해 실제로는 다른 서버('네임 서버')를 찾아보고, 찾아낸 숫자 주소로 요청을 보냅니다. (일부 초창기 브라우저는 이런 검색이 일어나는 과정을 상태표시줄에 보여주기도 했습니다.) 이는 음성 전화에 "데이빗 플랫, 입스위치, 메사추세츠"라고 말하면 내부적으로 전화번호를 찾아 여러분 대신 전화를 걸어주는 것과 비슷합니다.

여러분이 인터넷에 연결되어 있으면, 여러분의 컴퓨터도 인터넷 공급자가 할당해준 IP 주소를 가지고 있습니다. 이를 동적 IP 주(dy-namic IP address)라 하는데, 접속할 때마다 IP 주소가 항상 동일한 것은 아니기 때문입니다. 다이얼업 모뎀을 사용하는 경우 공급자는 전화로 접속할 때 IP 주소를 할당하고 전화를 끊으면 해당 주소를 재사용합니다. 아마 얼마 지나지 않아 다른 다이얼업 사용자에게 할당될 것입니다. 케이블 또는 DSL 모뎀 또한 인터넷 공급자에 접속할 때 IP 주소를 할당받고 접속을 끊을 때 해제됩니다. 그러나 오랫동안 접속을 끊지 않는 경우도 가끔 있는데, 이런 경우에는 컴퓨터를 껐다 켜도 동일한 IP 주소를 할당 받는 경우가 많습니다. 만약 케이블 모뎀에 백업 전원 장치가 있다면 몇 달 또는 몇 년 동안이라도 동일한 IP 주소를 가질 수 있습니다.

음성 전화가 발신자의 번호를 표시하는 것처럼, 여러분이 웹 페이지를 요청하면 사이트의 서버는 여러분 컴퓨터의 IP 주소를 보게 됩니다. 여러분이 요청한 데이터를 어디로 보내야 할지를 알기 위해서 필요한 것입니다. 이 책의 웹 사이트로 가서 5장 페이지를 선택한 다음 IP 주소 데모 링크를 방문하면 여러분 컴퓨터의 IP 주소를 확인할 수 있습니다. 그 페이지에서는 여러분의 현재 IP 주소뿐만 아니라 제가 알아낼 수 있는 몇 가지 부가정보도 표시됩니다.

사이트에서 일단 IP 주소를 알게 되면, 공개 데이터베이스를 통해 그 주소가 어떤 인터넷 공급자의 것인지도 알아낼 수 있습니다. 여러 전화 사업자에게 전화번호가 서로 다르게 할당된 것처럼 IP 주소 또한 감독 기관에 의해 여러 인터넷 공급자에게 할당되어 있습니다. 인터넷 공급자의 지리적 위치 또한 공개되어 있는 것이 보통입니다. 따라서 여러분이 방문하는 웹 사이트는 여러분이 보낸 요청이 어느 나라에서 온 것인지를 아주 쉽게 알아낼 수 있습니다. 이제 여러분이 직접 국가를 선택하도록 하는 웹 사이트(UPS.com, Guinness.com과 같은)를 방문했을 때, 그들이 너무 게으르거나 또는 너무 멍청해서 IP 주소를 이용해 요청이 날아온 국가를 알아내지 않고(또는 못하고) 그걸 여러분이 직접 입력하게 만들었다는 것을 알 수 있겠죠. 2장을 읽었다면 아마 제가 이 기법을 사용하지 않았다고 UPS.com을 비난했던 것을 기억할 것입니다. 그들에게 그렇게 하라고 메일을 보내십시오. 그리고 여러분의 편의를 고려하는 회사로 거래처를 바꾸시기 바랍니다. UPS의 경우는 쉽겠지만 기네스[4]의 경우는 쉽지 않겠네요.

인터넷 공급자는 보통 특정 시간에 어떤 IP 주소가 어떤 사용자에게 할당되었는지를 로그 파일에 기록해 관리합니다. 따라서 여러분에게 할당된 인터넷 계정을 사용하면 서버에서는 여러분이 정확히 누구인지를 별다른 어려움 없이 찾아낼 수 있습니다. 대부분의 인터넷 공급자는 IP 주소와 여러분의 신원을 매칭시키지 않는다고 말하지만, 그들의 정책에는 보통 법원의 공개 명령에 대응하거나 자신들이 정책을 위반했을 경우에 대비해 빠져나갈 구멍을 만들어 둡니다. 보통의 경우에는 그러지 않겠지만, 스팸을 추적하거나 또는 인터넷 공급자의 IP 주소가 공격받는 일이 발생하면, 그들은 여러분의 컴퓨터를 추적할 것입니다.

그런 것이 싫다면, 사이트가 여러분을 추적할 수 없게 할 수도 있습니다. 공중전화를 사용하듯, 도서관이나 킹코스(Kinko's) 매장(요금은 현

---

4 (역자 주) 흑맥주 브랜드

194

금으로 지불하고, 보안 카메라를 잘 피하거나 변장을 해야 함을 명심하십시오) 같은 곳에서 공용 PC를 사용해 인터넷에 접속할 수 있습니다. 또는 이 장의 뒷부분에서 설명할 익명화 서비스(여러분이 다른 IP 주소에서 온 것처럼 보이게 만드는)를 사용하는 것도 방법입니다. 이런 것에 신경 쓰는 사람은 거의 없습니다. 대부분은 인터넷 공급자의 정책에 반대하기보다는(흔하지는 않지만 정책에 대해서 생각해 보는 경우에) 찬성합니다.

쿠키로 개인정보 짜내기?

웹에서 개인정보 보호 위반은 많은 경우 쿠키를 남용해서 초래된 것입니다. 쿠키에 대해서는 언론에서 많은 논란이 있었지만, 많은 사람들이 쿠키가 정확히 뭔지, 어떻게 동작하는지에 대해 혼동하고 있습니다. 어떤 글에서는 "쿠키는 좋다!"고 주장합니다. 또 어떤 글에서는 "쿠키는 나쁘다!"고 주장합니다. "사람을 추적하는 것은 쿠키가 아니라 사람이다.", "맞는 말이지만 쿠키를 사용해 사람을 추적하는 거란 말이야, 이 멍청아!" 모두들 진정하시기 바랍니다. 쿠키가 본질적으로 나쁜 것은 아닙니다. 사실 대부분의 사용자가 요구하는 웹 경험을 얻기 위해서는 쿠키가 필요합니다. 그러나 쿠키는 여러분이 원하지 않는 일에 사용될 수 있기도 합니다. 함께 살펴볼까요?

제가 2장에서 설명했듯이, 웹이 처음 시작됐을 때는 모든 페이지가 정적이었습니다. 즉 모든 사용자에 대해 모든 내용이 항상 같았고, 사용자가 제공하는 정보를 이용해 바뀌는 것은 없었습니다. 웹 페이지 작성자는 책상에 앉아 동네 극장에서 상영하는 영화 목록을 작성하고 여러분이 브라우저로 그 페이지를 볼 때는 작성자가 작성한 내용이 그대로 보입니다. 모든 웹 페이지가 계속 이런 식으로 남아 있었다면 쿠키 같은 것은 필요하지 않았겠죠.

문제는 특정 사용자의 취향에 따라 웹 페이지의 내용을 바꾸고 싶을 때 발생합니다. 예를 들어, 브라우저의 주소 입력 창에 뉴스 제공자의 홈페이지를 요청하기 위해 www.cnn.com을 입력했다고 생각해 봅시다. CNN은 미국 판(U.S. Edition)과 국제 판(International Edition) 두 가지 홈페이지를 가지고 있고, 그 내용은 서로 다릅니다. (직접 가서 보시기 바랍니다.) CNN 서버는 IP 주소로부터 여러분의 국가를 알아내 해당 국가 판을 먼저 보여줍니다. 그러나 IP 주소로 찾은 위치가 틀렸거나 여러분이 외국을 여행 중에 향수병에 걸렸을 수도 있고 또는 다른 나라 판의 관점은 어떨지 궁금할 수도 있습니다. 따라서 CNN은 페이지의 맨 윗부분에 다른 판으로 가는 링크를 제공합니다(그림 5-2a, 5-2b의 오른쪽 상단 참조).

이제 여러분이 CNN.com의 홈페이지를 보고 있고, 어떤 기사를 보기 위해 링크를 클릭했다고 생각해 봅시다. 서버는 여러분이 홈페이지의 어떤 판을 보고 있었는지 어떻게 알고 (미국 판 또는 국제 판으로) 새로운 페이지를 보여줄까요? 웹 페이지 요청은 이런 정보를 자동으로 포함하지는 않습니다. 요청 프로토콜이 설계될 당시에는 아무도 이런 것에 신경을 쓰지 않았기 때문입니다. 프로토콜 설계상 브라우저와 서버 사이의 연결(connection)은 각 페이지를 요청한 후 끊어집니다. 이런 것을 프로그래머는 무상태(stateless)라 부릅니다. 수화기를 내려놓을 때까지 연

그림 5-2a 미국 판으로 가는 링크를 보여주는 CNN.com

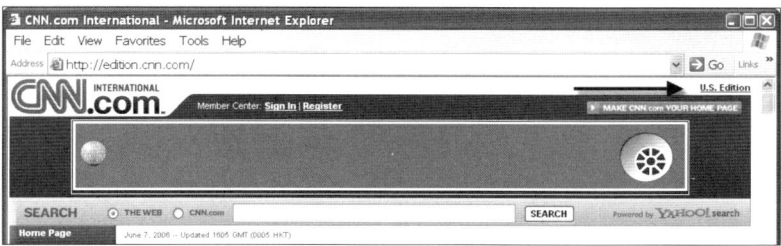

그림 5-2b 국제 판으로 가는 링크를 보여주는 CNN.com

결이 유지되는 전화와는 다릅니다. 서버는 새로운 요청이 어떤 사용자로부터 오는 것인지 알지 못합니다. (IP 주소를 추적하는 것도 충분하지 못합니다. IP 주소 사용자가 바뀔 수도 있고, 커넥션 공유 기법을 사용하면 여러 컴퓨터에서 오는 요청이 하나의 동일한 IP 주소로부터 오는 것처럼 보일 수도 있기 때문입니다.)

계속 연결되어 있는 것처럼 보이게 하기 위해서는 처음 웹 페이지 요청부터 어떻게든 여러분의 정보를 기억하고 다음 요청이 들어오면 서버에서 그 정보를 사용할 수 있게 해야 합니다. 웹 프로그래머는 쿠키(작은 텍스트 파일로 컴퓨터의 하드디스크나 또는 브라우저의 메모리에 위치합니다)를 이용해 이를 처리합니다. 여러분이 미국 판 또는 국제 판을 선택하면 CNN.com 서버는 이 정보를 여러분의 컴퓨터에 있는 CNN.com 쿠키에 기록합니다(이전에 존재하지 않았다면 새로 만듭니다). CNN.com에 다시

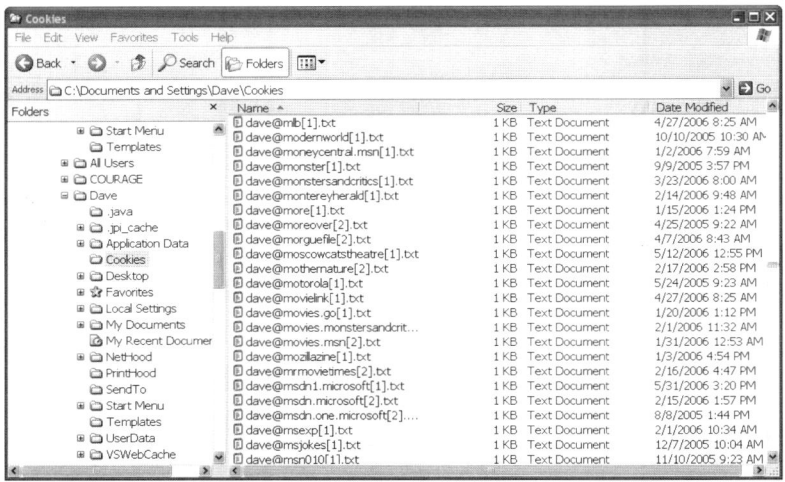

그림 5-3 쿠키 폴더

페이지를 요청하면 서버는 이 쿠키로부터 여러분이 어떤 판을 보고 있었는지에 대한 정보를 읽은 다음 그에 따라 페이지를 만듭니다. 웹 페이지 언어 설정 같은 많은 개인화 기능을 쿠키에 저장할 수 있습니다.

각 사이트는 여러분의 컴퓨터에 각각의 쿠키를 가지고 있습니다. 웹 사이트는 자신이 직접 기록한 쿠키만을 읽을 수 있습니다. 브라우저는 한 사이트가 다른 사이트의 쿠키를 읽는 것을 허용하지 않으며, 이렇게 강제하지 못했다면 그것은 브라우저 버그입니다. 따라서 아마존 (Amazon.com)은 여러분이 반즈앤노블(BarnesAndNoble.com)에서 뭘 했는지 볼 수 없고, 기네스(Guinness.com)는 여러분이 버드와이저(Budweiser. com)에 어떤 설정을 해놨는지 볼 수 없습니다. 쿠키는 크지 않아 보통 수백 글자에 지나지 않습니다. Cookies란 단어로 디스크를 검색해보면 그림 5-3과 같이 쿠키로 가득 찬 폴더를 볼 수 있을 것입니다. 쿠키

198

는 여러분의 컴퓨터에 위해를 가할 수 없습니다. 쿠키는 단순한 텍스트 파일이지 프로그램이 아닙니다. 즉 실행될 수 없습니다. 쿠키는 특정 서버가 남긴 정보가 여러분의 디스크에 있는 것일 뿐입니다.

쿠키는 종종 보안 수준이 낮은 사이트에서 로그인한 사용자의 아이디를 기억하는 데 사용되기도 하는데, 많은 사용자가 이를 편리하다고 생각합니다. 예를 들어, 뉴욕 타임즈(New York Times)와 같은 많은 신문사 사이트가 그들의 컨텐츠를 읽는 데 아이디와 패스워드 입력을 요구합니다. 그러나 여러분의 아이디를 기억하게 해서 매번 다시 입력하지 않아도 되게 할 수도 있습니다. 타임즈(Times)의 웹 서버는 쿠키에 여러분의 아이디를 저장해 이를 지원합니다. 쿠키에 패스워드를 저장하지는 않지만, 여러분의 패스워드를 확인해 통과했음을 나타내는 특별한 값을 저장합니다. 여러분에 대한 많은 정보를 기억하는 사이트(예를 들어, 아마존에서의 구매 내역 같은)는 그런 정보를 쿠키에 저장하지 않습니다. 그런 정보는 보통 사이트의 내부 데이터베이스에 저장되며, 쿠키에는 아이디만 저장해 두었다가 이를 이용해 데이터베이스에서 여러분에 대한 정보를 찾습니다.

쿠키는 사용자뿐만 아니라 사이트 설계자나 관리자에게도 도움이 됩니다. 예를 들어, 사이트 설계자는 쿠키를 이용해 사용자들의 사이트 내 이동 경로를 추적할 수 있습니다. 다음과 같은 식으로 말입니다. "사용자가 실제로 어떤 사람인지는 알 수 없지만, 이 페이지에서 시작해 저 페이지로 갔고 그 다음 우리 사이트를 떠나 다른 곳으로 가버렸군. 다른 50명의 사람들이 동일한 경로를 거쳐 우리 사이트를 떠났고 단지 10명만이 그 두 번째 페이지에서 우리 사이트의 다른 페이지로 이동했으니 사용자가 우리 사이트에 좀더 오래 있도록 하기 위해서는 두 번째 페이지에 유용한 링크를 추가하는 것이 좋겠군.”

또한 쿠키는 광고에도 유용합니다. 쿠키에 여러분이 어떤 광고를 봤고 어떤 광고를 클릭했는지 기억시켜두고, 이를 통해 여러분에게 더 적절한 광고를 보여줄 수 있습니다. 예를 들어, 여러분이 최근 보트에 대한 광고를 클릭했다면, 사이트에서는 여러분에게 보트와 관계된 광고를 더 많이 보여주고 골프와 관련된 광고를 줄일 수 있습니다. 그리고 아마 사이트에서 보트를 좋아하는 사람들은 일반 고객보다 알코올 음료도 더 많이 구입한다는 사실을 발견했을 수도 있고(제 생각에는 보트에서 마시는 것 같습니다), 따라서 더 많은 알코올 음료 광고를 보여줄 수도 있습니다. 여러분이 보트 광고를 클릭했었다는 것을 알기 때문입니다. 사이트는 단지 광고를 보여주기만 한다고 돈을 받는 것이 아니라 사용자가 광고를 클릭했을 때 돈을 받는 것이 보통입니다. CNN과 같이 광고주들의 지원을 받는 사이트에서 광고 클릭 비율을 최대화하는 것은 사이트의 생사를 판가름하는 문제입니다. 최신 추천사항을 보여주는 아마존과 같이, 사용자의 구매 이력에 따라 홈페이지를 다르게 보여주는 상점 또한 쿠키 사용 기법을 활용하는 것입니다.

이제 사용자가 중요하게 생각하는 개인화 문제와 사이트를 계속 유지하는 데 중요한 상업적 목적에 쿠키를 어떻게 활용하는지 이해할 수 있겠죠? 여러분은 이와 같은 공생 관계가 양쪽 모두를 만족시킨다고 생각할 것입니다. 그렇다면 쿠키에 대한 망상은 도대체 어디서 나오는 걸까요? 정말 많습니다. 에, 어떤 사용자는 원칙적으로 웹 사이트에 아무런 정보도 주고 싶어하지 않습니다. 그들은 “너네 그 망할 사업과는 상관 없는 일이니 묻지 말고 닥쳐라!" 하고 말합니다. 어떤 사람들은 모든 광고를 싫어해서 광고가 효과적으로 동작하는데 도움이 되는 어떤 정보도 주고 싶어하지 않습니다. (이런 사용자들은 화면에서 배너 광고를 완전이 제거하고 빈 공간만을 보이게 해주는 AdSubtract나 GhostSurf와 같은 유틸리티를 구입하기도 합니다.) 어떤 사용자는 교활한 서버가 물어보지도 않고 자신의 컴퓨터에 뭔가를 기록했기 때문에, 자신의 사적 영역을 침범 당한 것이라 생각합니다. 미안합니다만, 웹 커넥션의 무상태 속성 때문에 더 어렵고 비용이 많이 드는 기술적 대안을 사용하는 것일 뿐입니다.

개인정보 보호 문제는 사이트가 사용자의 서핑 습관을 실제 사람과 연결시킬 때 발생합니다. 여러분은 대부분의 뉴스 사이트에서 제가 4장에서 설명했던 것과 같이 골려 주기 위해 가짜 신분을 사용할 수 있습니다. 그러나 아마존이나 항공사 사이트와 같이 실제로 뭔가를 구매하는 사이트에서는 지불 거래를 검증하기 위해 실제 신원을 확인할 필요가 있습니다. 적지 않은 사람들이 이 정보가 사용되어선 안 되는 곳에서 사용되지 않을까 걱정합니다. 대부분의 사람들은 5초 정도 걱정을 하고, 한번 시도해 본 후, 나쁜 일이 일어나지 않는지 살펴보고는, 생활의 일부로 받아들입니다. 그러나 이것이 나중에 문제가 될 수도 있습니다. 예를 들어, 당신이 차기 총리에 지명되었는데, 기자가 아마존에서 당신의 검색 기록을 파헤쳐 "2005년 고문에 대한 책을 17번이나 검색했지만 구입하지는 않았다, 뭘 찾고 있던 것일까?" 하고 공개하면 어떻게 될까요? 아마존의 개인정보 보호 정책(이 장의 다음 절 참조)를 보면 그들은 이 정보를 외부로 유출하지 않을 것이라고 하지만, 특종 냄새를 맡은 야심만만한 기자와 당신의 정책을 좋아하지 않고 자신만이 옳다고 믿는 고집불통 데이터베이스 관리자 앞에서도 그 정책이 지켜질지는 의문입니다. 만약 이게 당신에게 심각한 문제라면, 이 장의 뒷부분에서 설명한 익명화 제품을 사용하거나, 오프라인 서점에 직접 가서 책을 보고 현찰로만 계산을 하거나, 또는 알리바이를 잘 생각해 두는 것이 좋겠습니다. "저는 제가 하지 말아야 할 일에 대해 부지런히 찾고 있었습니다."

이 문제는 사이트가 그들의 데이터를 모아서 공유하기 시작하면 심각해집니다. 이는 바로 더블클릭(DoubleClick.com)이 1999년과 2000년에 했던 것으로, 그 당시의 상황을 기억할 것입니다. 소프트웨어 관련 문제로는 드물게 저녁 뉴스에서도 다루어졌었죠.

많은 웹 사이트는 광고를 자신들이 직접 관리하지 않습니다. 비용도 많이 들고 어렵기 때문입니다. 대신 더블클릭과 같은 에이전시가 광고를 팔고, 광고를 온라인에 올리고, 어떤 사용자에게 어떤 광고가 먹히는지를 추적하고, 월말에 클릭 데이터를 자신에게 보내도록 합니다. PizzaHut.com, Travelocity.com, Shoeline.com과 같은 다양한 사이트의 개인정보 보호 정책에는 더블클릭을 광고 파트너로 명시하고 있으며, 더블클릭은 이런 사이트가 11,000개 이상 있다고 주장합니다.

문제는 더블클릭이 자신이 광고를 제공하는 모든 웹 사이트로부터 온 데이터를 긁어 모아 공유하기 시작하면서 발생했습니다. 그들은 사용자의 컴퓨터에 쿠키를 하나 넣어두고 더블클릭 광고를 사용하는 모든 사이트에서 그 쿠키를 읽는 편법을 사용했습니다.[5] 이렇게 함으로써 그들은 마음만 먹으면, 얼마 전 Travelocity.com에서 하와이 여행 상품을 구입한 사람이 Shoeline.com을 방문했을 때 장화 광고 대신 샌들 광고를 보여줄 수 있게 됩니다. (더블클릭은 이제 그 정도 수준의 고객 정보는 기록하지 않으며, 수준을 낮춰 단지 스포츠, 애완동물, 여행과 같은 시장 분야 수준의 데이터까지만 기록한다고 주장합니다.)

많은 사용자들은 이런 것이 지나친 공유라고 생각했습니다. 어떤 사람은 이를 고소하기도 했지만 데이터 공유로 인해 피해를 입었다는 사실을 입증하지 못했다 하여 패소했습니다. 더블클릭이 엄청난 양의 우편 주문 고객 기록을 보유하고 있는 애버커스(Abacus)라는 메이저 마케팅 데이터 회사를 손에 넣었을 때 사람들의 걱정은 더욱 커졌습니다. 더블클릭은 그 데이터와 쿠키 데이터를 연결하면 자신들이 광고를 제공하는 사이트에 들어온 개개인의 웹 서핑 기록을 식별할 수 있다며 그들의 고객에게 협박, 아니 약속했습니다. 그들이 최종적으로 소송에서 이기기는 했지만, 이 논란은 더블클릭의 주가에 직격탄을 날렸고, 그들은 입장을 철회했습니다. 어쨌든 지금은 그렇다는 거죠.[6]

삶에 있어 대부분의 것이 그렇듯 쿠키 또한 양면성이 있습니다. 저는 Amazon.com에서 엄청난 양의 돈을 씁니다. 제가 많은 돈을 쓰는 상점에서 점원이 제가 누구인지 또는 제 취향이 어떤지를 기억하지 못한다면 화가 날 겁니다. 그러나, 저같이 기술을 좋아하는 사람조차도 개인의 웹 서핑 기록을 아무나 20달러에 구할 수 있다는 것에는 문제가 있다고 생각합니다. 저는 종종 제 대학 동기 녀석(제가 부동산 거래 기록을

---

5 웹 사이트는 아주 작은 이미지(보통 1픽셀 크기의)를 사이트의 모든 페이지에 넣어둡니다. 웹 비콘(web beacon)으로 알려진 이 이미지는 DoubleClick.com에서 읽도록 되어 있었습니다. 브라우저가 사용자에게 보이기 위해 페이지를 만들어낼 때 DoubleClick.com으로 그 이미지를 요청하게 됩니다. 이렇게 해서 더블클릭의 서버는 사용자가 요청한 페이지에 상관없이 자신의 쿠키를 읽을 수 있게 됩니다. 이런 트릭을 제3사 쿠키(third-party cookie)라 합니다.

6 (역자 주) 더블클릭은 2005년에 2개의 사모펀드 회사에 매각되었습니다.

몰래 훔쳐봤던 바로 그 친구)이 최근에 뭘 봤을지 궁금하기도 하고, 동창회에서 녀석을 골려 줄 건수를 찾기 위해 기꺼이 20달러를 지불할 용의가 있습니다.

대부분의 브라우저에는 쿠키를 제어할 수 있는 기능이 있습니다. 최근까지는 이 기능이 너무 어설퍼 그다지 유용하지 않았습니다. 쿠키를 사용하지 못하게 해버릴 수도 있지만, 그렇게 하면 웹 사이트에서 많은 편리한 기능이 동작하지 않을 겁니다. 뉴욕 타임즈나 올랜도 센티널, 워싱턴 포스트 같은 사이트를 읽기 위해서는 사용자 아이디와 패스워드를 매일 다시 입력해야 하는데, 곧 체크박스 하나만 해제하면 이런 귀찮음에서 벗어날 수 있다는 유혹에 빠져듭니다. 핫메일, 야후 같은 인기있는 공짜 이메일 서비스도 쿠키 없이는 제대로 동작하지 않을 겁니다. 각각의 쿠키를 허용할지 말지 사용자에게 물어보도록 브라우저를 설정할 수도 있지만, 그렇게 하면 페이지를 볼 때마다 매번 서너 번은 잠시 멈춰 생각한 다음 확인 또는 취소를 클릭해야 할 겁니다. 5초 정도 지나면 짜증나기 시작합니다. 저는 이런 기능이 유용할 거라 생각한 게 어떤 인간들인지 모르겠습니다.

지금은 쿠키에 대한 제어가 조금 나아졌습니다. 인터넷 익스플로러 6에서는 그림 5-4에서 볼 수 있는 것처럼 한 번 설정해놓으면 다시 생각하지 않아도 됩니다. 어떤 종류의 쿠키는 받아들이고 어떤 종류의 쿠키는 차단한다는데, 저는 "사용자의 암시적인 동의 없이 개인적으로 확인 가능한 정보를 사용하는 제3사 쿠키를 차단합니다." 가 정확히 뭘 뜻하는지 이해할 수 없습니다. 브라우저는 그 이상 설명을 하지 않으며, 뭘 의미하는지 알아내고 싶은 생각도 없습니다. 슬라이드 컨트롤을 위 또는

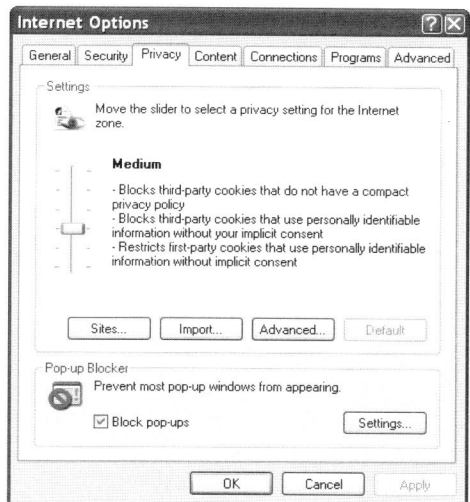

그림 5-4 인터넷 익스플로러 6의 기본 개인정보 설정.
쿠키 설정이 어떻게 된다는 건지 이해할 수 있습니까? 저는 도저히…

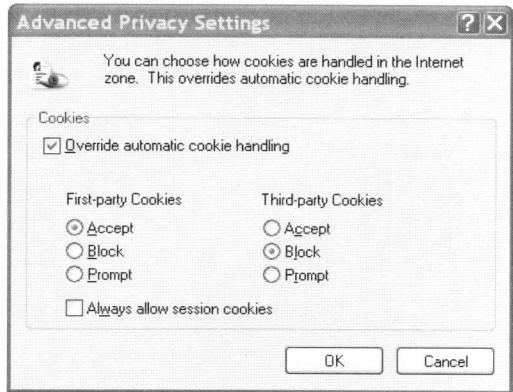

그림 5-5 인터넷 익스플로러 6에서 저의 쿠키 제어 설정

아래로 움직여 조건을 엄격하게 또는 느슨하게 할 수 있습니다. 모든 쿠키를 차단하게 한 다음 예외사항을 추가할 수도 있습니다. 예를 들면

Google.com과 Amazon.com을 제외한 모든 쿠키를 차단하는 식으로 말이죠. 저는 혼합 방식을 채택했습니다. 고급 버튼을 누르면(일반 사용자라면 아무도 그러지 않겠지만), 그림 5-5와 같은 대화상자가 나타납니다. 저는 제1사(제가 실제로 보고 있는 사이트) 쿠키는 허용하고 제3사 쿠키(더블클릭이 사용했던 편법)는 차단하도록 했습니다. 지금까지는 이 설정에 만족합니다.

무의미한 개인정보 보호 정책

개인정보를 수집하는 웹 사이트는 모두 개인정보 보호 정책을 가지고 있습니다. 그러나 그런 것들은 대부분 법률적인 헛소리로 가득 차 있어 뭔가 유용한 정보를 찾아내는 것이 불가능합니다. 이런 쓰레기가 넘쳐나는 것은 누군가 어디서 필요로 하고 있어서겠지만, 그게 누군지 제가 알 턱이 없죠?

이 장을 준비하면서, 저는 워너브라더스(Warner Bros.)가 소유한 HarryPotter.com에 갔었습니다. 거기의 개인정보 보호 정책은 이 책의 개요보다 400단어나 많은 2,100단어 이상의 장문으로 되어 있었습니다. 그리고 장담하건대, 재미도 훨씬 없습니다. "여러분의 개인정보는 저희에게도 중요합니다." 라는 식의 문장을 빼고는 재미있는 농담도 없었습니다. 마이크로소프트 워드의 문법검사기를 돌려보니 문장 수준이 12학년[7]으로 나왔습니다. 대략 월스트리트 저널(Wall Street Journal)

7 (역자 주) 한국의 고등학교 3학년 수준
8 (역자 주) 한국의 중학교 2학년 수준

과 비슷한 수준입니다.(대부분의 신문은 8학년[8] 수준이고, 이 장은 대략 9학년 수준입니다.) 해리포터 시리즈의 목표 독자층이 5학년임을 고려할 때, 12학년 수준의 문장은 대상 독자가 이해하기에는 너무 높은 수준입니다.

이는 기업의 진부함에서 시작됩니다. 난해한 법률 용어로 범벅인 개인정보 보호 정책을 읽어보면 결국 "우리는 우리가 원하는 것을 하겠다. 그게 마음에 안 들면 곤란하다."는 뜻입니다. 이에 대해 미국에서 법적으로 제재할 수 있는 수단은 거의 없으며, 다른 나라에서도 마찬가지입니다.[9] 자유시장의 원리만이 이를 할 수 있습니다. 여러분은 워너 브라더스가 당신의 정보를 가지고 뭔가 끔직한 일을 하지는 않을 것이라고 어느 정도 믿습니다. 그리고 그들도 아마 끔직한 일을 하지는 않을 겁니다. 그들은 대중을 상대하는 기업이고, 좋은 느낌의 이미지를 주의 깊게 쌓아왔습니다. 그런 이미지를 잃는 것에 대한 공포가 아마 여러분의 개인정보를 어떤 법률보다도 효과적으로 지켜줄 것입니다.

게다가, 우리가 그들에게 개인정보를 줄 때 개인정보 보호 문구가 어떻게 쓰여 있건 별로 중요하지 않습니다. 마지막에는 그들이 언제든 정책을 바꿀 수 있다는, 모든 책임을 회피할 수 있는 문구가 적혀 있기 때문입니다. "우리는 종종 개인정보 보호 정책을 갱신합니다. 개인정보를 다루는 방법을 변경할 경우 우리 사이트에 공지할 것입니다. 우리가 어떤 정보를 수집하는지, 어떻게 정보를 활용하는지, 그리고 누구에게 정보를 공개하는지에 대해 항상 알고 있을 수 있도록 주기적으로 이 정책을 검토하기 바랍니다." 이것을 번역하면 결국 다음과 같은 뜻이 됩니

---

9 의료 산업에서는 예외입니다. HIPAA 같은 법은 매우 엄격하고 이해하기 어렵습니다. 이 분야는 특성상 전문분야이므로 여기서 논하지 않겠습니다.

다. "이거 변경할지도 모른다. 마음에 들지 않는다고? 그럼 곤란한데."
길게 썼지만 결국은 이 뜻입니다. 그 졸린 정책을 한 번 읽는 것도 지겨
운데, 그걸 또 읽고 싶습니까? 게다가 자주 가는 사이트가 수백 개는 안
되더라도 수십 개는 될 텐데요. 그걸 모두 확인하는 방법은 없습니다.
따라서 뭔가 바뀌더라도 절대 모르겠죠. 이런 경우를 위해서 기업이 경
계를 벗어나 개인정보 보호 정책에 반하는 행동을 하려 할 때 경고음을
울려줄 개인정보 보호 감시 기관이 필요한 것입니다. 그렇지만 제 생각
에는 그들이 너무 자주 짖어 대지 않는 편이 더 효과적일 것 같습니다.
제가 이 장의 뒷부분에서 구글의 G메일 서비스에 대해 뭐라 말하는지
보시기 바랍니다.

개인정보 보호 정책 문구를 변경하는 문제에 대해서는 마이크로소
프트가 워너브라더스보다 훨씬 낫습니다. 그들의 패스포트 인증 서비
스(4장 참조)에 대한 개인정보 보호 정책은 ".NET 패스포트는 데이터 수
집 당시 개인정보 보호 정책에 없는 방식으로 여러분의 개인정보를 공
유하거나 또는 사용 범위를 실질적으로 확대하기 위해 이 개인정보 보
호 정책을 갱신할 경우 여러분의 명시적 동의를 구할 것입니다."라고
되어 있습니다. 이는 우리가 바랄 수 있는 최상이라 할 수 있겠습니다.
그러나 패스포트는 시장에서 실패했기 때문에 많이 사용되고 있지는
않습니다.

역설적이지만, 쿠키 세계에서 가장 악당인 더블클릭은 가장 훌륭하
고 가장 상세한 웹 개인정보 보호 정책을 가지고 있습니다. 더블클릭의
개인정보 보호 정책에는 최소 30개의 별도로 구성된 서브 페이지가 포
함되어 있습니다. 거기에는 그들이 제3사 쿠키를 어떻게 사용하는지,

쿠키가 어떻게 동작하는지, 어떤 종류의 사이트를 방문했을 때 기록을 남기는지, 여러분에 대한 데이터 수집을 중단시키기 위해 어떻게 해야 하는지가 정확하게 설명되어 있습니다. 거기에는 또한 애버커스로부터 얻은 이름/주소 데이터베이스를 웹 서핑 히스토리와 연결해 하고자 했던 것이 무엇인지 정확히 설명되어 있고, 그 작업을 하지 않을 것이라고 약속하고 있습니다. 미국 연방 거래 위원회(Federal Trade Commission)가 보내온 편지 발췌 내용도 포함되어 있는데, 그 편지에는 그들이 그렇게 하지 않겠다는 보장을 믿는다는 내용이 포함되어 있습니다. 여러분은 이것이 충분하다고 생각할 수도 있고 충분하지 않다고 생각할 수도 있습니다. 또한 그들이 말한 내용대로 이행할 것이라고 믿을 수도, 믿지 않을 수도 있습니다. 그러나 그들은 제가 본 다른 어떤 사이트보다도 자신들의 정책을 정확하고 상세하게 설명하고 있습니다.

제 프로그래머 뉴스레터에서 사용하는 개인정보 보호 정책은 다음과 같습니다. "썬더클랩(Thunderclap)은 광고를 허용하지도, 광고를 사거나 팔지도 않고, 구독자 목록을 유출하지도 않습니다. 우리는 구독자의 개인정보 보호를 위해 최선을 다할 것입니다. 그러나 법원의 명령이 있을 경우에는 왕창 불어버릴 수도 있습니다. 이게 마음에 들지 않는다면 구독하지 마시고, 온라인으로 뉴스레터를 읽기 바랍니다." 저는 모든 사이트에서 떠드는 내용을 요약해 말했습니다. 그들도 좀더 짧게 말할 수 있었을 텐데 말이죠.

당신의 자취 감추기

어떨 때는 온라인에서 정말 익명성이 필요할 때가 있습니다. 고전적인 예가 정부의 불법적 행위를 폭로할 때입니다. 지금까지 설명한 내용으로 볼 때, 익명성이 가능하기나 한 것일까요? 그건 누구로부터 숨으려고 하는지, 그리고 얼마나 노력할 수 있는지에 따라 다릅니다.

익명 메일 전송 서버(anonymous remailer)를 통해 익명 메일을 보내는 것은 간단합니다. 이런 서버는 보통 이상주의자들이 자발적으로 운영하며, 누구에게나 메일을 받아 발신자의 신원을 노출시키지 않고 수신자에게 전달합니다. 수신자는 메일이 익명 메일 발송 서버로부터 왔다는 것은 알 수 있지만, 그 이상은 아무것도 알 수 없습니다. 익명 메일 전송 서버 운영자는 어떤 메시지가 어디로부터 왔는지에 대해 아무런 기록도 남기지 않습니다(또는 최소한 그런 기록을 남기지 않는다고 주장합니다). 이렇게 하면 분명 답장하는 데는 문제가 되겠지만, "여기 비밀 정보가 있다. 공개하기 바란다."와 같은 종류의 메시지는 보통 답장을 필요로 하지 않습니다. 익명 메일 발송 서버의 위치는 자주 바뀌기 때문에, 여러분에게 좋은 것을 알려주기가 쉽지 않습니다. 그리고 어떤 것이 신뢰할 만한지는 어떻게 알 수 있겠습니까? 공공 도서관이나 킹코스 매장을 활용하십시오. 또는 데이터를 CD로 구운 다음 우편으로 보내기 바랍니다.

웹 사이트가 여러분의 IP 주소를 아는 것을 원하지 않는다면, 여러분을 알아보기 어렵게 만드는 것도 어렵지 않습니다. 어나니마이저(Anonymizer)사의 Anonymizer나 테네브릴(Tenebril)사의 GhostSurf와 같이 일정 요금을 받고 여러분의 자취를 숨겨주는 제품이 있습니다. 예를 들어 여러분이 CNN.com을 브라우저에 입력하면, 그 요청은 CNN.com으로 보내지는 대신 익명화 서버로 보내지고, 이 서버가 CNN.com의 페이지를 요청해 여러분에게 결과를 전달합니다. CNN 서버는 이 요청이 여러분의 IP에서 온 것이 아니라 익명화 서버의 IP로부터 온 것으로 보게 됩니다. 몇몇 웹 사이트는 알려진 익명화 서버로부터 오는 요청을 거부할 것입니다. 자신의 자취를 숨기기 위해 시간과 노력을 들이는 사람이라면 광고도 클릭하지 않을 것이라 생각하기 때문입니다. 이제 자신의 자취를 숨기려고 하는 자와 그들이 누구인지를 확인하려는 자의 게임이 됩니다. 이런 것이 얼마나 안전할까요? 익명화 서비스가 데이터를 잘 지킬지에 대해 여러분이 얼마나 신뢰하느냐에 따라 다르겠죠. NSA(미국 국가안보국)에 대해서라면? 아마 안전하지 않을 겁니다. 직장에서 여러분의 사장에 대해서라면? 아마 안전할 겁니다. (여러분이 NSA에서 일하는 게 아니라면요.)

　대부분의 사용자는 이렇게까지 하면서 문제를 감수하고 싶어하지는 않습니다. 익명화 서버를 통하면 직접 연결할 때보다 속도가 느려집니다. 한 단계를 더 거쳐야 하기 때문입니다. 가끔 다른 애플리케이션을 오동작하게 만들 수도 있습니다. 대부분의 사용자는 웹 사이트가 자신들의 위치(말하자면, 보스턴 근처)를 파악할 수 있을지에 대해 상관하지 않습니다. 많은 경우, 예를 들어 치과를 검색할 때 사용자 동네에 있는 치과가 나오는 것을 오히려 더 좋아합니다. 그러나 이렇게 사용자의 정보를 캐는 것에 아무도 신경을 쓰지 않는다면 인터넷은 재미없고 지루한 것이 되고 말겠죠. 수많은 노이즈 속에서 뭔가 쓸모 있는 것을 건져내기는 매우 어려운 일이며, 대부분의 사용자는 자신의 위치에 만족합니다.

구글 수수께끼

구글의 G메일 서비스(gmail.google.com 참조)에서 개인정보 보호와 서비스 사이의 트레이드오프를 볼 수 있습니다. 이 딜레마를 인지하는 사람이 얼마 되지 않는다는 것은 매우 흥미롭습니다. 이에 대해 이야기를 해보면 모두들 "우와! 훌륭하네요! 저도 하고 싶은데, 어디서 할 수 있죠?" 또는 "웩! 끔찍해요! 이런 걸 생각해 낸 사람들은 모두 쏴버려야 해요"와 같이 극단적인 반응을 보입니다.

2004년 4월1일, 웹 검색 회사인 구글은 G메일이라 불리는 새로운 웹 기반 이메일 서비스(핫메일 또는 야후 메일과 비슷한)를 발표했습니다. 구글은 2MB를 제공하는 핫메일이나 4MB를 제공하는 야후와 달리 훨씬 큰 1 GB(약 1000MB, CD 한 장 반 분량)의 저장 공간을 제공했습니다. 일부 사용자는 발표 일자 때문에[10] 이를 믿지 않았지만, 결국 사실임이 밝혀졌습니다. 이런 웹 기반 메일 서비스는 모두 광고의 지원으로 운영됩니다. 차이점이 있다면, G메일은 여러분이 읽는 메일 메시지의 내용에 기반해 광고를 선택한다는 점입니다. G메일 서버는 메시지를 화면에 표시하기 위해 페이지를 구성할 때, 메시지를 스캔한 다음 거기서 찾은 키워드에 기반해 광고를 선택합니다. 이는 검색을 요청할 때 입력한 단

---

10 (역자 주) 4월1일이 만우절이기 때문입니다.

어에 기반해 광고를 보여주는 구글의 웹 검색 사이트와 개념적으로 비슷합니다. 검색 사이트에서와 마찬가지로, 광고는 텍스트 기반이고 옆에 조용히 위치합니다. 그림 5-6에서 예를 볼 수 있습니다. 메시지는 휴대폰에 대한 내용이며 광고 또한 마찬가지입니다. 그림 5-7은 야후에서 동일한 메시지를 본 것인데, 여기서는 인구통계학적 프로파일(나이, 성별 등)에 기반해 광고를 선택합니다. 일반적인 레스토랑 광고가 윗부분을 가로지르고, 신용카드 광고와 점성술 광고가 왼쪽 측면에 위치한 것을 볼 수 있습니다. 광고에는 이미지가 사용되었고 흔히 번쩍거리거나 흔들거려 상당히 눈에 거슬립니다.

일부 사람들은 광고를 위해 메시지를 스캔한다는 G메일의 아이디어를 싫어하기도 합니다.

구글이 G메일을 발표한지 1주일 만에 31개의 개인정보 보호 기관이 "비밀 이메일을 스캔하는 것은 이메일 서비스 제공자에 대한 암묵적 신뢰를 저버리는 행위다"라고 말하며 그렇게 하지 말 것을 촉구하는 서한에 서명했습니다. 캘리포니아의 한 입법부 의원(이런 짜증나는 청교도적 도덕군자에 대해서는, 그 이름을 언급해 유명해지게 하지 않을 겁니다)은 좀 많이 나가서 이를 금지하는 법안을 제출했지만, 통과되지 못했습니다. '데이터 참사'와 같이 균형이 잡혀 있고 덜 선정적인 제목을 가진 기사에서는 이를 '새로운 정보 감시 체제의 시작'이라고 표현했습니다.[11] 고향인 펜실베니아 석탄 마을에서도 수돗물 불소화 때문에 있었던 논란보다도 더 컸습니다.

---

11 Annalee Newitz, Metroactive.com. 2004년 5월5일~11일

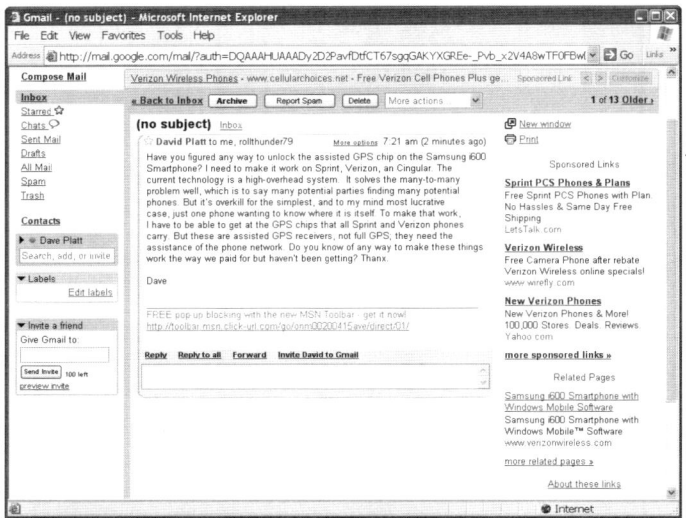

그림 5-6 컨텍스트 광고를 표시하는 G메일 화면

그림 5-7 동일한 메시지에 대한 야후 메일 화면

214

그러나, 제가 이야기해 본 개인정보 보호 원칙주의자가 아닌 대부분의 사용자들은 구글이 자신들에게 보여줄 광고를 선택하기 위해 그들의 메일을 읽는 것에 별로 신경을 쓰지 않습니다. 오히려 광고가 확실한 목표를 정하고 있으므로[12] 자신들에게 보다 유용할 가능성이 높아진 것에 만족해 합니다. 제가 누군가와 치질의 괴로움에 대해 메일을 주고받았는데 새로운 치료법에 대한 광고가 뜬다면, 저는 아마 고맙게 생각할 것 같습니다. 핫메일에서는 절대 이런 일이 없겠죠. 이런 사용자들은 스팸 필터가 이미 그들의 메시지를 스캔하고 있으며, 대부분의 경우 회사 이메일 계정은 그들의 고용주에게 감시 당하고 있다고 생각하기 때문에 이메일 계정에 대한 개인정보 보호에, 특히 웹 기반의 무료 메일에 대해 대단한 기대를 하지 않습니다. 특정 메일의 보안에 신경 쓰기라도 한다면, PGP(Pretty Good Privacy)나 다른 도구를 이용해 암호화해야 하지만, 그렇게 하는 일은 거의 없습니다. 또한 그들은 구글의 텍스트 기반 광고가 다른 서비스에서 나오는 짜증나는 그래픽 광고보다 눈에 덜 거슬린다고 생각합니다. 저 자신도 이런 그룹에 속하며, 이런 서비스 사용을 금지하게 만들고 싶어하는 원칙주의자들에게 이런 말을 하고 싶습니다. "어이, 우리는 다 큰 어른입니다. 우리 자신들로부터 우

---

12 사실 구글의 컨텍스트 광고는, 최소한 괴짜들에게는, 끝없는 즐거움의 원천입니다. 그런 사람들 중의 몇 명을 아는데, G메일로 메일을 보내 『양들의 침묵』이란 책이나 영화를 언급하는 광고를 먼저 나오게 하는 사람이 이기는 맥주 내기를 한 경우도 있다고 합니다. 그들이 내기를 좀더 재미있게 하기 위해 제목, 주요 등장 인물의 이름, 영화에 출연했던 배우, 책의 저자 등을 메시지에서 언급하지 않기로 합의했습니다. ('쓸데 없는 짓'이라고 말하고 싶은가요? 아니면 제가 그들에게 그렇게 말해야 할까요?) 결과가 나오면 이 책의 웹 사이트에 게시하겠습니다. 저는 이 게임이 상업적 지원아래 온라인 토너먼트로 퍼질 것 같습니다. 구글의 지원 아래 세계 선수권 대회 같은 것이 생기지 않을까요? 저는 이 새로운 게임에 Googleplexing™이란 이름을 붙였고, 흥미를 가진 커뮤니티를 위해 세계 본부가 될 Googleplexing.com이란 웹 주소도 예약해 두었습니다.

리를 구해주고 싶다고요? 필요하면 부를 테니 제발 신경 좀 꺼주세요. 게다가 서비스에 완전하게 만족하지 못한 경우에 구글은 세 배나 환불해 주기로 했다고요."(공짜 서비스라는 것을 기억하시길.)

구글의 경쟁사들도 이미 대책을 강구하기 시작했습니다. 야후!도 무료 메일박스의 용량을 250MB로 늘렸습니다. 핫메일은 광고가 전혀 없는 2GB 메일 계정(구글의 무료 서비스가 제공하는 용량의 2배)을 연 20달러에 팔고 있습니다. 선택할 수 있는 것이 늘어난다는 것은 좋은 일입니다. 이제 고객은 여러 가지 중에서 선택할 수 있습니다. 고객은 맞춤형 텍스트 광고를 좋아할까요, 무작위적 그래픽 광고를 좋아할까요? 또는 광고를 안 보기 위해 비용을 지불할까요? 구글은 경쟁사의 반응에 대한 회답으로 메일박스 용량을 1GB에서 2.5GB로 늘렸습니다.[13] 언제나 그래야 하고 또 항상 그랬지만, 자유 시장의 원리가 G메일의 성공 또는 실패를 결정할 것입니다. 저는 구글이 성공할 것이라 믿습니다. 대부분의 사용자가 구글을 신뢰하기 때문입니다. 그러나 마이크로소프트가 위와 같은 계획으로 열세에서 빠져나올 수 있을지는 의문입니다.

해결방법

개인정보는 재미있는 녀석입니다. 이 장에서 살펴본 것과 같이, 개인정보는 여러 사람에게 다양한 의미를 갖습니다. 그리고 모든

---

13 (역자 주) G메일의 용량은 계속 늘어나 지금은 거의 6.5GB에 이르고 있습니다.

개인정보 보호 문제가 허술하게 작성된 또는 악의적인 소프트웨어 때문에 발생하는 것도 아닙니다.

해결방법은 부분적으로 법과 관련이 있습니다. 새로운 기술이 등장하면 새로운 법이 필요해집니다. 휴대폰이 생기기 전에는 운전 중 휴대폰 통화를 금지하는 법이 필요하지 않았습니다. 컴퓨터가 더욱 강력해지고 더 많은 곳과 연결됨에 따라, 컴퓨터가 악의적으로 사용되지 않도록 하는 법의 필요성이 대두될 것입니다. 예를 들어, 고객의 비디오 대여 기록을 유출하는 것을 불법으로 규정한 비디오 프라이버시 보호 법안(Video Privacy Protection Act, 18 U.S.C. S2710)은 로버트 보크(Robert Bork)의 비디오 대여 기록 유출 사건에 대한 1988년 대법원 확인 청문회 후에 통과되었습니다. 동의 없이 다른 사람의 납세 기록이나 진료 기록을 보는 것도 위법으로 만드는 것이 좋은 시작이 될 수 있습니다. 그러나 다른 사람이 조치를 취할 때까지 기다리기만 할 수는 없습니다. 그들은 뭘 해야 하는지, 어디를 살펴봐야 하는지도 모르고, 이미 기술에 혼란스러워하고 있습니다. 유럽연합은 미국보다 개인정보 보호에 대해 엄격한 법을 가지고 있어 데이터를 수집, 사용하기 위해서는 보통 옵트인(opt-in) 동의를 필요로 하지만, 옵트인 박스는 흔히 디폴트로 체크되어 있고 아무도 자세히 살펴보지 않는 라이선스 동의서 속에 숨겨져 있습니다.

해결방법의 일부는 기술적인 것입니다. 개인정보 보호를 강화하고 수집되는 정보를 제한하기 위해 익명화기(anonymizer)나 광고 차단기(ad blocker)와 같은 프로그램을 사용할 수 있습니다. 이런 프로그램은 분명 개선될 것입니다. 비용은 많이 들지 않지만 가끔 다른 프로그램과 호환성 문제를 일으킵니다. 이 글을 쓰는 동안 제 광고 차단기는 바이러스 스캐너와 싸우고 있습니다. 얌전히 있지 않으면 둘 다 혼내줄거야. 그렇다고는 해도 이런 도구를 사용하면 여러분의 이웃보다는 개인정보 보호가 강화될 것입니다. 대부분의 사람이 아무 조치도 하지 않기 때문입니다.

해결방법의 다른 일부는 여러분이 주의하는 것입니다. 보통 정보 수집을 옵트아웃(opt-out)하는 것은 쉽습니다. 대부분의 벤더는 여러분이 광고에 흥미가 없다는 사실을 알면 굳이 여러분을 속이려 들지 않을 것입니다. 여러분에 대한 정보를 수집하는 데도 비용이 들지만, 여러분이 문제를 일으키면(소송을 건다든지 해서) 훨씬 더 큰 비용이 들기 때문입니다.

현재의 온라인 개인정보 보호 풍경은 대부분의 다른 것과 마찬가지로 자본주의 자유 시장을 반영하고 있습니다. 시장 조사 회사는 바쁘게 데이터를 수집해 이를 흥미롭게 가공해 돈을 벌려 하고 있습니다. 납득이 되든 되지 않든, 개인정보 침해가 감지되면 경고음을 울릴 준비를 하고 있는 감시 기관도 있습니다. 그리고 그 중간에 자신의 일을 하면서 아이를 키우고, 온라인 쿠키에 들어있는 끈적끈적한 건포도에 대해 걱정하는 데 지나친 시간과 노력을 들이려 하지 않지만, 약간의 재미를 즐기고 싶어하는 리처드 닉슨(Richard Nixon)이 말한 '침묵하는 다수'가 있습니다. 이들은 어느 정도 개인정보 보호에 대해 생각하고 있으므로 응급조치를 찾을 것입니다. 도구를 구입해 설치하고는 더 이상 걱정하지 않을 것입니다. 만약 심각한 위협을 느끼면 소리를 지를 겁니다. 1998년에 전국적인 체인망을 갖고 있는 CVS가 그들의 약국 고객의 진료 기록을 보고 마케팅 편지를 보냈을 때처럼 말입니다. 그리고 대중

시장을 상대하는 회사라면 조직화된 저항 비슷한 것을 보기만 하더라도 당장 멈출 것입니다.

개인정보를 캐고 다니는 사람들을 방해하는 좋은 방법이 있는데, 제 생각에는 이게 가장 쉬울 뿐 아니라 가장 재미있기도 합니다. 의도적으로 알아볼 수 없게 만드는 것입니다. 즉, 그들에게 데이터를 안 주려고 하는 대신에 엉터리 데이터를 주는 것입니다. 그들이 수집하는 데이터가 더 이상 가치가 없어질 때까지 신호 대 잡음비를 낮추는 것입니다. 예를 들어, Babyes "R" Us는 제가 예전에 메사추세츠에서 아기 기저귀를 구입할 때 제 우편번호를 물었습니다. 저는 그들에게 꺼져버리라고 말하는 대신, 캘리포니아의 우편번호를 알려 주었습니다. 마트 회원 카드를 이웃과 바꿔서 사용하십시오. 마트에서 한 주는 고양이 밥과 유기 앨팰퍼(alfalfa)[14] 싹, 아기 기저귀를 구입하고, 다음 주에는 개밥과 담배, 노인용 기저귀 팬티를 구입하는 사람을 보게 될 것입니다.

대통령 선거 출구 조사에서 모든 사람이 "한방 날려 버리기 전에 내 앞에서 당장 꺼지쇼." 하고 대답한다고 생각하는 것도 재미있지만, 반대로 대답해 조사 기관 사람들을 바보로 만들어 버리는 것이 더 재미있을 것 같습니다. 정치 관련 여론 조사원의 전화를 받으면 저는 전화를 끊지 않습니다. 저는 약간의 시간과 노력을 들여 그들에게 거짓말을 합니다. 저는 악의를 갖고 고의적으로 거짓말을 합니다. 그리고 그것을 매우 즐깁니다. 저는 항상 마케팅 꼴통들이 제 대답을 받아 적을 때 제가 킥킥거리는 이유를 의아해할지 궁금합니다. 자, 동참해 주십시오. 다음

---

14 (역자 주) 자주개자리. 콩과 식물이며 사료 작물로 재배됨.

선거 때는 단지 몇 퍼센트 정도만 영향을 주는 게 아니라, 헨리 키신저 (Henry Kissinger)가 노벨 평화상을 받은 이래로 가장 재미있는 꼴통 정치인들의 밤을 보낼 수도 있을 것입니다.

보통은 이쯤에서 장을 마감하는데, 이 장의 초안을 읽은 독자 한 분이 "저는 쿠키나 다른 것에 대해 전혀 신경 쓰지 않습니다. 제가 돈 드는 것도 아닌데요. 제가 정말 무서운 것은 누가 제 신분을 훔쳐가서 은행의 돈을 몽땅 인출해 가는 겁니다." 하고 제게 의견을 보내왔습니다. 이 글을 읽고 저는 그 독자가 개인정보 보호 논란의 양 끝에 있는 얼마 안 되는 사람들과 달리 자신의 우선순위를 가지고 있다는 것을 깨달았습니다. 이제 여러분은 개인정보 보호 문제가 어디에 위치해 있는지 알고, 개인정보 보호 문제는 보안 문제보다 훨씬 낮은 우선순위라는 것을 깨달을 수 있을 정도로 충분히 알고 있습니다. 뒤로 돌아가 3장을 다시 읽고, 거기서 시키는 대로 조치를 취하십시오. 그걸 모두 마친 다음에야 신발 판매 사이트에서 여러분이 최근 여행 사이트를 방문했는지 알지 않을까 걱정할 수 있는 자격이 생기는 것입니다.

6장

졸트 콜라에 환장하는 만 명의 컴퓨터 괴짜들

동물의 경우 자연적 습성을 연구함으로써 그 동물에 대해 많은 것을 알아낼 수 있습니다. 여러분이 사용하는 소프트웨어를 만드는 (여러분이 싫어하는) 컴퓨터 괴짜들에 대해 알고 싶다면 지금부터 저를 따라오십시오. 여러분을 그들의 주요 컨퍼런스 중 하나로 안내해 남들이 보지 않는다고 생각할 때 그들이 어떤지를 보여드리겠습니다.

자연적 습성으로 본 컴퓨터 괴짜들

세상에는 온갖 종류의 주제에 대한 엄청나게 많은 컴퓨터 관련 컨퍼런스가 있습니다. 제가 원할 경우 저는 아무것도 하지 않고 그저 컨퍼런스를 하나씩 돌면서 발표만

할 수도 있습니다(그러면 돈도 많이 못 벌고 지쳐 쓰러지겠지만요). 컨퍼런스 크기는 20명이 모이는 작은 것부터 마이크로소프트 테크에드(Microsoft Tech Ed)와 같은 큰 규모의 것까지 다양합니다. 컴퓨터 괴짜들의 행동에 있어 다양성뿐 아니라 획일성까지도 볼 수 있는 곳으로 여러분을 안내하겠습니다.

테크에드는 매년 열리는 컨퍼런스로 보통 5월 말 또는 6월 초에 시작해 여름 내내 계속됩니다. 저는 1999년부터 종종 거기서 발표를 했고, 정말 좋아하게 됐습니다. 한번은 미국에서, 한번은 유럽에서 열렸고, 아시아/태평양 지역에서도 여러 번 열렸습니다. 우리가 구경하려는 것은 미국에서 열렸던 것입니다. 10,000명 정도의 인원이 한꺼번에 몰려들기 때문에 가장 큰 컨벤션 센터가 있는 달러스, 라스베가스, 뉴올리언즈, 올랜도와 같은 큰 도시에서만 열릴 수 있습니다. 제 고향 근처인 보스턴에서도 새로운 컨벤션 센터가 생겼으니, 2006년 보스턴에서 열릴 때는 제 집에서 편히 자는 것을 기대할 수 있겠네요.

이 모든 괴짜들

10,000명의 괴짜들을 한 건물에 모아 놓고 그들 중 한 명도 죽지 않도록 유지하는 것은 아주 어려운 문제입니다. 기본적인 입/출력 요구사항(음식과 화장실 문제)이 가장 큰 문제라고 생각할지도 모르겠지만, 대형 컨퍼런스 센터에는 이미 이런 문제가 고려되어 있습니다. 가장 어려운 문제는 바로 인터넷 접속을 제공하는 것입니다. 괴짜들은

그림 6-1 테크에드 PC 홀

인터넷 접속이 필요합니다. 이메일도 확인해야 하고, 인스턴트 메신저도 사용해야 하고, 그들이 배우는 흥미로운 것들에 대한 정보를 브라우징하는 것도 필요합니다. 인터넷에 접속할 수 없는 괴짜는 마약을 구하지 못하는 헤로인 중독자와도 같습니다. 그들은 불안해 하고, 땀을 흘리며, 지나치게 흥분하기도 하고, 침을 질질 흘리기도 합니다.

인터넷 접속 문제를 해결하기 위해 테크에드에서는 참석자들이 사용할 수 있도록 1,000대 이상의 PC를 홀에 설치해 둡니다. 처음 보면 그 규모를 받아들이기가 어려울 정도입니다. 줄줄이 늘어선 것을 보면 국립묘지에서 똑같아 보이는 묘비가 줄줄이 늘어서 있는 것처럼 보입니다(그림 6-1). 괴짜들은 매 쉬는 시간마다 컴퓨터가 놓인 테이블로 달려듭니다. 산더미처럼 쌓여있는 크리스피 크림 도넛조차도 무시하고 말입니다. 아마 이 괴짜들은 도넛이 그 정도 높이로 쌓여 있으면 메일 확인을 끝낼 때까지도 도넛이 약간은 남아 있을 거라고 생각하는 모양입니다. 보통은 그 생각이 맞습니다. 그러나 도넛이 얼마 남아있지 않으면 먼저 차지하기 위해 바로 달려듭니다.

컨퍼런스는 인터넷 회선에 연결된 PC 뿐만 아니라 괴짜들의 무선 통신 장비로도 번잡합니다. 건물 전체에 노트북 PC를 위한 무선 이더넷이 설치되어 있는데, 여러분 동네의 스타벅스에서와 비슷하지만 그 규모는 1000배나 됩니다. 괴짜들은 다른 괴짜들에게 보여주고 같이 작업하기 위해 자신의 장비를 직접 가져오기도 합니다. 인터넷에 접속할 수 없는 경우를 대비한 노트북 PC용 고속 무선 모뎀, 휴대폰을 내장한 팜탑(palmtop) PC 또는 팜탑 PC가 내장된 휴대폰, 블루투스라 불리는 저전력 무선 기술을 이용해 이어폰과 연결되는 휴대폰이나 팜탑 등. 저는 누군가가 오래전 텔레비전 시리즈인 Get Smart에 나왔던 맥스웰 스마트의 슈폰(shoe phone)을 가져오지 않을까 기대하고 있는 중입니다.

모두들 자신의 이름과 소속 회사가 적혀 있는 바보 같은 이름표를 목에 걸고 있습니다. 이것은 대화를 시작하는 데 큰 도움이 됩니다. "볼랜드[1] 라고? 소프트웨어 회사 아니었나?" 저는 이름표에 제 딸이 항상 가

---

1 볼랜드(Borland)는 PC 초창기의 주요 소프트웨어 제작사 중 하나로, 1980년대와 90년대 초반 가장 밝게 떠오르던 스타 회사였습니다. 터보 파스칼(Turbo Pascal)은 50달러란 싼 가격이었지만 매우 훌륭했으며 많은 사람들을 프로그래밍의 세계로 끌어들였습니다. 소프트웨어 제품에 대해 30일내 환불을 보장했을 뿐 아니라 복사 방지 장치도 없이 배포하는 정책은 다른 벤더들도 따라 하지 않을 수 없었습니다. 그러나 불행하게도, 몇 차례의 거듭된 실수로(이에 대한 설명은 지루하게 하지는 않겠습니다) 시장에서 리더십을 잃었으며, 훌륭한 직원들도 떠났습니다. 그들은 이제 우리 업계와는 관계가 없으며, 무얼 해야 할지 모르는 어려운 상황에 처한 다른 사람들과 마찬가지로, 그 사실에 매우 민감하게 반응합니다. 이런 간단한 노트에도 그들의 비판이 있지 않을까 염려됩니다만, 저를 포함해서 진짜 괴짜들이라면 예전의 볼랜드를 그리워합니다.

고 싶어하는 몬테레이만 수족관 연구소(Monterey Bay Aquarium Research Institute)라고 적혀있는 몇 명의 여성을 보고 말을 건네 봤습니다. 저는 나중에 근처에 가게 되면 연구소에 들러 이야기를 해도 될지 물었습니다. 제 여행은 포기해야겠지만 그들이 제 딸아이에게 수달을 보여줄지도 모르겠습니다.

외과의사들과는 달리 테크에드에 참가하는 모든 사람들은 티셔츠를 입는데 이것 또한 대화를 매개하는 훌륭한 역할을 합니다. 저는 Live365.com(누구든 뮤지컬 쇼 프로그램을 작성해서 청취자에게 합법적으로 스트리밍 서비스를 제공할 수 있는 웹 사이트) 티셔츠를 입은 친구와 함께 에스컬레이터에 탔습니다. 제가 그들의 비치 뮤직 스트림(beach music stream)을 좋아하게 된 이후로 그게 어떻게 동작하는지 궁금했는데, 그 친구가 에스컬레이터가 올라가는 동안 모든 것을 설명해 주었습니다. 길거리에서 아무에게나 그럴 수는 없겠지만, 이 컨퍼런스 센터에서는 괜찮습니다. 교회와 마찬가지로(어떤 면에서 테크에드는 교회라 할 수도 있습니다) 일단 들어가면 누구나 환영입니다.

옷 입는 것과 의사소통하는 습관뿐 아니라, 이 괴짜들은 먹고 마시는 데도 특별한 패턴이 있습니다. 그들의 카페인 소비는 특히 유명합니다. 아침에 침대 밖으로 나가지 않고도 하루를 시작할 수 있게 하기 위해 호텔 커피 메이커를 침대 옆으로 옮겨 놓을 때마다 저도 이 부류에 속한다는 사실을 느끼곤 합니다. 쉬는 시간마다 엄청나게 쌓이는 커피 캔, 에스프레소 카트 앞에 늘어선 기다란 줄, 괴짜들이 가장 좋아하는 마운틴 듀와 졸트 콜라("엄청난 양의 설탕은 물론 카페인도 2배!") 캔까지. 저는 테크에드에서 카페인이 함유된 물을 발견하기도 했습니다. 테이블에는 보통 짜고/달고/느끼한 스낵이 산처럼 쌓여 있습니다. 캘리포니아에서, 참석자들은(발표자들도 마찬가지였지만) 당근과 샐러리에는 손도 대지 않았고, 크림 스폰지 케익과 초컬릿 케익만 찾았습니다. 어떤 발표자는 참석자들에게 "자, 마음 편하게 정크 푸드를 드십시오. 이제 겨우 화요일이고, 컨퍼런스가 끝나려면 아직 멀었습니다." 하고 경고를 하기도 했습니다. 그의 말이 맞았습니다. 저는 수요일 오후에 설탕 금단 현상을 겪었습니다. 이 직종은 목공처럼 오래된 것이 아니기 때문에 컴퓨터 괴짜들은 대부분 젊습니다. 나이가 들어가면서 제 대학 동문회 선물이 맥주잔에서 양주잔으로, 브랜디잔으로, 머그잔으로 발전해 가는 것처럼, 테크에드의 음식들도 참석자들의 나이가 들어감에 따라 바뀔 것입니다. 그들이 하겐다즈 바를 없애 버릴 때쯤이면 저는 거기에 가지 않을 겁니다.

누가 언제 무엇을 발표하나

테크에드의 가장 큰 매력은 물론 프레젠테이션입니다. 이건 어떻게 하고, 저건 어떻게 피하는지에 대한 설명, 실제 사람들이 이걸 회피하면서 저걸 시도했을 때 어떤 일이 발생했는지에 대한 케이스 스터디, 마이크로소프트의 모든 제품에 대한 최신 개선 사항, 이런 최신 변화의 영향을 받은 새로운 스타일의 소프트웨어 아키텍처, 저와 같은 업계 전문가가 참가하는 패널 토의, 한쪽 벽면을 다 차지하는 스크린에 프로젝터로 쏘아서 하는 X박스 비디오 게임 토너먼트 등 마이크로소프트 진영에서의 소프트웨어 개발에서 생각할 수 있는 모든 주제에 대한 강의가 한 주 동안 500개 이상 펼쳐집니다.

최근에 가장 많은 사람이 몰리는 곳은 보안 관련 강연인데, 모든 사람들이 관심을 가지고 있기 때문입니다. 스티브 라일리(Steve Riley)는 항상 최고 수준의 발표자로, 공격 방법의 하나인 사회 공학에 대해 발표했습니다. 3장에서 논의한 바와 같이, 사회 공학은 보안 시스템에 해를 끼치기 위해 인간 상호작용을 이용하는 것입니다. 예를 들어, 수학적으로 시스템을 공격하는 대신 헬프 데스크에 전화를 걸고 질문을 해서 패스워드를 훔쳐내는 것입니다. 스티브는 인기 많은 발표자로 항상 최고 수준의 평가를 받습니다. 그의 발표를 듣고 나면 사용자는 매우 큰 문제가 실제로 존재한다는 것에 대해 일말의 의심도 하지 않게 됩니다. 그러나 저는 그가 문제를 해결하는 것과 관련된 트레이트오프에 대해 좀더 설명하면 좋지 않을까 생각합니다. 충분히 안전하게 지켜줄 수는 있지만 너무 성가셔서 따르기가 힘든 보안 정책에 대해 여러분은 어떻게 생각합니까?

물론, 그런 것을 생각하다 보면, 역효과가 나서 참가자들의 머리만 아파지기도 합니다. 저는 마이크로소프트 웹 서버 시스템의 보안 아키텍트인 에릭 올슨(Erik Olson)의 훌륭한 프레젠테이션을 기억하고 있습니다. 그는 여러분의 서버에서 사용자 아이디와 패스워드를 안전하게 하려면 무엇을 해야 하는지, 다른 수준의 보안을 선택할 때 트레이드오프는 무엇인지, 어떤 취약점이 남아 있는지에 대해 자세히 설명했습니다. 저는 어느 주의 보안관 사무소에서 온 몇몇 개발자들 옆에 앉아 있었는데, 그들은 어떻게 하면 실수하지 않고 그 모든 것을 제대로 할 수 있을지, 그리고 에릭이 1시간짜리 발표에서 다루지 않은 다른 문제는 없을지에 대해 생각하면서 머리를 흔들고 있었습니다.

테크에드에는 항상 빌 게이츠(Bill Gates)나 스티브 발머(Steve Ballmer)와 같은 업계 거물이 참가하는 기조 연설이 있습니다. 그들은 대단히 큰 관심을 끌기는 하지만, 대부분의 경우 저는 거기에 가지 않습니다. 그들의 이야기는 너무 일반적이라 충분히 전문적인 지식을 전달하지는 못합니다. 예를 들어, 2004년 샌디에고에서 스티브 발머는 마이크로소프트는 자신들의 방식에서 오류를 발견했고, 이를 안전하게 해결하기 전까지는 프로그램에 어떠한 새로운 기능도 추가하지 않을 것이라고 말했습니다. 정말 훌륭한 의견입니다. 그러나 제가 다루는 부분을 마이크로소프트가 어떻게 안전하게 하는지 정확하고 상세한 내용을 보기 전까지는 이런 좋은 말도 도움이 되지 않습니다.

테크에드는 마이크로소프트가 만든 것이기 때문에 거기서 듣는 것이 모두 마이크로소프트에 따른 세상 이야기임은 당연한 일입니다. 여러분이 주로 마이크로소프트 관련 세계에서 일한다면(상당히 많은 사람들이 그렇죠) 그런 이야기는 매우 중요한 것들입니다. 그러나 테크에드에서 볼 수 없는 동전의 다른 면이 있다는 것을 기억해야 합니다. '마이크로소프트: 위협인가, 협박인가?'와 같은 제목의 패널 토의를 들으려면 자바원(Java One)과 같은 다른 컨퍼런스에 가야 합니다.

발표자는 평가에 목을 맵니다. 참가자들은 앞의 그림 6-1에서 봤던 이메일 컴퓨터를 사용해 온라인으로 평가를 입력합니다. 결과는 바로 합산되어 컨퍼런스의 이곳 저곳에 있는 모니터로 표시됩니다. 참가자들은 점수로 발표자를 평가하며, "이건 너무하다, 저건 불충분하다, 우린 더 많은 예제를 원한다, 그 족제비 농담은 정말 재미있었다, 그 족제비 농담은 별로였다, 제대로 동작한 예제가 없었다, 매킨토시를 사라." 와 같은 비평을 쓰기도 합니다.

발표자는 지속적으로 자신에 대한 평가를 모니터링하고 다른 발표자의 평가와 비교합니다. 저의 최고 기록은 그 주의 모든 발표자와 함께 공동 4위에 오른 것이었습니다. 그 사이트에서는 최고의 평가를 받은 상위 10명 목록을 보여줄 뿐 아니라, 논란의 여지가 있지만, 하위 10명의 목록도 보여줍니다. 샌디에고에서 최악의 평가를 받은 친구는 저와도 잠깐 만났던(같이 일한 적은 없는) 사람이었는데, 그의 점수는 9점 만점에 3점을 겨우 넘었으니 어떻게 보든 좋은 소식은 아니었겠죠. 저는 그의 발표에는 참석하지 않았지만, 참가자들의 코멘트를 보면 "30분이나 늦게 나타났고, 술에서도 덜 깬 게 확실하다." (이는 숙취에도 불구하고 발표를 잘 해내는 훌륭한 능력을 가진 발표자들의 입장에서 봤을 때 대단한 실수입니다.) "그의 데모는 작동하지 않았다." 같은 것들이었습니다. 그가 다시 초대될지 모르겠습니다.

제가 테크에드에서 가장 좋아하는 것은 제 동료 발표자들, 이 업계의 선도자들, 컴퓨터 전문가들을 볼 수 있는 기회가 있다는 것입니다. 저는 대부분 저 혼자 일하거나 저보다 전문성이 떨어지는(그들을 무시하는 것이 아닙니다. 제 뜻은, 그들이 저보다 수준이 낮지 않다면 왜 저를 고용하겠습니까?) 고객과 일합니다. 그들로부터 뭔가를 배울 수 없다는 뜻이 아닙니다. 항상 배우고 있으니까요. 그러나 제 자신을 이런 똑똑한 발표자들의 바다 속에 던져버리는 것이 한 주 전체를 통틀어 제가 가장 좋아하는 것입니다. 음악가들도 음악 축제에서 정말 뛰어난 다른 음악가들과 어울린다면 비슷한 느낌을 가질 겁니다.

저는 지금 우리가 뭘 하는지, 우리가 뭘 하려 하는지, 또 우리가 어떤 것에 쓸데없이 시간을 낭비하는지, 이번 또는 이전 컨퍼런스에 대해 어떤 것들을 회상하는지에 대해 이야기하고 있습니다. "이보게, 지난 여름 바르셀로나에서 우리가 그들을 깜짝 놀라게 했었지? 자네의 다음 책 주제는 뭔가? 출판사가 자네에게 잘 대우해 주나?" 일을 통해서만 알 수 있는 새로운 사람들을 만날 수 있고, 다른 사람들도 마찬가지입니다. 다른 사람이 제 책을 인용할 때면 기분이 매우 좋아집니다. "이보게, 데이브, 자네가 말한 우주의 제 2 법칙, '우주의 쓰레기 양은 보존된다. 이쪽에 쓰레기가 적다면 다른 쪽에 쓰레기가 많을 것이다. 쓰레기를 없애는 방법은 없기 때문이다'는 정말 대단하더군. 지금 내 프로젝트가 꼭 그 꼴이거든."

유럽의 테크에드에서는 컨퍼런스가 폐회된 후 마지막 날 밤에 발표자들을 위한 파티가 있었는데, 주최 측에서 암스테르담에 있는 오래된 하이네켄 맥주 집을 통째로 빌렸습니다. 발표는 끝났고, 참가자들은 모두 집으로 돌아갔을 테니, 더 이상 표정 관리를 할 필요가 없었죠. 그저 느긋하게 다른 사람들과 이야기를 나누며 즐기는데, 그렇게 똑똑한 사람들이 많이 모이는 곳에 있을 기회는 많지 않기 때문입니다. 한 발표자(제가 좋아하는 친구이고 그 친구는 제가 쓴 책을 좋아합니다)는 맥주잔을 들어 올리면 제게 이렇게 말했습니다. "플래스키, 정말 좋지 않나? 여기 모인 이 똑똑한 친구들을 보게. 저기 [똑똑한 친구], 저쪽에 [정말 똑똑한 친구], 그리고 저쪽에 [또 다른 정말, 정말 똑똑한 친구]. 그리고 자네와 마찬가지로 나도 여기에서 테이블 한 자리를 차지하고 있다고. 정말 기분 좋다네." 저도 그 친구와 같은 생각이었습니다.

저는 테크에드 발표자들이 다른 대회 참석자들보다 흥분하지 않는다고 생각하지는 않습니다. 물론 보험설계사나 장의사, 인공 항문 공급 외판원들이 흥분하는 수준에는 절대로 미치지 못합니다. 그러나 이 모든 것을 깊이 살펴보면, 이성적인 친구들이 그런 곳에 몸을 내미는 것은 위험이 없는 것은 아니지만 즐거운 경험이 됩니다. 제가 가라오케에서 노래를 부르던(좀더 정확히 표현하면 부르려고 시도했던) 비디오가 인터넷에 올라가기라도 한다면, 저는 영원히 얼굴을 들지 못할 것입니다.[2]

모임에 새로 들어온 발표자를 보는 것은 신나는 일입니다. 한 여성 발표자는 금요일 오후 처음으로 발표를 마친 다음, 새벽 3시까지도 흥분을 감추지 못했고, 바로셀로나의 바에서 그녀를 끌고 나온 다음에야 바가 문을 닫을 수 있었습니다. "우와, 당신들, 정말 대단해요. 항상 이렇게 대단한가요?" 저는 그녀에게 말했습니다. "알렉시스, 당신은 늑대인간에게 물린 겁니다. 이제 당신은 우리와 같은 족속이 되었습니다. 영원히 비행기를 타고 떠돌며, 일등급 업그레이드에 대한 허망한 욕구를 추구하게 되었습니다. 청중들 앞에서만 얻을 수 있는 '발표자의 높이'를 끊임없이 찾아 헤매도록 저주 받았습니다. 환영합니다. 신의 가호가 있기를. 그리고 다음 회를 구입할 수 있습니다. 저 길 아래쪽에 있는 장소가 여전히 열려있습니다."

물론 뭔가 강력한 것은 항상 양면이 있습니다. 테크에드는 아니지만

---

2 다음날 테크에드에서 돌아올 때 런던에서 비행기를 갈아타면서 휘파람을 불지 않을 수 없었습니다. 터미널의 다른 쪽에서 누군가가 소리쳤습니다. "플래스키, 제발 좀 조용히 해줄 수 없겠나?" 걱정 마시게. 난 아직 낮일을 그만두지 않았다고.

그와 비슷한 컨퍼런스에서 제가 참석하려던 강연이 취소된 적이 있었습니다. 저는 주최 측에 왜 취소되었는지 물었습니다. "그녀가 발표를 했다면 생애 두 번째 발표가 되었겠죠. 그런데 첫 발표에서 평가가 너무도 좋지 않아서 다시는 발표하지 않을 겁니다." 그녀는 거의 모든 그룹의 참석자로부터 악의적인 인신 공격까지 당하며 갈갈이 찢겼는데, 초보 발표자에게는 그런 공격을 견뎌낼 보호막이 없었던 것입니다. 그 사건은 캐나다에서 발생했는데, 그곳은 사람 좋기로 유명한 곳이라(제가 봤을 때는 항상 그랬습니다), 아마도 그녀는 정말 발표를 못했던 모양입니다. 아마 그 강연을 듣지 못한 것이 잘된 일이었는지도 모르겠습니다. 암벽 등반가가 현란한 확보 기술에서 전율을 느끼는 것처럼 발표자도 성공적인 발표에서 흥분을 느낍니다. 다른 발표자가 화염에 휩싸여 몰락하는 것을 봐왔고, 우리 자신도 한두 번 그랬으며, 우리가 충분히 훌륭하지 못하거나 충분히 준비하지 못했거나 또는 악의적인 참가자들로 인해 청중에게 예의를 잃는 경우 어떤 일이 벌어질지 잘 알고 있습니다.

어떤 면에서 우리 발표자들은 서로 경쟁자지만, 서로 공통점이 더 많습니다. 그중 한 명이 제게 이 책의 출판사를 소개해 주었습니다. 우리들처럼 사는 사람들은 많지 않기에 서로 만났을 때 우리는 최고의 것을 내놓는다고 생각합니다. 우리는 만나서 며칠간 사귀고는 다시 비행기를 타고 뿔뿔이 흩어집니다. 언젠가 레드몬드나 암스테르담 또는 싱가포르에서 만날 것이라 생각하면서 말입니다.

판촉

테크에드에는 강연뿐 아니라 대규모 전시회도 함께 열립니다. 참가자들은 업계의 최신 개발 동향을 놓치지 않기 위해 테크에드에 옵니다. 교육 세션에서는 소프트웨어 작성법을 알려주고, 전시회에서는 그들의 작업에 활용할 수 있는 도구와 같은 현재 실제로 존재하는 제품이나 서비스가 전시됩니다.

전시회장은 최소한 축구장만한 넓이는 되어야 하므로 이를 위한 적절한 장소를 찾는 것도 장소 선정에 중요한 요소가 됩니다. 전시회 입점은 가격이 매우 비싸 가장 작은 부스가 7,000달러부터 시작할 정도지만, 이 바닥에서 10,000명의 괴짜들이 한꺼번에 모여드는 기회를 벤더들도 놓치고 싶지 않을 것입니다. 소프트웨어, 하드웨어, 팜탑 컴퓨터, 프로그램 가능한 휴대폰, 책과 잡지, 온라인 또는 오프라인 교육 등 이곳에는 없는 것이 없습니다. 뭔가 있다면 바로 여기에 있을 겁니다.

프로그래밍 도구를 만드는 회사를 설립한 에릭 싱크(Eric Sink)는 온라인 기사에서 테크에드 전시회에 대해 이렇게 썼습니다. "우리 분야에서는 실제 사람을 경험할 수 있는 기회가 점점 더 줄어들 것입니다. 테크에드는 고객과 접촉할 기회를 줍니다. 쇼에 참가하는 것은 미래의 고객을 직접 만나는 기회가 되는 것입니다. 그들은 우리 제품에 대한 의견을 말해줄 것입니다. 우리 제품에 없는 기능을 요청할 것입니다. 우리는 또한 경쟁사나 파트너, …… 그리고 기존 고객을 만나는 기회도 갖게 됩니다. 이런 시간을 통해 이미 우리 제품을 사용하던 고객들은 이야기를 하기 위해 잠시 부스에 들를 것입니다. 어떤 사람들은 그냥 우리를 직접 만나보고 싶어서 오기도 할 것이고, 어떤 사람들은 우리 제품에 대한 만족을 표시하기 위해 올 것입니다. 또 어떤 사람들은 우리 제품이 어떻게 실망스러웠는지를 이야기해줄 것입니다." 이렇듯, 전시회에 참가한 벤더들도 바쁜 시간을 보내게 됩니다.

벤더들은 지나가는 사람들이 잠시라도 자신들의 부스에 들르도록 하기 위해 갖가지 방법을 동원합니다. 여러분이 아는 괴짜에 대해 잠시 생각해 보십시오. 물론 그들은 모두 뭔가에 열중하는데, 특히 장난감을 좋아하고, 결점을 보고 즐거워합니다. 따라서 무엇보다도 전시가 지루해서는 안됩니다. 자동차 경주 중 데이터를 포착할 수 있는 원격 감지 소프트웨어 선전을 위한 포뮬러-I 경주용 자동차로 관람자들의 발길이 잠시 멈춥니다. 그래픽 회사 부스에 놓인 3미터 크기의 전자 낙서판에는 사람들이 낙서를 하기 위해 줄을 설 것입니다. 마술사도 인기가 많습니다. 괴짜들은 가까운 거리에서 그들의 속임수를 관찰하고 분석할 수 있는 기회를 지나칠 수 없습니다. 괴짜들은 카페인에 중독되어 있어 공짜 에스프레소 카트 또한 항상 인기 만점입니다. 남성 참가자들이 압도적으로 많기 때문에 예쁜 여자들이 많은 인기를 끌 것 같지만, 실제로는 별로 그렇지 않습니다. 저는 그게 도덕적 공정성 때문이 아닐까 의심하지만, 그보다 괴짜들은 처음부터 머리가 비트 모드로 돌아가기 시작해 컨퍼런스가 끝날 때까지 그 상태로 있기 때문일 것입니다.[3] 한 독자가 알려 주길, 한번은 대형 벤더가 댈러스 카우보이 치어리더를 동

---

3 이런 태도는 오래된 괴짜들 사이에서 돌고 있는 오래된 농담에서 잘 드러납니다. 어떤 프로그래머가 자신의 생산성을 증대시키기 위해 가정부를 고용하기로 했는데, 그게 코드를 만들어 내는 데 어떤 도움을 주는지 묻자 그가 이렇게 대답했다고 합니다. "간단하지. 가정부에게는 내가 아내와 함께 있다고 말하고, 아내에게는 내가 가정부와 함께 있다고 말하면, 연구실에서 실제로 뭔가를 해낼 수 있지 않겠어!"

원했었지만 그는 그 제품이 뭐였는지, 심지어는 그 벤더 이름이 뭐였는지도 기억할 수 없었다고 했습니다.

벤더들은 또한 연락처를 알려 주는 대가로 공짜 기념품(대부분은 싸구려)을 경쟁적으로 나누어 주곤 합니다. 참가자들 중 어느 누구도 가난한 사람은 없지만(연봉이 최소 5만 달러는 되고, 가끔 그 두 배 이상인 사람들도 있습니다), 어떤 이해할 수 없는 이유 때문에 이런 싸구려 기념품에 사족을 못 쓰고 등록할 때 이런 것들을 담아갈 커다란 가방을 신청합니다. 열쇠고리, 손전등, 야구모자, 요요, 전등이 달린 볼펜, 회의 시간에 상사의 목이라고 생각하면서 주물럭거릴 수 있는 고무공. 스위스 칼(일명 맥가이버 칼, 누가 괴짜들 아니랄까봐?)은 한때 인기가 많았지만, 지금은 공항 보안 검사대를 통과할 수 없게 되어 한물갔습니다. 커다란 낙서판을 전시했던 회사는 낙서판 미니어처를 나눠주기도 했습니다. 티셔츠는 항상 인기가 많습니다. 대부분의 회사에서 티셔츠를 입고 일하는 것이 허용되므로, 충분히 챙겨 두면 일년 내내 옷을 사러 가지 않아도 되기 때문입니다.[4] 어떤 회사에서는 "제기랄, 이런 쓸데없는 것들을 나눠 주는 것이 무슨 의미가 있겠어?" 하며, 본질적인 문제로 들어가, 그들의 구매 권유를 듣는 모든 사람들에게 진짜 2달러 지폐를 나눠 주었다고 합니다. 저는 이걸 실제로 보지는 못했지만, 참가자들의 줄이 아주 길었다고 합니다.

부스에 들어가 보기로 마음을 먹었다면 말을 걸 적당한 사람을 찾아야 합니다. 그런 곳에는 항상 자신이 고객을 제대로 이해하지 못한다는 사실을 인정하기보다는 자기가 이해하지도 못하는 전문 용어를 나불거

---

4 한번은 깨끗한 양말이 떨어져서 홍보용 양말을 찾아 온 전시장을 휘젓고 다녔는데, 결국 찾지 못했습니다. 깨끗한 양말을 싫어할 사람이 어디 있겠습니까? 홍보를 위한 기막힌 아이디어 아닌가요?

리면서 고객을 낚아 제품을 팔 생각만 하는 마케팅 얼간이들[5]이 있게 마련입니다. 자기네 소프트웨어 새 버전이 '객체지향'으로 만들어졌다고 잘난척 하던 사람이 기억납니다. 용어의 뜻을 설명하느라 여러분을 지루하게 하지 않겠습니다. 그러나 그건 프로그램의 내부 구조를 나타낼 뿐이지, 사용자가 주목하거나 신경 쓸만한 부분이 아닙니다. 그 뒤로는 이런 마케팅 얼간이들을 더 이상 참을 수 없어, "제 무지함을 용서해 주십시오. 그렇지만, 객체지향 소프트웨어가 정확하게 무엇인지, 객체지향이 아닌 소프트웨어와는 어떻게 다른지, 제가 제품을 구매하는데 있어 그런 차이점에 왜 신경을 써야 하는지 설명해 주시겠습니까?" 하고 물어서 그들의 입을 다물게 합니다. 그 마케팅 얼간이가 핀에 꽂힌 채로 꿈틀거리는 벌레같이 어쩔 줄 몰라 하는 것을 바라보고 있는데 기술자가 저를 알아보고는 다가와 그를 구해 주었습니다. 그리고 우리 둘이 함께 실컷 웃었던 것이 나에게는 그 해 그 쇼에서의 압권이었습니다. 제가 너무 쉽게 즐거워하나요?

전시회에서 가장 중요한 것은 양방향성입니다. 참가자들이 제품을 직접 조작해 볼 수 있어야 합니다. 3차원 그래픽 헬멧의 사용설명서를 읽는 것과 헬멧을 쓰고 머리의 움직임에 따라 3차원 모형이 변하는 모습을 직접 보고 경험하는 것은 완전히 다른 것입니다. 어느 정도 흥미가 생겨 벤더와 그 새로운 기술에 대해 이야기를 나누었습니다. 그리고 프로그래머가 그 제품을 위한 애플리케이션을 어떻게 작성해야 하는

---

5 마케팅 얼간이(marketingbozo)는 이런 목적을 표현하기 위해 만든 용어입니다. 바부(idoit)보다는 표현력이 떨어지지만 그래도 여전히 유용합니다. 카페인을 제거한 다이어트 졸트 콜라 광고에 돈을 쏟아 붓고는 왜 팔리는지 의아해하는 바보와 같은 대책 없는 얼간이들을 표현할 때 딱입니다.

지, 이를 쉽게 하려면 어떻게 해야 하는지 등에 대해 몇 가지 제안을 했습니다. 그 제품은 개당 5천 달러로 여전히 비싼 축에 속하지만, 대량 생산에 들어간다면 2~3년 내에(그 회사가 계속 살아남는다면) 1천 달러 정도로 가격을 낮출 수 있을 것이고, 그렇게 되면 최고급 크리스마스 선물이 될 것입니다. 그 벤더는 기하학적 모형을 돋보이게 하는 동영상으로 제품을 시연했는데, 게임 시장을 목표로 한 것이 분명했습니다. 그러나 제가 그 제품을 조작해 본 참가자들에게 그걸 이용해 가장 보고 싶은 것이 무엇인지를 물었을 때, 공통적인 대답은 하나였습니다. 포르노. 제가 벤더에 포르노 시장 개척을 위한 계획이 있는지 물었을 때, 그들은 그럴 계획이 없다고 답했습니다. "만약 롱 동 실버(Long Dong Silver)[6]가 당신에게 돈을 줘도, 그 돈을 다시 가져가라고 할 겁니까?" 하고 물었더니 그렇다고 대답했습니다. 그의 벤처 자본 투자가들이었다면 다르게 답했을 것입니다. 저는 그를 거짓말쟁이라고 하고 싶지는 않지만, 그는 거짓말을 한 것이거나 또는 자신의 자리를 오래 지키지 못할 바보임이 틀림없습니다.

벤더들은 부스를 방문하는 모든 사람들에게 열쇠 고리나 플라스틱 슬링키[7]를 주지만, 그들의 선별된 친구들을 위해서는 특별한 대우를 준비해 놓습니다. 테크에드의 파티는 매우 유명하고, 모든 파티에 초대를 받는 것은(어느 파티에도 참석하지 않는다 할지라도) 지위의 상징이 됩니다. 회원제 고급 레스토랑에서의 저녁 식사, 선상 주연, 로데오 기계[8]가 있는

---

6 (역자 주) 1980년대 초반에 활동한 버뮤다인 흑인 남자 포르노 배우
7 (역자 주) 스프링 모양의 장난감.
8 (역자 주) 로데오 경기에서 황소를 타는 듯한 느낌을 받을 수 있도록 만든 기계 장치. 안장이 있고, 황소 머리, 뿔까지 달려있는 경우도 있음.

야외 바비큐 파티, 샌디에고 동물원에서의 왁자지껄한 모임(어떻게 좀 구슬러서 티켓을 구해보려고 했지만 실패했습니다. 나중에 들으니 대단했다고 하더군요) 등등. 마이크로소프트 발표자 중 한 명은(그의 일 중 하나가 한 달에 한 번씩 이런 행사에 참가하는 것이라는) "이런 데 참석하려면 정말 간을 하나 더 가지고 가야 해요." 하고 말했습니다.

다음 세대의 괴짜가 알아야 할 것

제가 테크에드에서 했던 것 중 가장 재미있으면서도 걱정되었던 것은 2003년 바르셀로나에서 이매진 컵(Imagine Cup) 프로그래밍 경연대회에서 심사를 도운 일이었습니다. 마이크로소프트는 전산학도 팀들을 위해 이 행사를 후원합니다. 어떤 문제를 선택할지는 전적으로 학생들에게 달려 있고, 마이크로소프트의 최신 기술을 이용해 소프트웨어 솔루션을 설계하고 구현해야 합니다. 즐거운 시간을 갖고 뭔가를 배울 수 있을 뿐만 아니라, 최종 16강에 든 팀은 테크에드 참가권이 주어지고, 상위 3개 팀은 4만 달러의 상금을 받습니다. 모든 팀은 자신들의 발명품에 대한 권한을 그대로 유지합니다.

8명의 심사관(3명은 미국에서, 나머지는 세계 곳곳의 대학에서 왔음)은 참가 팀의 순위를 결정해야 했습니다. 16개 팀이 진출해 있었는데, 미국 팀이 2개, 그리고 유럽, 아시아, 남미 팀들이 골고루 분포해 있었습니다. 모든 팀이 훌륭한 프로그래밍 실력을 보여주며 독창력과 상상력으로 기술적 난관을 극복해 나갔습니다. 그러나 그날은 그들의 문제 정의 기술, 즉 어떤 문제를 풀어나갈 것인지를 결정하는 방법이 없는 것에 실망했습니다. 거의 모두가 기술만 맹신하는 것을 보고 걱정(지금쯤이면 무슨 걱정인지 여러분은 잘 알겠죠?)이 되었습니다 제 생각에는 그들의 지도교수들이 학생들을 심각하게 망쳐놓은 것 같습니다. 그 친구들이 그 상태 그대로 세상에 나올 것을 생각하니 몸서리가 쳐졌습니다.

예를 들어, 독일 팀(재킷을 입고 넥타이를 맸는데, 옷을 잘 차려 입은 유일한 팀이었습니다.)은 패스워드가 퍼져나가는 문제를 해결하려고 했습니다. 이를 위해서는 제가 4장에서 설명한 것과 같이 모든 웹 계정의 아이디와 패스워드를 다르게 관리해야 합니다. 좋습니다. 이는 실질적이고 어려운 문제입니다. 그러나 문제를 해결하기 위한 그들의 접근법을 보니 그게 왜 어려운 문제인지를 이해하지 못하고 있는 것이 고스란히 보였습니다. 상점 웹 사이트에 접근할 때 패스워드를 입력하는 대신 휴대폰으로 그 팀이 만든 인증 서버에 전화를 걸면 그 서버에서 상점 웹 사이트에 여러분의 신원을 인증해 준다는 것이었습니다. 이는 제가 4장에서 설명한 단일 사용자 승인(SSO, single sign-on)과 동일한 아이디어이며, 사용자가 이미 호주머니에 가지고 있기를 바라는 하드웨어를 활용한 것이었습니다.

그들은 고객의 입장에서 문제를 바라본 것도 아니고, 사용자나 상점 웹 사이트의 입장에서 문제를 바라본 것도 아닙니다. 아마존닷컴에서 책을 살 때 어떻게 하겠습니까? 지금처럼 패스워드를 입력하겠습니까, 아니면 망할 휴대폰을 어디에 두었는지 기억해 낸 다음 가서 가져와 배터리를 갈아 끼우고(필요한 경우 충전기를 찾아야 하겠죠.) 그걸 켜서 통화권에 연결될 때까지 기다린 다음, 10자리 숫자를 입력하고, 다시 12자리 주문번호를 입력하겠습니까? 사용자가 이런 불편을 감수하면서까지 그들이 만든 사이트에 가서 구입해야 하는 이유가 뭐냐고 묻자 그들은 "더 안전하기 때문이죠." 하고 대답했습니다. 그들은 사용 편의성이 모든 보안 시스템의 중요 문제라는 것을 깨닫지 못했습니다. 보안 출입문을 여는 것이 지나치게 어려우면 사용자는 받침대를 받쳐 열어놓고 알람 센서를 꺼놓거나, 또는 잠겨 있지 않은 다른 문을 찾아내거나, 아니면 아예 들어가려 하지 않을 것입니다. 그 팀은 또한 그들의 설계에 내재되어 있는 "닭이 먼저냐 달걀이 먼저냐"는 문제에 대해 생각해보지 않았던 것이 분명합니다. 상당히 많은 고객이 그들의 인증 서비스에 등록하기 전에 어떤 사이트가 비용을 지불하고 그들의 인증 서비스를 사용할까요? 그리고 몇몇 유용한 사이트가 그들의 인증 서비스를 사용하기 전에는 어떤 고객이 그 인증 서비스에 등록할까요? 이는 뭔가 새로운 것을 만들 때 그것이 왜 유용하고 왜 사용해야 하는지에 대해 멈추지 않고 물을 때 발생하는 문제의 고전적인 예입니다. 이것이 쇼덴프로이더란 단어를 우리에게 알려준 나라의 사람들에게 제가 기대했던 것입니다.[9]

대만 팀은 음악 인식 프로그램을 개발했습니다(또는 개발하려 했습니다). 여러분은 아침에 가락은 알지만 제목을 알 수 없는 음악을 들으며 깨어본 적이 있습니까? 저는 없습니다. 아무튼 이 팀은 전화를 걸어 수화기에 가락을 흥얼거리면 프로그램이 무슨 노래인지를 찾아 여러분에게

---

9 'schadenfreude'는 다른 사람의 불행을 기뻐한다는 뜻입니다. O.J. 심슨(O.J Simpson)이 민사 소송에서 패해 그의 모든 재산을 골드먼즈(Goldmans)에게 주어야 한다는 것을 들었을 때, 쌤통심리 때문인지 몸이 들썩거렸습니다. 이 단어는 제가 만든 것은 아니지만 바부(idoit)나 마케팅 얼간이(marketingbozo)와 같이 간결합니다.

들려주고, 신용카드 번호를 입력하면 휴대폰 벨 소리로 다운로드할 수 있는 프로그램을 작성했습니다. 팀원 중 한 명이었던 귀여운 여학생이 예쁜 목소리로 시연했을 때는 잘 동작했지만, 왜였는지 제가 했을 때는 잘 안됐습니다. 시차에 적응하지 못해 쉰 목소리 때문에 회로가 오동작을 했거나, 그 프로그램의 데이터베이스에 "Three Day Drunk Looking for a Place to Happen"(Fish Head Music, 1999, www.jim-morris.com)이라는 노래가 없었나 봅니다. (애매한 가락은 기억하기도 어려운 법입니다. 그들의 데이터베이스에는 2005년의 히트곡 "Booze Is the Duct Tape of Life"도 없었던 게 분명합니다.) 여기서도 마찬가지로 기술 자체, 특히 신호 처리 메커니즘은 흥미로웠습니다(그래요. 저도 괴짜라니까요). 그러나 가락은 알지만 제목을 모르는 노래가 머릿속에서 맴돌아 밤에 잠을 이루지 못하는 적이 여러 번 있다고 말한다면 거짓말이 되겠죠.[10]

제 생각에 최악은 싱가포르 팀이었습니다. 그들이 말하길 싱가포르의 슈퍼마켓에서는 계산대를 통과하기 위해 20분 이상 기다리는 경우도 있다고 합니다. 극도로 효율적인 싱가포르에서 어떻게 그런 일이 가능한지는 모르겠지만, 그런 것은 그들이 더 잘 알 것이라고 기꺼이 인정하고, 슈퍼마켓에서 계산하는 데 20분이나 절약할 수 있게 한다면 인류에게도 큰 도움이 될 것이란 점은 인정합니다. 그들은 믿을 수 없을 정도로 열심히 작업했는데, 아마 가장 열심히 작업했던 팀이었을 겁니다. 그들은 기술적으로 탁월한 소프트웨어를 작성했고, 그걸 운영하는

---

10 (역자 주) 라디오에서 잠시 들은 노래가 마음에 들었지만 그 곡의 제목은 모르고 일부 가락만 생각나는 경우나, 영화나 텔레비전 드라마 같은 데서 나온 노래를 구해 처음부터 끝까지 듣고 싶지만 제목을 모를 경우에 유용하게 사용할 수 있을 프로그램 같습니다.

데 필요한 새로운 하드웨어를 개발하기 위해 전자공학 부서와 제휴하기까지 했습니다. 그러나 태어나자마자 필사적으로 죽여버려야 하는 끔찍한 괴물을 만들고 말았습니다.

그들은 본인 계산(self-checkout)이란 개념을 도입했는데, 저는 홈 디포(Home Depot)[11]나 동네 슈퍼마켓에서 이런 시스템을 만나면 사용을 거부하고 그걸 바퀴에 처박아 버릴 것입니다. 그들은 쇼핑 카트에 휴대용 레이저 스캐너를 부착했습니다. 슈퍼마켓 선반에서 상품을 집어 들어 카트에 넣기 전에 스캐너로 스캔해야 합니다. 속임수를 쓸 수 없도록 하기 위해, 카트에는 무게 감지 센서가 부착되어 있고 전체 무게가 여러분이 스캔한 상품 무게의 합과 일치해야 합니다. 계산할 때는 카트에 있는 카드 단말기에 신용카드를 긁어 주면 됩니다. 쿠폰 사용은 적외선 장치가 탑재된 팜탑 또는 휴대폰을 스마트 키오스크 디스플레이와 스캐너에 대 주면 됩니다.

신이시여, 이 무지막지한 기술의 남용으로부터 우리를 구원해 주소서. 이 시스템은 다른 사람이 하고 있는 일을 우리가 대신 하도록 할 뿐 아니라, 모든 사용자가 복잡한 기술로 구현된 망할 기계의 사용법을 배워서 처리해야 합니다(1장 참조). 예를 들어, 지갑이나 코트 또는 다른 상점에서 사온 짐을 카트에 넣을 수 없습니다. 무게 감지 센서가 무게가 달라지는 것을 인식할 것이기 때문입니다. 상품을 스캔해 카트에 넣었다가 마음이 바뀌었다면 선반에 돌려놓기 전에 그 상품을 다시 스캔한 후 '반품' 버튼을 눌러야 합니다. 어린 아이들은 레이저 스캐너에 매혹

---

11 (역자 주) 세계 최대의 가정용 건축자재 유통 업체

될 게 뻔하고("이것 봐라! 아얏! 내 눈!"), 초등학생 아이들에게도 마찬가지일 테고("오, 좋은데. 레이저 총이다! 저기 있는 할머니한테 쏴 봐야지. 피융!"), 10대 청소년들에도 말할 필요가 없겠죠(여러분이 직접 상상해 보기 바랍니다). 막대 사탕 하나를 사기 위해서도 사용 방법(영어와 비슷해 보이기는 하지만 이해할 수는 없는 이상한 언어로 쓰일 것이 뻔한)을 읽어야 합니다. 물론 각 상점은 서로 다른 형태의 카트를 사용할 것이고, 여러분은 그걸 모두 읽어봐야 합니다. 저는 소매 업계에 이보다 더 큰 피해를 줄 수 있는 방법을 생각할 수가 없습니다. 마치 핵폭탄을 두 방은 먹인 것과 같습니다.

온라인에서 식료품을 주문하면 이를 집에 배달해주는 피팟(Peapod, www.peapod.com)과 같은 식료품 배달 서비스가 이 문제에 대한 훨씬 좋은 해결책이라 할 수 있습니다. 계산대를 통과하는데 드는 시간을 절약할 수 있을 뿐 아니라, 쇼핑 시간과 구매한 물품을 옮기는 데 드는 시간도 절약할 수 있고(아마 일주일에 1시간 이상은 절약될 것입니다), 교통량과 에너지 사용량도 전반적으로 줄일 수 있습니다. 이런 서비스는 제가 사는 메사추세츠 지역에서도 돈벌이가 되니, 인구밀도가 높은 싱가포르에서는 더 큰 돈벌이가 될 것입니다. 쇼핑 카트를 끌고 매장을 도는 것을 그대로 유지하고 싶다면 상품 한 개씩 스캔하는 대신 각 상품에 RFID(Radio Frequency ID) 태그를 다는 것이 낫습니다. 계산대에서 버튼을 누르면 카트에 담긴 모든 상품을 한번에 계산하게 만들 수 있습니다.[12] 카트에 레이저 스캐너를 장착해 상품을 하나씩 스캔하는 것은 역행을 해도 한참 한 것입니다.

싱가포르 팀은 다른 어떤 팀보다도 열심이었기 때문에 저는 그들을 가운데에 위치시켰습니다. 저보다 덜 질렸거나 또는 사용성보다는 프로그래밍에 더 많은 가치를 두기로 한 다른 심사관들은 그들에게 높은 점수를 주었고, 그 팀은 실제로 공동 3위에 올라 상금도 탔습니다. 그들이 수상권에 그렇게 가까운 줄 알았다면, 수상하지 못하게 하기 위해 가차 없이 딴지를 걸었을 겁니다. 여러분이 궁금해할 것 같은데, 대회가 끝난 후 저는 이 모든 사실을 그들에게 이야기해 주었습니다.

다행히 경진대회에 의심할 여지가 없는 훌륭한 보석이 있었습니다. 투 느구옌(Tu Nguyen)이 그의 아버지가 운영하는 베트남 식당의 종업원들을 위해 만든 2개 국어 데이터 입력 시스템은 매우 놀라웠으며 심사관들의 압도적인 지지로 2만5천 달러 상금을 받는 1위를 수상했습니다. 요리사인 그의 아버지는 영어를 거의 못하고, 네브래스카의 오마하에서 베트남어와 영어를 모두 잘하는 종업원을 구하는 것은 매우 어려웠습니다. 투가 중계자 역할에서 벗어나기 위해서는 그가 없이도 식당이 돌아갈 수 있도록 뭔가 방법을 찾아야만 했습니다. 그래서 그는 식당 메뉴를 포켓 PC에 입력했습니다. 포켓 PC는 보급판 소설책 크기 정도의 컴퓨터로 무선 네트워크를 사용할 수 있었고, 가격도 2백 달러 정도까지 떨어져 종업원들에게 하나씩 지급할 수 있었습니다. 종업원이 고객의 주문을 영어로 입력해 무선 네트워크를 통해 일반 PC에서 돌아가는 투의 서버 프로그램으로 보내고, 프로그램에는 번역 표가 있어 주

---

12 이런 기술은 현재 실제로 존재하며, 미국 국방부나 월마트와 같은 대형 구매자는 이런 기술 적용을 요구하기도 합니다. 현재는 태그 하나당 25센트 정도가 들어 각각의 제품 포장에 사용하기에는 너무 비싸, TV와 같은 고가 상품이나 저가 상품을 묶어놓은 포장 상자 같은 데 사용하고 있습니다. 그러나 태그 가격이 훨씬 낮아지면 많은 곳에 활용될 것입니다. 2010년쯤 그렇게 되지 않을까 예상하고 있습니다. 더 자세한 정보를 알고 싶으면 www.autoidlabs.org를 보기 바랍니다. 2004년 11월15일, FDA와 주요 제약회사는 비아그라와 같이 가짜 약이 빈번하게 만들어지는 약품의 병에 RFID 태그를 사용할 것이라 발표했습니다.

문을 베트남어로 변환한 다음 이를 인쇄해 주방에 전달하면 되는 것이었습니다.

인간이 개입하지 않고 언어를 번역할 뿐만 아니라, 주문을 더욱 신속하게 주방에 전달할 수 있게 되었습니다. 종업원이 주방까지 걸어가거나 하나의 컴퓨터에 입력하기 위해 기다릴 필요가 없어졌기 때문입니다. 주문을 잘못 이해해 생기는 손실 비율이나 작업 혼란이 현저히 줄어들었고, "이건 내가 주문한 게 아니잖아, 이 〔인종차별적인 폭언〕아" 하고 말하는 성난 고객도 옛날 이야기가 되었습니다. 작은 식당에서 빠른 주문 처리는 곧 빠른 테이블 회전율로 나타났고 이는 매출 증가로 이어졌습니다.

브로콜리를 많이 넣거나 실란트로[13]를 빼거나 하는 등 고객의 취향에 따라 요리를(안전하게) 맞추는 것이 가능해졌고, 이는 고객 만족도를 높여서 단골 고객이 생기고 입소문이 퍼졌습니다. 전문 요리 검토자들은 조사 과정의 일환으로 항상 특별한 주문을 하는 경우가 많은데, 이 시스템으로 인해 지역 미디어의 리뷰도 개선되었습니다.

투는 기술만을 위한 기술을 사용한 것이 아니고, 그가 풀어야 하는 비즈니스 문제에 아주 정확하게 집중했던 것입니다. 이 작고 간단하고 아름다운 시스템은 식당을 운영하는 데 거의 모든 면에서 발생하는 어려움을 획기적으로 감소시켰습니다. 번역 표를 바꾸면 다른 언어에서도 활용할 수 있습니다. 말하자면 스페인어로 주문을 입력하고 일본어로 출력되도록 하는 식으로 말입니다. 이 시스템은 오마하의 새로운 스

---

13 (역자 주) 멕시코 요리에서 쓰이는 향신료.

포츠 경기장에서 사용을 고려 중이라 합니다. 저는 투가 졸업 후 직장을 알아보기 위해 노력하지 않아도 여기저기서 와 달라고 할 것이라고 생각합니다. 기회의 땅에서 이민자로 성공한 또 다른 스토리가 되는 것입니다.

저는 오해를 하고 있는 모든 팀에게 설명하기 위해 많은 노력을 했습니다. 컴퓨팅은 더 이상 기술 분야가 아니라, 사람과 관련된 분야입니다. 제가 테크에드에서 한 여러 가지 것들 중에서 가장 중요한 것은 주의 깊은 문제 정의에는 보상을 하고 기술 자체를 위한 기술 활용은 응징했다는 것입니다. 저는 그것이 감수성이 예민한 학생들에게 중요한 영향을 끼쳤다고 생각하는데, 정말 그렇게 되었길 바랍니다. 그것이 제가 업계에 기여할 수 있는 최상의 노력이었을 것입니다. 물론 여러분이 읽고 있는 이 책과는 별개로 말입니다.

7장

그래서 이 미친 놈들은 뭔데?

괴짜(Geek) [명사]

종종 다른 사람들이 생각하기에 지나치다 싶을 정도로 과도하게 컴퓨터나 다른 기술의 사용을 즐기고 이에 자부심을 갖는 사람.

— 마이크로소프트 구내 매장에 걸려있는 티셔츠에서

앞 장에서는 괴짜들이 모여 있을 때 어떻게 행동하는지를 살펴보았습니다. 이제 개개인을 살펴볼 차례입니다. 소프트웨어가 개떡 같은 이유 중 가장 큰 것은 그걸 만드는 사람들이 사용자 집단(그들의 필요와 바람, 소망과 공포)을 제대로 이해하지 못했기 때문이란 것을 이제는 명확히 알았으리라 믿습니다. 바로 이런 무지 때문에, 그리고 이 무지에 대한 무지 때문에, 그들은 무의식적으로 사용자가 자신들과 비슷할 것이라 가정하는 것입니다. 그들은 스스로 이렇게 생각합니다. "난 이게 마음에 들어. 이렇게 하는 게 명확하지. 따라서 다른 사람들도 이걸 좋아할 거고, 이렇게 하는 게 그들에게도 이해하기 쉬울 거야. 그저 상식(common sense)[1] 일 뿐이지. 안 그래?"

호모 로지쿠스

틀렸습니다. 소프트웨어를 만드는 괴짜들의 세계관은 사용자들의 세계관과는 매우 다릅니다. 별로 놀랄 만한 것도 아닙니다. 의사와 환자가 세상을 어떻게 다르게 볼지 생각해 보십시오. 환자들에게 세상은 맛있는, 입맛 다시게 하는, 설탕 시럽이 뚝뚝 떨어지는 크리스피 크림 도넛이나, 졸린 눈을 번쩍 뜨이게 하는 스타벅스 커피(스타벅스 웹 사이트가 여러분에게 가까운 매장을 알려주는 것에 동의할지 궁금하면 2장을 보십시오)가 아니라, 언제 발생할지 모를 심장마비 같습니다. 카톨릭 대주교가 신도들과는 다르게 세상을 어떻게 볼지 생각해 보십시오. "에이, 성가대 아이들 몇 명이 약간 괴롭힘을 당했을 뿐인데 스캔들이라니? 문제의 신부를 다른 교구로 옮기면 아무도 눈치채지 못할 꺼야." 이런 저런 전문 직종의 구성원들을 보면 다른 세상에 사는 것처럼 보이곤 하는데,

---

1 이 용어(common sense)는 세상에서 가장 모순되는 단어의 조합입니다. 세상에서 센스(sense)보다 덜 일반적인(common) 것은 없습니다. 다음에 '상식(common sense)' 또는 '직관(결국은 같은 말)'이라고 말하는 자신을 발견하면, 잠시 멈추고 스스로의 목소리를 들어 보시기 바랍니다. 다른 사람과 논쟁할 때 그들이 당신과 같은 생각을 한다고 주장하는 것은 아마 바보 같은 생각입니다. 그들은 확실히 다르게 생각하기 때문입니다. '상식'을 '내 생각'으로 바꾸십시오. 그게 실제 의미입니다. 그러면 여러분은 다른 사람이 실제로는 어떻게 생각하는지 이해해야 할 필요가 있음을 깨닫게 될 것입니다. 다른 사람이 어떻게 생각할 거라고 오해하거나 또는 다른 사람이 어떻게 생각해 주기를 바라는 대신 말입니다. 이것은 일반적으로 잘 감지되지 않는 것입니다.

이는 컴퓨터 괴짜들 역시 마찬가지입니다. 사람들이 의사나 신부가 되는 것은 그 직종이 가지는 세계관이 자신의 성격에 맞기 때문입니다. 전문 프로그래머가 되는 사람들도 프로그래머로서 세계를 보는 방식이 자신들 안에 있는 괴짜성과 맞기 때문입니다.

앨런 쿠퍼(제가 존경을 표해온 이 분이 이제는 누군지 알고 있겠죠?)는 사람들 중에서 프로그래머 부류를 표현하기 위해 호모 로지쿠스(homo logicus)란 말을 만들어냈습니다. 그들이 나머지 인류와 어떻게 다른지 설명하겠습니다. 겁내지는 마십시오. 그들이 여러분을 물어뜯지는 않을 테니까요. 적어도 이 페이지에서는 말입니다.

남성 호르몬 중독

테크에드나 다른 컴퓨터 컨퍼런스에서 첫 번째로 눈에 띄는 것은 쉬는 시간마다 남성용 화장실 앞에 길게 늘어선 줄입니다. 컴퓨터 괴짜에는 압도적으로 남자가 많습니다. 정확한 수는 알아내기 어렵지만, 제가 맡고 있는 고급 프로그래밍 수업에 여자는 작년에는 12%, 올해는 9%뿐입니다. 다른 교수들도 그 비율은 비슷하다고 말합니다.[2]

---

2 한번은 특별한 이유도 없이 과제 제출을 연기해 달라고 부탁하는 여학생 한 명을 공개적으로 꾸중한 적이 있습니다. 그 여학생은 제 수석 조교인 로즈머리에게 가서 "데이브는 여자에게 너무 불친절한 것 같아요. 그렇지 않나요?" 하고 말했습니다. 로즈머리는 정색을 하며 저를 옹호했습니다. "그에게 성별은 아무런 의미도 없어요. 데이브는 모든 사람을 개똥처럼 취급한다니까요." 제 조교가 얼마나 사랑스러운지 모르겠습니다.

컴퓨팅 업계에서는 하드코어 분야일수록 남성의 비율이 훨씬 높습니다. 저는 십수 년 동안 마이크로소프트와 함께 저수준 영역의 개발 작업을 했는데, 여성 개발자는 한두 명뿐이었습니다. 전도, 관리, 영업, 지원, 이런 곳에는 여자가 많습니다. 그러나 매일 하루 종일 컴퓨터 앞에 앉아 있는 사람은 XY 염색체를 가진 남자입니다. (여성 하드코어 프로그래머로부터 날아올 무자비한 이메일에 대해서는 말하지 않아도 됩니다. 저도 그들이 존재한다는 것을 알고, 그들이 훌륭하다는 것도 압니다. 단지 그런 여성이 많지 않다는 것을 말하는 것뿐입니다. 여러분은 그런 여성이 많기를 바라겠지만, 제 아내가 지적하길 그런 여성들도 간호사 컨퍼런스에서처럼 여자 화장실 앞에서 줄을 서서 기다리고 싶어지지는 않을 거라고 하더군요.)

저는 그게 지적 능력의 문제라고 생각하지는 않습니다. 제가 12년 동안 가르치면서 가장 똑똑했던 학생은 모든 과목에서 100점을 받은 다프네(Daphne)라는 MIT 화학과 대학원 여학생이었습니다. 그녀는 모든 과제에서 A를 받았을 뿐 아니라(그것도 모두 기간 내에 제출했는데 전무후무한 일이었습니다), 보너스 점수용 부가 프로젝트도 모두 수행해냈고, 단지 고통을 즐기기 위해 한두 개의 프로젝트를 직접 생각해내 수행하기도 했습니다. 놀랍게도 그녀는 학교에 다니는 두 아이의 엄마였습니다. 컴퓨팅 업계에는 안된 일이지만 그녀는 다른 괴짜들과 코드를 작성하는 대신 보석 세공 일(www.daphnedesigns.com)을 하기로 결정했습니다.

제가 다프네에게 여성 프로그래머가 적은 이유가 뭐라 생각하냐고 묻자 그녀는 다음과 같이 답했습니다. "사람들은 보통 자신이 공부할 분야를 고등학교에서 결정하는데, 아이들은 다른 친구들과 잘 어울리기 위해 자신의 장점을 숨기는 게 일반적이죠. 그리고 여자 아이가 괴짜가 되면 남자 아이보다 10배는 더 어려움을 겪습니다. 제 딸은 물리학 괴짜인데, 다른 또래 여자 아이들과 어울리는 데 많은 문제를 겪고 있지만, 남자 아이들과는 문제가 훨씬 덜합니다. 남자 아이들은 모임에서 난해한 양자 물리학에 대해 이야기하는 것과 같은 사회적 실수에 관대하지만, 여자 아이들은 그런 것을 참지 못합니다. 반면 제 딸아이는 대부분의 여자 아이들과 달리 머리 모양이나 옷, 남자 아이들에 대해 이야기하는 것을 견디지 못합니다."

최근 50년 동안 의과 대학에서 여성 의사의 비율이 거의 0%에서 절반 이상으로 증가했고, 이에 따라 제약 업계의 관행은 급격하게 변했습니다. 많은 사람들이 최근 카톨릭 교회에서 발생한 아동 성추행 사건과 이 추문을 은폐하려던 시도도 부분적으로는 남성만으로 이루어진 조직 구조 때문일 수도 있다고 생각합니다. 저는 컴퓨터 업계에서 지나치게 높은 남성 비율이 소프트웨어 개발에 심각한 영향을 미친다고 생각합니다. 바로 이것이 실제 작업을 하는 데 도움이 되는 유용한 기능 대신 멍청하고 비생산적이면서도, 소위 멋진 기능이라 불리는 떠다니는 메뉴 바(제가 개요에서 설명했던) 같은 것을 보게 되는 이유 중 하나일 것입니다. 상당한 비율의 프로그래머가 아이를 키우는 엄마라면, 업계와 사회에 이익이 되는 것에만 (무자비하게) 우선시하는 것을 볼 수 있을지도 모릅니다.

파코 언더힐(Paco Underhill)은 『Why We Buy: The Science of Shopping』[3](Simon and Schuster, 1999)에서 다음과 같이 썼습니다. "쇼핑에서

---

3 (역자 주) 번역서: 『쇼핑의 과학』(세종서적, 2000년)

성별에 따른 차이를 주의 깊게 연구한 결과, 남자는 기술 자체를 좋아해서 모여있으면 서로 하드 디스크 용량이나 모뎀 속도를 비교하곤 한다. 그들의 말처럼 그런 것은 남자들의 것이다. 반면 여자들은 하이테크 세상에 완전히 다른 접근 방법을 취한다. 그들은 기술을 수용해 이를 가전제품으로 바꾸어 버린다. 그들은 그 유용성을 확인하기 위해 이해할 수 없는 전문용어로 둘러 쌓인 껍데기를 벗겨 버린다. 여자는 기술을 보고 그 목적과 이유, 즉 그 기술이 자신들에게 어떻게 도움이 될지를 생각한다. 기술은 항상 우리의 삶을 좀더 쉽고 효율적이게 바꿔준다고 약속한다. 여자는 이런 약속을 실천할 것을 요구한다." 저도 그 약속이 이행되는 것을 보고 싶고, 그것이 이 책을 쓴 이유 중 하나입니다. 아마 제 딸아이가 그런 세상을 실현할지도 모르죠.

제어와 만족

괴짜들은 항상 자신들이 상황을 통제하고 있다는 느낌을 갖고 싶어합니다. 이런 욕구는 아마 초등학교 때부터 생겼을 겁니다. 운동도 잘 못하고 여자들도 그들에게는 말을 걸지 않았지만, 그들은 원할 때면 언제고 구석에 앉아서 큐빅 퍼즐을 마음대로 맞춰낼 수 있었습니다. 그리고 그들이 정말 하려는 것이 무엇이었는지를 깊숙이 파고들어가 보면 그것은 퍼즐을 사용설명서대로 마음껏 주무르는 것이었을 겁니다. 제가 1장에서 설명했듯이, 괴짜들은 수동 기어 자동차를 좋아합니다. 뭔가를 마음대로 제어할 때의 느낌을 좋아하기 때문입니다. 그 방법을 배워야 하는 것, 그리고 운전을 하면서 지속적으로 기어를 바꿔야 하는 것과 같은 부가적인 일에는 신경을 쓰지 않습니다. 그들은 이런 것이 상당히 괜찮은 트레이드오프라고(그리고 자동차라면 당연히 그래야 한다고) 생각하며, 그걸 인식하고 그렇게 할 수 있을 정도로 똑똑하다는 것에 대해 스스로 자부심을 느낍니다. 그들도 (추상적으로는) 어떤 사람들은 그들과 생각이 다르다는 것을 알지만 그런 사람의 비율은 그리 높지 않을 거라 생각합니다. 그리고 그런 사람들이 왜 그렇게 느끼는지에 대해서도 이해하지 못할 뿐 아니라, 그런 사람은 얼마 안 될 것이라 생각했다가 사실은 대부분의 사람들이 그렇다는 것을 알게 되면 깜짝 놀라고 맙니다.

괴짜들은 제어를 열망하기 때문에 사물이 어떻게 동작하는지를 지속적으로 분석하고 더 좋게 만들 방법을 궁리합니다. 수업시간에 이를 설명하기 위해 저는 종종 학생들에게 묻곤 합니다. "마지막으로 만족감을 느낀 것이 언제입니까? 기쁨, 슬픔, 배고픔, 노여움(특히 저에 대해서)도 좋지만, 제가 알고 싶은 것은 만족감에 대해서입니다. 자, 만족감을 마지막으로 느꼈던 것이 언제입니까? 그런 느낌을 가져본 적이 있기나 한지 기억할 수 있습니까? 이건 그냥 수사적인 질문이 아닙니다. 저는 날짜와 시간, 장소까지 알고 싶습니다." 지금까지 제게 대답한 사람은 아무도 없었습니다. 한 사람도 없었습니다. 부분적으로는 사회적 문제입니다. 우리는 부를 축적했지만 만족스런 시대에 살고 있지는 못합니다. 브루킹 연구소 연구원이자 NFL[4] 해설가인 그레그 이스터브룩(Gregg

---

4 (역자 주) National Football League. 미국 축구 연맹 (물론 미식축구를 말함)

Easterbrook)이 『The Progress Paradox: How Life Gets Better While People Feel Worse』[5](Random House, 2003)에서 "언젠가 에덴 동산이 복원된다 하더라도, 사람들은 우유와 꿀만 나오는 예측 가능한 메뉴나 크게 그르렁거리기만하는 우호적인 사자에 대해서도 불평할 것이다." 라고 썼습니다. 그러나 이런 현대 사회를 감안하더라도 프로그래밍은 본질적으로 불만족의 분야여서, 작업자를 만족을 모르는 사람으로 만들어버립니다. 물론 진짜 괴짜들에게는 물컵의 물이 반만 찬 것도 아니고 반만 빈 것도 아닙니다. 만일의 경우를 위해 합리적으로 여백을 남겨두는 것이 나쁜 것은 아니지만, 그것은 현재 필요에 딱 맞는 게 아닌 것입니다.

프로그래머는 소프트웨어를 조금 더 좋게(그들이 더 좋다고 생각하는 것은 종종 사용자들의 생각과는 다르지만) 만들려 하면서 하루를 보내고, 다음 날에도 조금 더 좋게, 그 다음 날에도 조금 더 좋게 만들려고 합니다. 그들은 그런 사람입니다. 이런 성향은 그들의 머릿속에 뿌리 박혀 있어 그들이 작업하고 있는 동안 그런 생각을 멈추는 것은 불가능합니다. 심지어는 아침을 먹으면서도 뭔가 더 좋은 방법이 없을까 생각하기도 합니다. 자신들만큼 똑똑한 사람들이 그걸 볼 수 있게 말입니다. 여기 닐 스테펜슨(Neal Stephenson)의 괴짜 소설 『Cryptonomicon』[6](Arrow, 2000)에서 나오는 예가 있습니다.

---

5 (역자 주) 번역서:『진보의 역설 : 우리는 왜 더 잘살게 되었는데도 행복하지 않은가』(에코리브르, 2007년)
6 Cryptonomicon는 그 분량(900페이지 이상)뿐 아니라 괴짜적 특성, 암호학, 고급 수학 이론과 관련된 구성에도 불구하고 뉴욕 타임즈 베스트셀러 12위까지 올라갔었고, 저 또한 이 책을 읽어보라고 강력히 추천합니다. 여러분이 이 책을 좋아한다면 아마 Cryptonomicon도 좋아할 겁니다.
  (역자 주) 번역서 :『크립토노미콘 1,2,3,4』(책세상, 2002년)

"세계적 수준의 시리얼 먹기에는 교묘한 타협이 필요하다. 엄청나게 쌓인 불어 터진 시리얼과 넘칠듯한 우유를 생각한다면 이는 초보자임을 뜻할 뿐이다. 이상적으로는 바짝 마른 시리얼과 온도가 낮은 우유의 접촉을 최소화하면서 입으로 넣고, 시리얼과 우유의 모든 반응은 입안에서 일어나야 한다. 랜디(괴짜 주인공)는 특별한 '시리얼 먹기 전용 스푼'의 설계도를 마음속으로 그렸는데, 그 스푼에는 손잡이뿐 아니라 소형 모터가 장착된 튜브가 달려 있어 우유를 퍼 올릴 수 있었다. 이제 그릇에서 바짝 마른 시리얼을 스푼으로 퍼 올리고 손가락으로 버튼을 눌러 스푼 안으로 우유가 쏟아지게 해 입으로 들어가게 한다. 차선책은 조금씩 작업하는 방법으로, 캡틴 크런치를 한 번에 조금씩 그릇에 넣고 불기 전에 먹어 치우는 것인데, 캡틴 크런치의 경우 그 시간은 대략 30초 내외다."

모델 만들기

프레드릭 브룩스의 고전 『The Mythical Man-Month』에서 언급한 것과 같이 프로그래머는 '거의 순수하게 생각과 관련된 것'을 가지고 작업합니다. 커피 콩, 수류탄 생산자 또는 출판사와 달리, 프로그래머는 발등에 떨어뜨릴 만한 구체적인 것을 만들어 내지 않습니다. 의사는 실제 물리적인 뼈나 코 또는 창자를 다루지만, 프로그래머는 자신 또는 다른 프로그래머가 만든 정신적 구조만을 조작합니다.

따라서 괴짜들은 다른 분야에서와는 달리 추상적 정신 모델을 통해 세상을 바라봅니다. 예를 들어 스택(stack)[7]은 가장 나중에 집어넣은 정보가 가장 먼저 나오도록 구성된 프로그램 내의 메모리 구조입니다. 스택은 그 이름에서 알 수 있듯이 여러분 책상 위의 종이 더미와 비슷합니다. 큐(queue)[8]는 가장 먼저 집어넣은 정보가 가장 먼저 나오도록 구성된 메모리 구조로, 그 이름이 의미하듯 대기열과 비슷합니다. 패킷스위치 큐(packet-switched queue)도 큐의 일종으로 서비스를 기다리는 모든 아이템이 일렬로 대기하고 각 서버가 현재의 작업을 마치고 새로운 작업을 처리할 수 있게 되면 대기열에서 가장 앞에 있는 아이템을 가져다 처리합니다("줄에 서 있는 다음 분은 4번 창구로 오십시오."). 은행 창구나 항공사 체크인 데스크는 패킷 스위치 큐로 구성되어 있는 반면, 슈퍼마켓은 각 계산원마다 별도의 큐를 가지고 있습니다. 캔디 바를 계산하는 데 수표 책을 가지고 버벅거리고 있는 노쇠한 할머니 뒤에서 기다리다 짜증이 난 어느 괴짜가 슈퍼마켓 매니저에게 "이 대기열은 패킷 스위치 큐로 해야 한다는 걸 모르겠습니까?" 하고 비명을 지를지도 모를 일입니다.

괴짜들은 이런 정신 모델 속에서 살고 이런 모델을 좋아합니다. 예를 들어, 저는 작년에 저처럼 괴짜인 동료와 3주 동안 순회 발표를 한 적이 있습니다. 하루는 식당에서 아침 식사를 하는데 제 자리에 포크가 없는 것을 보고는 제 동료 자리의 포크를 슬쩍 했습니다. 잠시 후 돌아온 동료는 자리에 포크가 없는 것을 보고(제가 가져갔기 때문이죠) 옆 테이블의 포크를 챙겼습니다. 잠시 후 다른 손님이 그 자리에 앉아 포크가 없는

---

7 (역자 주) stack = 쌓아 올린 더미
8 (역자 주) queue = 줄, 대기 열, 대기 행렬

것을 발견하고는 그 옆 테이블의 포크를 자기 자리로 가져갔습니다. 그 훔친 포크가 식당에서 시계 방향으로 이동할지, 또는 '포크 홀(fork hole)' 또는 '안티 포크(antifork)'가 시계 반대 방향으로 이동할지에 대해 제 동료와 저는 며칠 동안이고 논쟁을 벌였습니다. 그게 벽에 다다르면 어떻게 될까, 벽에 반사될까, 아니면 마지막 두 테이블에서 진동할까? 저녁 식사 시간에도 아침과 마찬가지 방식으로 이동할까, 아니면 다르게 이동할까? 그리고 왜 그렇게 이동할까? 우리는 다른 식당에서도 테이블의 포크를 숨겨놓고 어떻게 되는지를 관찰하는 지경에 이르렀습니다. 포크가 빈 것을 웨이터가 알아차리고 새로운 포크를 가져다 놓으면(리스본에 있는 리츠-칼튼 호텔에서 그랬습니다. 그들은 이런 것에도 주의를 기울이더군요) 우리는 "저런, 포크와 안티포크가 서로 소멸해버렸군. 우리 실험을 망치다니, 망할 녀석 같으니라고." 하고 말하곤 했습니다.

여러분은 우리가 정상에서 벗어나도 많이 벗어난 것이라고 생각할는지도 모르고, 아마 그게 맞을지도 모르겠습니다. 그러나 우리는 우리 자신이 미쳤다거나 이상하다고 생각하지 않습니다. 오히려 그런 놀이를 드러내 놓고 하기도 합니다.[9] 우리는 세상이 어떻게 동작하는지에 대해 흥미를 가지고 있으며, 서로 달라 보이는 실세계 현상의 밑바탕에 존재하는 추상화된 패턴을 볼 수 있을 정도로 똑똑하고, 이런 추상 패턴을 우리가 이미 이해하고 있는 다른 것과 연계시켜 새로운 것을 빠르게 이해할 수 있다고 생각합니다. 다음에 식당에서 자리에 포크가 없는 것을 발견하면, 주위를 둘러보고 테이블 위에 훔친 포크를 놓고는 상황

---

9 이렇게 하는 좋은 방법 중 하나가 컴퓨터를 켠 다음 콘솔에 출력될 내용이 화면에 나타나기도 전에 큰 소리로 말하는 것입니다. 눈을 감고 주먹을 꼭 쥔 상태에서 하면 특히 효과적입니다.

을 관찰하며 메모하고 있는 수상한 사람이 있지는 않은지 살펴보기 바랍니다.

괴짜와 운동선수

호모 로지쿠스가 완전히 다른 종처럼 보일지도 모르겠지만 앨런 쿠퍼는 『The Inmates Are Running the Asylum』(SAMS, 1999)[10]에서, 좀더 친숙한 종이고 운동에 능숙한 호모 애슬레티쿠스(home athleticus)와 그들을 비교해 보면 그들에 대해 많은 것을 이해할 수 있다는 점을 지적했습니다. 첫눈에 봐도 그들은 완전히 다릅니다. 운동선수들은 균형 잡힌 몸매를 가지고 있지만, 괴짜들은 그렇지 못합니다. 운동선수들은 고등학교에서 많은 친구들의 관심과 부러움을 받지만 괴짜들은 완전 반대입니다. 여학생들은 축구선수들(모두는 아니지만 대부분은 돌머리인) 주위에 모여듭니다. 평균 평점 올A+도 그다지 멋져 보이지 않고(저도 한 과목만 아니었으면 그렇게 될 뻔했습니다), 심지어는 제 체스 대회 우승컵도 대학 대표선수 초청장 앞에서는 초라할 뿐이었습니다. 장기적으로는 운동선수들보다 제가 돈을 훨씬 많이 벌 것이란 걸 알았지만(이는 이성에게 훨씬 더 매력적으로 보일 수 있다고 제 아버지께서 지적하셨습니다), 그땐 상처를 받았습니다. 사회는 동굴에 살던 최초의 괴짜 원시인이 날카로운 돌을 관찰하면서 "훌륭한 프랙탈 패턴이군. 이게 창 끝에

---

10 (역자 주) 번역서: 『정신병원에서 뛰쳐나온 디자인』(안그라픽스, 2004년)

달 수 있을 정도의 크기로도 비례해서 커질까?" 하고 말했을 때부터 우리를 곱지 않은 시선으로 보았습니다. 동굴 시대의 운동선수들은 "네안데르탈인처럼 맨손으로 매머드를 잡으란 말이야." 하고 소리쳤습니다. 말년의 로드니 댕거필드(Rodney Dangerfield)[11]처럼, 우리 괴짜들도 여전히 관심과 존중 받기를 갈망하고 있습니다.

　그러나 이 두 부류는 공통점이 많습니다. 제 대학생 시절, 컴퓨터 운영체계를 마음대로 주무를 수 있는 녀석들도 '컴퓨터 선수'라고 불렸습니다. 운동선수와 괴짜들은 모두 자부심이 강한데, 운동선수는 강건한 체력에, 괴짜들은 똑똑함[12]에 자부심을 느낍니다. 이 두 그룹 사람들은 모두 자부심이 강하기 때문에 동료들끼리의 경쟁도 치열합니다. 물론 괴짜들의 경쟁은 완력보다는 두뇌와 관련된 것이라 외부인이 쉽게 알아채지 못할 수도 있습니다. 그리고 양쪽 그룹 모두 자신보다 열등한 사람, 특히 고려할 가치가 없다고 판단되는 외부인은 무자비하게 밟아 버립니다. 컴퓨터 바이러스를 만드는 사람들을 생각해 보십시오. (돈을 훔쳐내려는 사람 말고 말입니다. 이런 인간들은 그냥 도둑이라고 생각하면 됩니다.) 단지 다른 사람들을 방해하고 그들이 괴로워하는 것을 즐기기 위해 시스템을 멈추게 만드는 사람들을 생각해 보십시오. 그리고 자신들의 힘만 믿고 다른 사람을 괴롭히는 사람들과 비교해 보십시오. 여러분의 생각보다 훨씬 더 비슷합니다.

　선수들은 학교를 졸업한 후에 자신의 고용주나 상관의 지시에 따라

---

11 (역자 주) 미국의 코미디언, 배우(1921~2004)
12 괴짜들의 똑똑함에 대해 저는 '플랫의 프로그래머 패러독스'를 창안했습니다. 간단히 말해서, 우리는 똑똑해서 원하는 것은 무엇이든 할 수 있지만, 멍청하게도 이 바닥에서 일하기로 했다는 거죠. 이해가 안되죠.

그동안의 삶의 방식을 바꾸어야 했습니다. 학교에서 교사들은 그들을 절대 그렇게 만들 수 없었죠. 괴짜들은 어디서든 그렇게 많이 바뀔 필요가 없었습니다. 그냥 공을 던지는 것과는 달리, 괴짜들이 가진 기술은 사회에서 필요로 하기 때문에 그들은 더 나빠지기도 합니다. 쿠퍼는 다음과 같이 썼습니다. "이해할 수 없는 소프트웨어로 사용자의 마음에 말뚝을 박거나, 또는 오랫동안 고통 받은 인간에게 단지 돈 몇 푼 긁어내기 위해 감정적 짐을 지우는 행동이 당연시 되고 있다."

소프트웨어가 더 이상 개떡 같지 않기 위해서 괴짜들도 변화가 필요합니다. 부모가 나이가 들어서도 난폭한 아이들에게 '조심성 있게 행동하라'고 말하는 것처럼 말입니다. 괴짜들은 자기들끼리 노는 게 아닙니다. 20년 전과는 상황이 다릅니다. 그들에게 월급을 주는 그들의 고객, 사용자와 같은 비전투요원이 그들보다 훨씬 많습니다. 소프트웨어는 괴짜들이 지금까지 속여왔던 것처럼 개떡 같을 필요가 없습니다. 소프트웨어가 개떡 같다면 그건 나쁜 프로그래머가 사용자를 고려하지 않고 그렇게 작성했기 때문입니다. 의사나 비행기 조종사가 그렇게 한다면 우리는 용인하지 않을 것입니다. 그런데 왜 괴짜들을 용인해야 한단 말입니까? 그럴 필요가 없습니다. 마지막 장에서 이에 대해 좀더 설명하겠습니다.

은어(전문 용어)

폐쇄적인 그룹이 외부인을 배제하는 주요 방법 중 하나가 은어(자신들만이 아는 언어)를 사용하는 것입니다. 신부들은 라틴어를 말하고, 유치원 선생들은 돼지 라틴어를 말하며, 찰스 디킨스(Charles Dickens)의 올리버 트위스트에 나오는 도둑들도 그들만의 은어가 있었습니다. 괴짜들 또한 일반인이 이해하기 어려운 그들만의 언어를 사용한다는 것은 그리 놀랄 만한 일도 아닙니다. 제가 프로그래머 친구들과 논쟁을 벌이기 시작하자 제 아내는 "괴짜들 말은 알아들을 수가 없군요." 하면서 어깨를 으쓱했습니다. 저는 여러분, 즉 이 책의 구매자이자 독자들의 이해를 돕기 위해 가급적 괴짜들이 쓰는 말을 사용하지 않으려고 부단히 노력하고 있습니다. 그것이 제게 얼마나 어려운지 알면 아마 깜짝 놀랄 것입니다.

그들의 추상 정신 모델을 위한 새로운 용어 외에도, 괴짜들은 약자(단어의 앞 글자만 따서 새로운 단어를 만드는)를 만들어내는 것을 좋아합니다. 예를 들어 우리에게 익숙한 레이더(radar)는 radio detection and ranging의 약자이고, 널리 사용되는 모뎀(modem)이란 용어도 modulator/demodulator에서 나온 것입니다. 의사들 또한 약자를 많이 쓰기로 특히 유명합니다. "ICU, stat. Dang, he's DOA, GDI"[13] (Intensive Care Unit, Dead On Arrival, God Damn It). 군대에서도 약자를 많이 만들어 냅니다. SNAFU나 FUBAR도 군대에서 나온 용어인데 너무도 많이 사

---

13 (역자 주) 중환자실. 서둘러. 젠장. 이미 죽어서 도착했군. 제기랄.

용되어 제 워드 프로세서의 맞춤법 검사기에서도 옳은 단어로 인식할 정도입니다. 괴짜들은 보통 DLL(Dynamic Link Library, 윈도우에서 많이 볼 수 있습니다), SDK(Software Development Kit)과 같은 약자를 많이 사용합니다. 그러나 우리 괴짜들은 한걸음 더 나아가서 다음과 같은 약자를 만들어내기도 합니다. DLL, SDK와 같은 약어를 TLA라 부르는데 TLA는 Three Letter Acronym(3글자로 된 약어)을 뜻합니다. 물론 TLA 자체도 TLA입니다.

우리는 괴짜로서 26글자 알파벳으로는 TLA로 사용할 수 있는 약자 수가 17,576개밖에 안 되며, 마이크로소프트가 지난 여름에 다 써버렸다는 것을 깨달았습니다. 우리는 Ð나 Þ와 같은 특수문자[14]를 허용할 수도 있었지만, 이 문자는 아이슬란드 이외의 다른 나라 키보드에는 나오지 않습니다. 따라서 괴짜들은 약자의 글자수를 늘려 WSDL(Web Service Descriptor Language), SOAP(Simple Object Access Protocol)[15]과 같은 용어를 만들어냈습니다. 이런 종류의 약자는 이름이 없었는데, 1998년 뉴스레터 기사에서 제가 이런 약자의 이름을 FLAP이라고 선언했습니다. 이는 Four-Letter Acronym Package(네 글자로 된 약어[16])를 뜻하며, 물론 FLAP 자체도 하나의 FLAP입니다.

---

14 이런 문자는 현대 아이슬란드어에서 여전히 사용되며, 고대 스칸디나비아 반도 지방의 언어로부터 유래되었습니다. 첫 번째 문자 이름은 "eth"이며 소리는 유성음 "th" 발음('though'에서의 'th' 발음)과 같습니다. 두 번째 문자 이름은 장미에 있는 가시와 같은 'thorn'인데 소리는 무성음 'th' 발음-('thought' 또는 'thorn' 자체에서의 'th', 또는 그런 의미에서 eth의 끝소리)과 같습니다.

15 신성로마제국이 신성하지도 않았고 로마도 아니었고 제국도 아니었던 것처럼, Simple Object Access Protocol이라 불리는 것도 절대 간단하지 않고 객체(인기 있는 프로그래밍 기법)와는 상관도 없는 것입니다. 괴짜들은 멋있어 보이는 약어에 약합니다. 설사 그게 완전하게 정확하지 않더라도 말입니다.

16 (역자 주) 뒤에 Package는 약어를 네 글자로 만들어 FLAP 자체가 FLAP이 되도록 하기 위해 붙인 것이며 Package에 중요한 의미가 있는 것은 아닙니다. 괴짜들은 이렇게 재귀적인 것을 좋아합니다. 대표적인 예로 GNU(GNU is Not Unix)가 있습니다.

네 글자 약어는 456,976개의 조합이 가능한데, 컴퓨터가 64,000 문자를 저장할 수 있는 메모리에서 이것보다 64,000배, 즉 40억 개 문자를 저장할 수 있게 확장되는 데 20년도 채 안 걸린 것을 고려하면, FLAP으로 가능한 조합도 얼마 안 가서 바닥날 것입니다. 따라서 미리 준비해 두는 차원에서 저는 FLEAP(Five-Letter Extended Acronym Package, FLEAP 자체도 FLEAP입니다)란 용어를 만들었는데, 거의 1천2백만 개의 조합이 가능합니다. 괴짜들이 사용해온 OLEDB(이것의 정의가 뭔지를 설명하느라 여러분을 지루하게 하지는 않겠습니다)나 우리의 오랜 친구인 SNAFU, FUBAR등도 역시 FLEAP입니다. 그리고 FLEAP를 다 써버려도 우리는 SLEAPE('sleepy'로 발음되며 Six-Letter Extended Acronym Package, Eh?의 약자입니다)를 사용할 수 있습니다. 캐나다에 다녀오면서 생각해낸 것입니다. SLEAPE는 3억 개 이상의 조합이 가능하며, 이 정도면 당분간은 걱정하지 않아도 될 듯 합니다. SLEAPE를 시험한 초창기 약어는 재미있는 발음을 가진 MOOTWA(Military Operations Other Than WAr)인데, 이라크 재건 사업이나 루이지애나의 허리케인 구호활동 등을 이렇게 부릅니다. 그러나 마지막 A가 자신만의 단어 첫 글자가 아니기 때문에 이것을 SLEAPE로 쳐도 될지 확신이 없습니다. 괴짜들을 위한 SLEAPE로는 PCMCIA가 있는데 원래는 노트북 PC를 위해 설계된 확장 카드의 일종을 뜻했지만, 곧 'People Can't Memorize Computer Industry Acronyms'[17]를 뜻하게 되었습니다. 아, 물론 SLEAPE 자체 역시 SLEAPE입니다.

---

17 (역자 주) 사람들은 컴퓨터 업계의 약자를 기억할 수 없어요.

두뇌와 제약조건

괴짜들은 외부 제약조건 하에서도 힘을 발휘하는 기발한 생각을 존경합니다. 이런 기발한 생각은 마치 한 손은 뒤로 묶여 있은 상태에서 나머지 한 손만으로 상대를 때려 눕힌 선수나, 위험한 자연환경 속에서 화려한 꼬리를 가지고도 살아남은 공작새와도 같은 것입니다. 괴짜들은 "이 친구가 그런 제약 속에서도 이런 믿기 어려운 해결책을 생각해 냈다면, 이 친구 정말 나보다 얼마나 더 똑똑한 거지?" 하고 생각합니다.

그들이 좋아하는 제약조건 중에 5, 7, 5 음절의 3구로 된 일본의 단시인 하이쿠(haiku, 俳句)가 있습니다. 1998년 2월, 살롱(Sanon) 잡지는 독자들을 초청해 컴퓨터 에러 메시지를 하이쿠로 재작성하는 대회를 열었습니다.[18] 피터 로드먼(Peter Rothman)이 작성한 존경스런 하이쿠입니다.

윈도우NT가 뻗었다.   Windows NT crashed.

나는 죽음의 블루스크린이다.   I am the blue screen of death.

아무도 너의 비명을 듣지 못한다.   No one hears your screams.

찰리 깁스(Charlie Gibbs)는 프로그램이 사용자와 커뮤니케이션하는 데 있어 필요한 것에 대해 부적절하고 게으르게 대처하는 프로그래머의 관점을 묘사했습니다.

18 여기 실린 하이쿠는 원래 살롱지의 웹 에디션 1998년 2월 10일에 있던 것입니다.

에러가 발생했다.	Errors have occurred.
어디서 또는 왜 발생했는지 말하지 않겠다.	We won't tell you where or why.
게으른 프로그래머들.	Lazy programmers.

영예의 대상은 데이빗 딕슨(David Dixon)에게 돌아갔습니다.

세 가지는 확실하다.	Three things are certain.
죽음, 세금 그리고 데이터 손실.	Death, taxes, and data loss.
어떤 게 발생했을까.	Guess which has occurred.

다음은 제가 토론토로 여행하며 쓴 것입니다.

내 고양이가 리셋 버튼을 눌렀다.	My cat pressed Reset.
이제 테니스 라켓을 가지고 있다.	Now she's tennis racket.
가죽 공만은 제발……	No more furballs, eh?

괴짜들의 하이쿠 중 가장 훌륭한 것은 'DeCSS[19] 암호해독' 입니다. 유럽의 한 팀이 DVD 플레이어 프로그램을 역공학해서 DVD 영화 복사를 방지하는 암호화 기능을 깼습니다. 이 암호해독 프로그램은 디지털 밀레니엄 저작권법(Digital Millennium Copyright Act)에 의해 미국에서는 금지되어 있는데 이는 그 프로그램이 불법 행위를 의도한 것이기 때문입니다. 그러나 이런 프로그램을 어떻게 만드는지를 설명하는 작성

---

19 (역자 주) CSS(Content-Scrambling System)을 사용해 암호화된 DVD 디스크를 해독해 내용을 보여 줄 수 있는 컴퓨터 프로그램.

방법은 프로그램 자체보다 금지하기가 훨씬 어렵습니다. 이는 표현의 자유를 보장하는 헌법 수정 제1조 때문입니다. 암호해독 프로그램 작성법에 예술적 가치를 더해 '표현의 자유'를 더욱 강력하게 보장받을 수 있도록, 세스 쇼엔(Seth Schoen)이란 어느 미친 골수 괴짜(그는 정말 괴짜임이 분명합니다. 아마 그도 이런 표현을 이해해줄 것입니다)가 해독 프로그램 작성방법을 456개 연의 하이쿠(처음부터 끝까지 5-7-5음절을 유지하며)로 다시 썼으니 아연실색할 정도입니다. 다 보여드리기는 어렵지만(이 책의 웹사이트에 링크를 올려두었습니다) 맛보기로 보여드리겠습니다.

이제 시의 신이여 저를 도와주십시오	Now help me, Muse for
저는 논란이 될 수학에 대해	wish to tell a piece of
조금 말하려고 합니다	Controversial math,
DVD CCA[20] 변호사들이	for which that lawyers
소송을 걸지 않고는 참지 못할	of DVD CCA
내용을 말입니다	don't forbear to sue:
그들 자신만이	that they alone should
알고 가르칠 권한을 가진다고 생각하는	know or have the right to teach
기술과 규칙을 말입니다.	these skills and these rules.

저는 이 하이쿠를 다른 괴짜들에게 보여주었습니다. 그들의 반응은 존경심에 머리를 가로저으며, "젠장, 정말 대단하군!" 하고 속삭이는 것이

---

20 (역자 주) DVD 권리 관리 협회. CCA는 Copy Control Association의 약자.

었습니다. 저는 쇼엔의 작품 수준에는 근처에도 가지 못할 것임을 깨닫고 더 이상 하이쿠를 쓰지 말아야겠다고 심각하게 생각했습니다. 그러나 그러기 전에 그에게 경의를 표해야겠습니다. 물론 하이쿠로요.

누군가 이런 것을 쓸 만큼 자기 손에 충분한 시간을 가진 사람은 대출금이 없는 것이 분명하다.	Someone with enough Time on his hands to write this Must have no mortgage.
나는 깜짝 놀라고 또 놀라 두려움과 존경심을 갖게 되었다. 당신은 신, 정말 괴짜다.	I am astounded, Awed, amazed, flabbergasted. Ye gods, what a geek.

괴짜들의 일곱 가지 습관

유머작가인 포 브론슨(Po Bronson)은 스티븐 코비(Stephen Covey)의 베스트셀러 『The Seven Habits of Highly Effective People』[21]을 패러디해 'The Seven Habits of Highly Engineered People'[22]을 만들었습니다. 내용은 다음과 같습니다.

1. 자신의 관용에 대해서는 이기적이고 자신의 이기심에 대해서는 관대하다.

---

21 (역자 주) 번역서: 『성공하는 사람들의 7가지 습관』 (김영사, 2003년)
22 (역자 주) '골수 엔지니어의 7가지 습관' 정도로 생각할 수 있습니다.

2. 맹목이 비전을 향상시킨다고 믿는다.

3. 먹이를 주는 손을 물 뿐 아니라, 자신들의 손도 문다.

4. 자신의 이미지에 대해 신경 쓰지 않는다는 이미지를 유지하기 위해 많은 노력을 기울인다.

5. 고장 나지도 않은 것을 계속 고치려 한다. 고장 날 때까지.

6. "내가 대답을 잘못한 게 아니라, 당신이 질문을 잘못한 것이다." 라고 생각한다.

7. 비난이 없으면 칭찬으로 생각한다.

이걸 처음 읽었을 때 (의심할 여지없이 브론슨이 의도했을 테지만) 웃음이 터져 나왔습니다. 그렇지만 약간은 불쾌한 생각이 들어 한동안 주의 깊게 하나씩 살펴보았습니다. 좀더 생각해보니 브론슨이 말한 것은 아마 그가 깨달은 것보다도 더 사실인 것 같습니다. 브론슨의 목록에 따라 괴짜들이 어떻게 살아가는지 살펴봅시다.

1. "자신의 관용에 대해서는 이기적이고 자신의 이기심에 대해서는 관대하다." 사용자가 누구인지, 그들이 진짜 필요로 하는 것이 무엇인지 이해하는 것을 회피하기 위해 프로그래머는 프로그램의 내부 동작을 직접적으로 드러내고, 자신들이 작업하기 쉽게 소프트웨어를 설계한다고 1장에서 설명했습니다. 고전적인 예가 사용자에게 끊임없이 확인을 해달라고 물어보는 것입니다. "그걸 정말 하고 싶습니까? 정말 확실합니까? 정말 정말 정말 확실합니까?" 작업취소 (undo)가 가능하도록 만들지 않고(사용자에게는 좋지만 구현하기는 어렵습니

다), 자신들의 책임을 회피한 채 그 책임을 사용자에게 덮어씌웁니다. "이런, 가지고 있으려면 저장하면 되고 필요 없어지면 날려버리면 되는 거지. 이런 것도 제대로 못할 정도로 바보라면 컴퓨터를 만지지 말아야지." 프로그래머들은 이걸 힘이라고 부릅니다. 틀렸습니다. 이런 것은 잘못된 프로그래밍, 게으른 프로그래밍이라 불려야 마땅합니다. 또는 괴짜들의 사전에 있는 가장 독설적인 단어인 멍청한 프로그래밍이라 불려야 마땅합니다. 그리고 이런 관행은 중지되어야 합니다.

2. "무지가 비전을 향상시킨다고 믿는다." 이것 역시 1장에서 봤습니다. 나쁜 프로그램이 파일을 디스크에 저장하기 전에 "변경된 내용을 저장하시겠습니까?" 하고 물었던 것을 기억합니까? 그 프로그램의 사용자 인터페이스 설계자는 프로그램이 내부적으로 어떻게 구현될지에 대해 너무 많은 것을 알고 있었습니다. 아마 설계와 구현을 동일한 사람이 했고, 사용자 또한 내부 동작 원리를 배우길 기대했는지도 모릅니다. 프로그램이 내부적으로 어떻게 구현되는지를 많이 알지 못했다면, 아마 내부 구현으로 주의를 흐트러뜨리지는 않고 사용자와 요구사항에만 집중했을 것입니다. 프로그래밍에 대해 많이 볼 수 없었다면 더 나은 사용자 인터페이스를 설계했을 겁니다. 같은 소리를 듣더라도 눈 먼 사람이 멀쩡한 사람보다 더 많은 정보를 알아내듯 말입니다.

3. "먹이를 주는 손을 물 뿐 아니라, 자신들의 손도 문다." 2장에서,

UPS가 먹이를 주는 고객의 손을 무는 것을 봤습니다. UPS의 웹 사이트는 뭔가를 보여주기도 전에 모든 사용자가 각각 손으로 자신의 국가를 선택해야 했습니다. 구글은 이와 반대로 국가를 자동으로 알아냈습니다. UPS는 그들이 자신의 손까지도 물고 있다는 것을 깨닫지 못했습니다. 사용자는 사용하기 쉬운 웹 사이트를 좋아하게 마련이고, 사용하기 어려우면 떠나기 마련입니다. 언젠가 경쟁사가 더 좋은 웹 사이트를 구축해 그들의 사용자를 빼앗아 가는 것을 봐야 UPS가 정신을 차릴 것 같습니다. 이건 고객을 훔쳐가는 것이 아니라, 그저 예전 방법대로 사업을 하는 것입니다. 고객이 무엇을 원할지를 생각하고(고객 자신이 뭘 원하는지 확실하게 알지 못한다 하더라도), 그걸 제공하면 돈을 벌 수 있습니다.

4. "자신의 이미지에 대해 신경 쓰지 않는다는 이미지를 유지하기 위해 많은 노력을 기울인다." 다른 어떤 가치보다도 지능을 높이 사는 괴짜들의 문화에 대해서는 이 책의 전반에 걸쳐서 설명하고 있습니다. 그럼 인류 역사상 절대적인 최고 수준의 지능을 가진 사람은 누구일까요? 물론 아인슈타인(Einstein)입니다. 옷차림과 몸단장 습관에 대한 그의 영향은 과장해 말하기가 어려울 정도로 대단합니다. 괴짜들은 '성공을 위한 옷 입는 법' 같은 책에 코웃음을 칩니다. 그들 세계에서 성공이란 자신의 지능에 대한 동료들의 인정이기 때문입니다. '정장'이란 단어는 납땜기의 어느 쪽이 손잡이인지도 모르는 멍청한 관리자를 위한 경멸적인 용어일 뿐입니다. "어이, 우리는 충분히 똑똑하기 때문에 당신네 규칙을 따를 필요가 없소." 하고 과

그림 7-1 아인슈타인의 트레이드마크인 부스스한 모습

시하는 것이 호모 로지쿠스에게 어울리는 것입니다. 그게 괴짜들이
스스로 생각하는 이미지입니다. 이렇듯 괴짜들은 그들이 경멸하는
드레스 코드에 대해서는 매우 단호하게 거부합니다. 괴짜들은 자신

의 이미지에 대해 신경 쓰지 않는다는 이미지에 너무나 많은 신경을 써서, 1만 달러 이상을 더 준다는 일자리도 넥타이를 매야 한다는 이유만으로 거부하는 경우가 종종 있습니다.

5. "고장 나지도 않은 것을 계속 고치려 한다. 고장 날 때까지." 또는 캐나다 시트콤에 나오는 레드 그린이 한 말처럼 "고장 나지 않는다면, 아무 노력도 하고 있지 않는 것입니다." 이런 괴짜들의 경향은 1장에서 논의했습니다. 괴짜들은 간단한 것을 간단하게 만들기보다는 복잡한 것을 가능하게 만드는 데 집중합니다. AT&T 전화번호 검색 서비스는 고장 난 것이 아니었습니다. 그냥 전화번호를 물으면 번호가 반복해서 나오고 받아 적은 후 끊으면 됐습니다. 그런데 AT&T의 괴짜가, 전화번호를 알려주는 목소리가 끝난 후 전화기 버튼을 누르면 문의한 번호로 자동 연결해주는 기능을 추가했습니다. 여전히 잘 동작했기 때문에, 뭔가를 바꿔야 하는 게 확실했습니다. 그래서 그 괴짜는 다시 기능을 수정했고, 사용자는 번호를 듣기 전에 자동 연결을 승인하든가 거부해야 했습니다. 전화번호 검색 서비스를 사용할 때마다 자동 연결 기능을 원하든 원하지 않든 일곱 번의 물리적 단계(1장 참조)를 거치도록 바꾼 것입니다. 그들은 이걸 '개선'이라 불렀습니다. 전화번호 검색 서비스 사용률을 낮추는 게 목적이었다면, 대단한 성공이었습니다. 마벨(Ma Bell)이란 애칭으로 불리던 AT&T, 트랜지스터와 레이저를 발명한 AT&T는 이제 죽었습니다.[23] 이게 우연일까요, 운이 다했다고 해야 할까요, 아니면 역사일까요? 한번 말해 보세요.

6. "내가 대답을 잘못한 게 아니라, 당신이 질문을 잘못한 것이다."

2장에서 논의했던 스타벅스 매장 위치 검색 웹 페이지보다 더 좋은 예가 있을까요? 저는 우편번호를 입력해 근처 스타벅스 매장을 찾고 싶었지만, 검색기는 찾을 수 없다고 답했습니다. 스타벅스 매장이 전 우주에 하나밖에 없더라도, 제 집에서 가장 가까운 매장이 하나는 있을 것입니다. 매장이 모퉁이를 돌아 있을 수도 있고, 나라·밖에 있을 수도 있고, 심지어는 화성에 있을 수도 있겠지만, 아무튼 그 중 하나는 제 집에서 제일 가까운 매장이 되겠죠. 그런데 그 웹 사이트는 매장이 존재하지 않는다고 답을 합니다. 한참 지난 후에야 검색 반경을 제한하는 컨트롤을 하나 발견했고, 집에서 가장 가까운 스타벅스 매장은 8마일 거리에 있다는 것을 알게 되었습니다. "당신은 5마일 내에 스타벅스 매장이 있는지를 물었고, 나는 없다고 대답했다."고 웹 사이트가 말합니다. 이 멍청아, 질문을 잘못한 건 내가 아니야. 그런 질문은 나 대신 네가 스스로 한 거란 말이야.

7. "비난이 없으면 칭찬으로 생각한다." 괴짜들은 비난이 없는 것을

---

23 지금 AT&T란 이름으로 알려진 회사는 원래 SBC였고, 1983년 원래의 AT&T에서 분리되어 만들어진 Southwestern Bell이란 회사였습니다. 그들은 2005년에 원래 AT&T의 노쇠한 잔존물을 160억 달러란 다소 저렴한 가격에 사들였는데, 이는 대략 그해 마이크로소프트의 이익과 같은 금액이었습니다. 그들은 조직의 이름을 통째로 AT&T로 바꾸기로 했는데 이는 역사상 가장 멍청한 결정이었을 겁니다. 심지어 AT&T Wireless를 Cingular로 바꾸는 데 수백만 달러를 쓴 이후에 이를 다시 바꾸는 데 엄청난 돈을 소비했습니다. AT&T란 이름이 텔레커뮤니케이션 업계에서 신으로 통할 때 그 자리에 오른 고위 경영진들이 그런 결정을 내린 것이 뻔합니다. 그러나 AT&T란 이름은 30세 이하의 고객에게는 거의 아무런 의미도 가지지 못합니다. 이런 고객이 텔레커뮤니케이션에 관심을 가지기 시작했을 때 AT&T는 이미 시대에 뒤처지고 있었기 때문입니다. 저는 이 책에 나오는 회사들에게 누누이 했던 말을 SBC 경영진에게 들려주고 싶습니다. 되돌아가서 1장을 읽고 다음 금언을 마음에 새기십시오. "사용자는 당신과 다릅니다."

칭찬으로 생각하는 정도가 아니라 최고의 찬사라고 생각하며, 사실, 주고 받을 가치가 있는 찬사는 이뿐이라고 생각합니다. 생각해 봅시다. 휴가 중 새벽 4시30분에 회사로부터 "모든 게 잘 돌아가고 있습니다. 아무 문제 없습니다. 즐거운 하루 보내십시오. 아무 문제 없을 테니 다시 잠자리에 드십시오."와 같은 내용의 전화를 받아 본 것이 언제입니까? 뭔가 조용하면, 문제가 없는 것이 확실합니다. 여러분이 침묵을 지키면 그들은 자신들이 대단하다고 생각합니다. 제가 UPS.com 직원에게 그들의 언어 선택 절차가 얼마나 멍청한 짓인지를 설명했을 때, 그들은 "글쎄요. 아직까지는 아무도 거기에 불평하지 않던데요." 하고 변명했습니다.

그건 부분적으로는 (제가 2장에서 설명했듯이) 그들의 웹 사이트에서 피드백 페이지가 다른 부분과 마찬가지로 사용하기 어려웠기 때문입니다. 피드백 폼에 도달하기 위해 이해하기 어려운 이름을 가진 페이지를 다섯 개나 거쳐야 하고, 그 다음에는 일곱 개의 섹션을 모두 채운 후에야 피드백을 제출할 수 있었습니다. (과정이 쉬워지도록 이 책의 웹 사이트에 링크를 올려놓겠습니다. 마음껏 폭격할 수 있게요.) 그러나 또한 뭔가가 개선될 수 있고 개선되어야 한다는 것을 여러분이 몰랐기 때문이기도 합니다. 여러분의 소프트웨어는 개떡 같을 필요도 없고 그래서도 안됩니다. 이제 실천하십시오. 9장에서 어떻게 하면 되는지 설명하겠습니다.

8장

마이크로소프트:
같이 살 수도 없고,
없애 버릴 수도 없고[1]

현실을 직시합시다. 수많은 부정에도 불구하고, 마이크로소프트는 다른 누구보다도 소프트웨어 세계에 큰 영향력을 행사하고 있습니다. 개떡 같은 소프트웨어가 나오는 것을 멈추게 하고 싶다면, 우리가 집중 공략해야 할 곳은 마이크로소프트입니다. 썬(Sun)이나 IBM 하드웨어에 기반한 웹 서버와 같이 마이크로소프트가 지배하는 영역이 아니더라도, 마이크로소프트의 영향력을 무시할 수 없습니다. 수백 개의 스타벅스 매장에서 항상 훌륭한 커피를 마실 수 있게 되자(예를 들어, 인터넷에서 찾아보니 '새로운 스타벅스 매장이 스타벅스 매장 내 화장실 안에 오픈했다.'는 유머도 있습니다), 다른 커피 판매자들도 어쩔 수 없이 자신들의 서비스를 향상시켜야 했던 것처럼 말입니다.

---

1 또는, "같이 살 수도 없고, 쏴 버릴 수도 없고." 저희 동네 이발사는 이렇게 말하는 걸 좋아했습니다.

마이크로소프트, 세상을 움직이다

어떤 개인이나 단체도 마이크로소프트에 큰 영향을 끼칠 수는 없습니다. 그러기엔 마이크로소프트의 규모가 너무 큽니다. 그러나 마이크로소프트가 어떻게 생각하는지를 안다면, 그들이 좀더 생산적으로 일하게 만들 수 있는 방법이 보일 것입니다. 7장에서는 괴짜들이 자신을 어떻게 생각하는지를 설명했는데, 여기서는 마이크로소프트가 자신을 어떻게 생각하는지를 설명해보겠습니다. 또한 마이크로소프트를 이해하는 것이 생각보다 쉽지 않다는 것도 설명하겠습니다.

사람들이 마이크로소프트에 대해 말하는 농담을 통해 마이크로소프트와 세상과의 관계를 볼 수 있습니다. 이 장에서 그런 농담 중 일부를 소개하겠습니다.[2] 다른 우화와 마찬가지로 이런 농담 또한 사실일 필요는 없지만, 때로는 한 스푼의 설탕이 쓴 약을 삼키는데 도움이 될 수도 있는 법입니다. 예를 들어, 다음과 같은 농담이 빠르게 퍼져나간 것은 마이크로소프트가 서투르고 때로는 별로 혁신적이지 않은 방법으로 소프트웨어 세계를 지배하고 있다는 믿음이 널리 퍼져있음을 뜻한다고 볼 수 있습니다.

---

2 이런 농담을 누가 먼저 썼는지는 모릅니다. 그렇지만 누군가 자신이 썼다는 것을 증명하면(단지 주장만 하는 것이 아니라) 이 책을 다시 인쇄할 때는 출처를 밝힐 것을 약속 드립니다.
　(역자 주) 이런 농담은 이미 10여 년 전에 뉴스그룹에 올라왔던 것들로 많은 독자들이 이미 알고 있을 것이라 생각합니다. 썰렁하더라도 참아주시기 바랍니다.

Q: 전구를 갈아 끼우는 데 마이크로소프트 프로그래머가 몇 명이나 필요할까?

A: 필요 없다. 빌 게이츠가 마이크로소프트® 암흑™ (Microsoft® Darkness™)
이 새로운 표준이라고 선언하면 그만이다.

저와 마이크로소프트와의 관계

마이크로소프트에 대해 논하기 전에 저와 마이크로소프트와의 관계에 대해 확실히 밝혀 두는 것이 좋겠습니다. 저는 현재 마이크로소프트 직원이 아니고, 과거에도 그랬던 적이 없으며, 빌 게이츠가 이 책을 읽고 난 다음에도 마이크로소프트 직원이 될 생각은 없습니다. 저는 1994년부터 가끔씩 파트타임으로 그들에게 컨설팅을 하거나 교육을 해왔습니다. 그들에게 받는 금액은 꽤 짭짤할 때도 있었고 땡전 한 닢 없을 때도 있었습니다. 최근 2년간은 중간 정도였고, 올해도 비슷할 것 같습니다.

저는 마이크로소프트 주식을 1,300주 가지고 있고 그 가치는 현재 3만1천 달러 정도 되는데, 2000년과 2001년에 주식 시장에서 정가를 주고 구입했습니다. 지난 5년간 그 가치는 11%정도 올랐는데, 그 돈을 은행 통장에 넣어두었어도 수익률이 비슷했겠죠. 그 정도 수익률이면 어떤 기술주보다는 못했고(같은 기간 동안 아마존닷컴은 60% 올랐습니다) 어떤 기술주보다는 나았습니다(썬 마이크로시스템즈는 94% 하락했습니다). 마이크로소프트가 잘 되기를 바라는 마음이 없었다면 거짓말이겠지만, 그건 다른 사람들도 마찬가지였을 겁니다. 그래도 제가 처음 투자했을 때보다는 가치가 올라갔으니 불평만 할 수는 없겠죠.

저는 마이크로소프트 프레스에서 계속 책을 써왔고 MSDN 매거진 (개발자를 위한 마이크로소프트의 잡지)에도 기사를 냈습니다. 이 두 가지 일은 수입도 짭짤하지만, 하버드 익스텐션 스쿨에서 가르치는 것과 같이 제 광고도 되고 신뢰도도 높아집니다. 그와 동시에, 마이크로소프트 직원이 아닌 이유로 다른 종류의 신뢰성을 가질 수 있게 됩니다. 고객들은 제가 실제로 무슨 일이 일어나고 있는지를 제대로 파악할 수 있을 만큼 마이크로소프트와 충분히 가까우면서도 마이크로소프트의 정책대로 읊어대기보다는 자신들에게 정확한 정보를 제공할 만큼 독립적이라고 생각하기 때문에 저를 고용합니다. 마이크로소프트의 규모가 커지고 진부한 기업이 될수록 이런 종류의 컨설팅 요구 또한 커질 것으로 기대하고 있습니다.

마이크로소프트 내에서 저는 성가신 사람으로 정평이 나 있습니다. 제가 마이크로소프트에 직접 고용된 것이 아니기 때문에, 저는 제가 본 대로 말할 수 있습니다. 즉 마이크로소프트에 밥줄을 달고 있는 직원들은 절대 그러지 못하겠지만 저는 "임금님 귀는 당나귀 귀다."하고 말할 수 있는 것입니다. 모든 사람이 제 말에 귀를 기울이는 것은 아니지만, 마이크로소프트 프레스에서 냈던 책에 쓴 내용을 예로 들겠습니다.

"윈도우 1과 2가 5년 동안 어떻게 아무런 의미 없이 삽질을 하고 있었는지 기억하는가? 마이크로소프트는 실제로 윈도우 1, 2를 휴지통에 처박아 버렸고, 이를 쓰려는 사람도 여전히 없다. 윈도우 1과 2는 유용하지도 편리하지도 않았고 시간을 절약해줄 수 있는 기능을 제공하지도 못했기 때문이다. 윈도우 3.x는 솔리테어 카드게임을 할 수 있는 상당히 괜찮은 MS-DOS용 멀티태스킹 프로그램이었고, 그 나머지는 모두들 아는 바와 같다." (『Understanding COM+』, 1999, 3쪽)

"나는 옥스포드 영어 사전에 내가 [온라인 매거진 칼럼]에서 새로 만든 단어를 옳은 단어로 인식하게 하려 하고 있었다. 그 단어는 MINFU인데, 일반적인 용법과는 다른 군사용어 약자인 SNAFU, FUBAR의 패턴을 따는 것이었다. 품위 있는 기업에서 MINFU는 MIcrosoft Nomenclature Foul-Up(마이크로소프트 얼간이 명명법)을 뜻했는데, 그런 경우가 많았다. 예를 들어, 내장 객체(embedded object)의 In-Place Activation을 '비주얼 에디팅(visual editing)'이라고 한 것은 MINFU다…내가 그걸 마이크로소프트 프레스 스타일 가이드에 넣을 수 있다면, 아마 성공일 것이다." (『Introducing Microsoft .NET 3판』, 2003, 127쪽)

"[괴짜 같은 소프트웨어] 설계는 1990년대 후반에 시작되었는데, 모두들 웹으로 몰려들고 나스닥 지수가 3,000에서 5,000으로 치솟던 행복한 시절이었다. 마케팅을 하는 사람들은 그런 분위기에 미쳐 재주 넘기를 하며 외쳐댔다. "특종이요! 이제 휴대폰에서 스포츠 경기 점수와 주가를 볼 수 있습니다!!!" 그러나 멈춰 서서 "이보게, 토요일 밤에 아무것도 할 것 없이 혼자 앉아 성적으로 좌절한 괴짜들을 빼고 그렇게 빨리 변하는 정보에 관심을 갖는 사람이 정말 있기나 한 건가?" 하고 묻는 사람은 아무도 없었다. 그리고 그걸로 누가 돈을 어떻게 벌겠다는 것인지 물어보는 사람도 없었다. 대부분의 사람들은 웹 컨텐츠가 공짜여야 한다는 생각을 가지고 있었고, 희망을 잃은 순진한 이상주의자는 이런 현상을 '닷컴 공산주의'라고 비웃었다. 마이크로소프트가 뱁기름[3]

을 엄청나게 뿌려댔지만 플랫폼 통일은 일어나지 않았고, 현재 나스닥 지수는 2,000 근방으로 주저 앉았다." (『The Microsoft Platform Ahead』, 2004, 67~68쪽)

이제 저와 마이크로소프트가 어떤 관계인지를 이해했을 것이라 생각합니다. 이 장이나 또는 이 책의 다른 곳에서 제가 마이크로소프트에 대해 이야기하는 것을 읽을 때 저와 마이크로소프트의 관계를 고려할 수 있습니다. 저는 마이크로소프트 비평가들보다는 마이크로소프트에 관대합니다. 그러나 특정 기술 문제에 대해서는 제가 매우 단호한 입장을 가지고 있는 것을 이미 봤을 겁니다. 개요에서 제가 단 하나의 쓸데없는 기능 때문에 '매일 27명의 인생과 맞먹는 시간이 낭비되는 것과 마찬가지'라며 그들을 비난했던 것을 기억해 보기 바랍니다. 의심할 여지없이 어떤 독자에게는 야비한 선동가라는 소리를 들을 테고, 또 다른 독자에게는 악의적이고 비열한 야바위꾼이란 소리를 듣겠지만, 그것은 어디서든 뭔가를 본 대로 말하는 사람들이 많이 듣는 소리입니다. 많은 사람을 위해 칠리 고추를 요리하는 요리사처럼, 저도 마이크로소프트에 대한 제 처사가 너무 심하다고 불평하는 사람과 너무 관대하다고 불평하는 사람의 수가 비슷하게 나오는 것을 목표로 하고 있습니다.

Q: 아직 마이크로소프트의 새로운 콘돔을 써 보지 않았단 말이야?
A: 써 봤어. 그렇지만, 먼저 패치를 다운로드해야 하더군.

---

3 (역자 주) Snake oil. 만병통치약

문제의 기원

지난 1992년 어떤 소프트웨어 컨퍼런스에 참석하기 위해 비행기를 탔던 때가 생각납니다. 그 당시 윈도우 3.1은 최신이었고, 저는 하버드 익스텐션에서 가르치는 일을 막 시작했었고, 윈도우NT(마이크로소프트의 첫 산업용 운영체계로 1993년 여름에 발표되었습니다)에 대한 논의를 시작하려 하고 있었습니다. 저는 이전 컨퍼런스에서 받은 마이크로소프트 티셔츠를 입고 있었는데, 옷이 편하고 품질이 좋았을 뿐 아니라 공짜였습니다. 비행기 동승자 중 한 사람이 제게 "마이크로소프트, 축하합니다. 당신네 회사의 시장 자본가치가 GM사를 제쳤더군요." 하고 말을 걸어왔습니다. "저는 마이크로소프트 직원이 아닙니다. 그렇지만 그들을 대신해 제게 맥주 한 잔 사시면 좋을 것 같습니다." 하고 대답했습니다. "물론이죠! 1등석에서는 맥주가 공짜입니다. 두 잔도 사드릴 수 있습니다."

그 분수령이 된 사건(공짜 맥주를 얻어 마신 것이 아니라 마이크로소프트의 시장 자본가치가 올라간 것)은 그보다 며칠 전에 신문에도 났습니다. 사람들은 단지 새로운 회사가 오래된 회사를 제쳤다는 사실뿐 아니라 이 새로운 회사가 본질적으로 자산(그 당시 이해되던)을 전혀 가지고 있지 않다는 사실에 어리둥절해 했습니다. 마이크로소프트는 물론 수익성이 좋았습니다. 그로부터 10여 년 뒤에 우리가 보게 될, 끝이 보이지 않을 정도로 적자를 내면서도 그 가치가 수십억 달러에 이르던 인터넷 거품 회사[4]들과는 달랐습니다. 그러나 그런 이익에도 불구하고 마이크로소프트는 만지거나 발등에 떨어뜨릴 수 있는 구체적인 것은 만들지 않았고, 일반 사람은 무작위적인 잡음(noise)과 구별하기 힘든 0과 1의 마그네틱 패턴만을 만들 뿐이었습니다. 그러나 이런 0과 1을 포함하는 플로피 디스크를 컴퓨터 매장에서 구입한 베이지색 상자에 넣으면, 스크린 위의 점들이 0과 1의 패턴에 따라 춤을 추었는데, 이 컨트롤은 매우 큰 가치를 지녔었습니다. 월 스트리트의 투자자들은 그 춤추는 전자 컨트롤이 양차대전의 승리를 도왔던 추억이 서려 있던 금속 공작 기계류로 가득 찬 조립 공장을 소유하는 것보다 더 큰 가치를 가진다고 말했습니다.

마이크로소프트는 그때부터 컴퓨터 세계에서 좋은 녀석으로 보였습니다. 저가 개인용 컴퓨터가 등장하기 전에 컴퓨터 작업을 처리하는 데는 엄청나게 큰 노력이 들었습니다. 하드웨어는 작은 것이 냉장고 정도의 크기였고, 구입하는 데는 유지보수 비용을 포함해 백만 달러가 넘었으며, 냉방장치가 된 방과 잘 통제된 전력 그리고 전임 관리자가 필요했습니다. 지금은 어디서나 쓰이는 스프레드시트 같은 것은 그 당시에는 존재하지도 존재할 수도 없었습니다. 컴퓨터 게임이나 온라인 포르노는 말할 것도 없고요.

그것은 지금과는 완전히 다른 세상으로, 35세 이하인 사람은 절반 이상이 기억도 하지 못합니다. 개인용 컴퓨터와 운영체계가 나온 다음에야 대중적 컴퓨팅이 가능해졌습니다. 이제 유리방 안에 있는 감독관에게 아부하지 않고도 문서를 작성할 수 있고, 청교도주의자가 값비싼 컴퓨터 시간을 낭비한다고 난리 치는 소리를 듣지 않으면서 게임을 할

---

4 이런 회사의 대표적인 예가 사용자 취향에 맞게 만든 카드를 이메일을 통해 보내던 블루 마운틴(Blue Mountain)사입니다. 그 회사는 1999년 7억8천만 달러에 인수됐다가 2년 뒤에 3천5백만 달러에 매각되었습니다.

수 있게 되었습니다. 그리고 가끔씩 프로그램이 갑자기 죽거나, 내가 사용하지도 않는 기능을 산더미처럼 가지고 있다 해도, 1, 2년 전보다도 훨씬 나아진 것입니다. 그것은 마치 원하는 곳에 언제든 갈 수 있게 해준, 철도와 시간표와 요금으로부터 사람들을 해방시켜준, 일반인들에게 수송의 새로운 시대를 열어준 포드의 모델T와 같았습니다.

> 프로그래머1: 윈도우95 CD를 거꾸로 돌리면 악마의 메시지가 나온다는 이야기를 들었어!
>
> 프로그래머2: 그건 아무것도 아니야. 그걸 똑바로 돌리면 윈도우95가 설치된다니까!

개떡 같은 이유

이제 사람들은 더 이상 마이크로소프트를 그런 식으로 생각하지 않습니다. 마이크로소프트를 독점회사, 악의 제국으로 봅니다. 빌 게이츠는 '스타 트렉: 새로운 세대'에 나오는 모든 것을 흡수해버리는 보그("저항해도 소용없다. 너도 흡수될 것이다!")로 티셔츠에 표현됩니다(그림 8-1). 우리는 마이크로소프트에 취직해 시애틀로 이사 가는 친구에게 이 티셔츠를 선물했습니다. 마이크로소프트는 용감하고 존경받던 약자에서 10년도 채 지나지 않아 900파운드나 나가는 무시무시한 고릴라가 되었습니다. 구글의 비공식 모토인 '악해지지 말자'는 마이크로소프트에게는 다른 어떤 것보다도 모욕입니다.[5]

이는 대중의 인식 문제로 어느 정도는 이스라엘과 비슷한 것 같습니

그림 8-1 빌 게이츠 보그

다. 이스라엘과 마찬가지로, 마이크로소프트도 최고의 자리에 선다는 것이 바닥에서 보며 생각했던 것보다 그리 즐거운 게 아님을 깨닫고 있습니다. 다시 바닥으로 내려가기를 원하지도 않고 내려갈 수도 없지만, 그렇다고 그들이 예전에 상상했던 것처럼 안락한 위치에 있는 것도 아닙니다.

그리 놀랄 일도 아닙니다. 모든 것은 변하기 마련입니다. 어릴 적에 어른이 되면 얼마나 좋을까 하고 생각했던 것을 기억하십니까? 원하는 만큼 늦게까지 있을 수 있고, ATM기에 카드를 넣으면 돈이 나오고, 그 돈으로 사탕을 사서 하루 종일 먹을 수도 있을 것이라 생각했었죠. 그리고 마침내 어른이 됐을 때는 얼마간 잠을 자야 하고, 먼저 돈을 벌어

---

5 이 책이 인쇄에 들어갔을 때, 구글은 중국에서 사용자의 웹 검색을 검열하는 데 동의했습니다. 구글의 CEO인 에릭 슈미트(Eric Schmidt)가 "우리는 실제로 악한 짓들을 저울질해 어떤 것이 덜 악한지를 생각했습니다."고 말하자 사람들은 "아마 그들의 모토는 '덜 악해지자'가 되어야 할 것 같다."며 조롱했습니다.

야 ATM기가 돈을 내주며, 사탕을 많이 먹으면 사탕을 사는 데도 돈이 들지만 체육관(살을 빼기 위해)과 치과 가는 데도 돈이 들어간다는 사실을 깨닫습니다. 어린 시절로 돌아가기를 원하는 것도 아니고 그럴 수도 없지만, 그리고 보상이 전혀 없는 것도 아니지만(자동차와 섹스, 좋은 맥주와 같은), 그렇다고 예전에 생각했던 것만큼 좋은 것도 아닙니다. 마이크로소프트도 똑같은 입장입니다.

마이크로소프트는 예전과 같이 사랑 받지 못합니다. 이 때문에 그들은 어쩔 줄 몰라 합니다. 미디어와 세상이 그들을 귀여워해 주었고, 대중은 자신의 삶과 세상을 더 좋게 만든다고 생각하며 그들을 격려했던 것을 기억하기 때문입니다.[6] 그러나 누구나 성장하면 변화가 불가피합니다. 제 딸아이가 8개월 되었을 때 고구마를 온 얼굴에 묻히며 먹으려 했지만 정작 입에는 조금밖에 못 넣는 모습이 너무도 귀엽게 보여서(그림 8-2), 우리는 그 아이를 격려했습니다. 그것은 새로운 수준의 성취를 의미했기 때문입니다. 그 아이가 3살이 됐을 때 여동생이 스스로 당근을 먹는 것을 격려해 주는데, 그런 칭찬을 같이 받으려고 발버둥치는 모습은 그다지 귀엽지 않았습니다. (아마 그 사진을 실으면 저를 죽이려고 할 겁니다. 첫 번째 사진을 싣는 것만으로도 저는 충분히 곤란한 입장이 되었습니다.) 우리는 첫 번째 워드 프로세서에 있던 맞춤법 검사기의 변덕과 버그에는 관대했습니다. 그 전에는 그런 기능을 보지 못했기 때문입니다. 얼마 지나지 않아, 그런 변덕에 대한 느낌은 귀여움에서 짜증으로 바뀌고, 수정되지 않는 오래된 버그에 대해서는 "이제 너는 3살이 됐으니, 다 큰 소

---

6 마이크로소프트가 있던 그 자리는 이제 구글이 차지했습니다. 구글의 두 창립자가 개인적 목적으로 보잉 767 여객기를 구입했다는 사실이 이를 바꾸지 않을까 궁금해하는 사람도 있지만 말입니다.

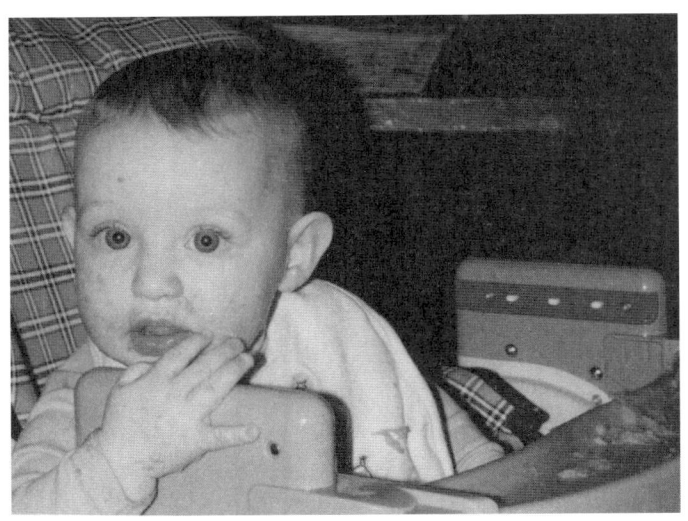

그림 8-2 고구마를 먹는 여자 아이. 8개월 때는 귀엽지만, 36개월 때는 그리 귀엽지 않다.

녀다. 이 망할 고구마를 입에 제대로 처넣지 못하겠니? 넌 이미 다 컸다고!"라고 말합니다. 마이크로소프트는 아직 이것을 완전히 깨닫지는 못했지만, 조금씩 깨닫기 시작했습니다.

최고의 자리를 사수하려는 사람은 누구나 마찬가지지만, 마이크로소프트 역시 자신들의 선도적 위치를 잃는 것에 대해 지나치게 두려워합니다. 그러기에는 그들이 너무 크다고요? 두 단어만 상기하십시오. 제너럴(General), 모터스(Motors). 과거에는 자동차 업계의 리더였지만 지금은 죽음의 소용돌이에서 빠져 나오지 못할 것 같습니다. 다른 예가 필요합니까? 디지털(Digital)은 어떨까요? DEC(Degital Equipment Corporation) 말입니다. 그들을 기억합니까? 그들은 IBM에 이어 세계에서 두 번째로 큰 컴퓨터 회사였습니다. 그들은 PC 혁명을 오판했고, 수년 동안 움츠

286

리기만 했으며, 남아있던 것은 1998년에 PC 제조업체였던 컴팩 (Compaq)의 먹이가 되었습니다. 컴팩은 2002년에 HP에게 먹혀버렸습니다. 마이크로소프트는 자신들에게도 이런 일이 일어날까 두려워합니다. 물론 좋은 일입니다. GM도 DEC도 그들의 미래를 알지 못했습니다. 다행히도 마이크로소프트는 이런 편집증으로 인해 과거보다 더 고객의 목소리에 귀를 기울입니다.

마이크로소프트는 1990년대 초에 얻은 '장난감' 이미지를 떨쳐버리는 것을 세상의 다른 어떤 것보다도 절실하게 원합니다. 누구에게나 뚜껑이 열리게 하는 버튼(누가 어떤 말을 하거나 어떤 행동을 하면 그로 인해 완전히 뚜껑이 열리고 천장을 뚫고 날아가게 만드는)이 있기 마련입니다. 여러분의 것이 어떤 것인지 묻지 않겠습니다. 물론 제 것에 대해서도 말하지 않을 겁니다. 그러나 마이크로소프트에게 그 버튼은 그들이 장난감을 만든다는 인식입니다. 레스토랑에서 여러분의 십대 아들에게 어린이 메뉴를 건네주었을 때 격분할 것을 생각해 보십시오. 그리고 거기에 4백억 달러짜리 회사의 규모를 곱해 보십시오. 그러면 제가 의미하는 것을 이해할 수 있을 겁니다. 마이크로소프트는 데스크탑 워드 프로세서뿐만 아니라 은행의 백엔드 프로세싱(back-end processing)과 같은 세상의 중요 기반구조를 담당할 준비가 되어 있다고 스스로 생각합니다. 그리고 그들은 그만큼 온 것에 대해 자랑스러워합니다. 얼마나 더 가야 하는지에 대해서는 생각하지 않고 말입니다. 때로는 사회의 은혜에 대한 감사도 없어 외부인들은 그들을 오만하다고 생각합니다(이 또한 이스라엘인들과 닮았죠). 그들은 그런 식입니다.

마이크로소프트가 특정 협회나 단체를 인수하는 것이 임박했다는 것을 알리는 사기 메일이 인터넷에 떠돌았습니다. 카톨릭 교회도 종종 언급되곤 했는데, 교황이 마이크로소프트의 선임 부사장이 되고, 스티브 발머(Steve Ballmer)가 추기경회에 가입하며, 마이크로소프트는 모든 오피스에 대한 무료 업그레이드 권한을 일괄 판매한다는 식이었습니다. 어떤 때는 마이크로소프트가 모든 컴퓨터 프로그램을 구성하는 패턴인 숫자 0과 1에 대한 특허권을 주장한다는 이야기도 떠돌았습니다. "0과 1에 대해 성공적으로 특허권을 방어한 후, 마이크로소프트 법률가들은 이번 주 내에 무한대(∞)와 원주율(π)에 대한 특권을 주장할 것으로 예상됩니다."[7]와 같은 식이었죠. 제가 가장 좋아하는 이야기는 마이크로소프트가 곧 중국을 사버릴 것이란 발표였습니다.; "빌 게이츠가 자신의 직함을 '황제'로 바꿀 것이란 소문이 있지만, 아직까지는 추측일 뿐이다."

해도 문제고, 안 해도 문제고

대부분의 독자들은 마이크로소프트가 미국 법무부에 반독점법으로 제소 당했던 것을 기억할 것입니다. 1998년 가을, 법무부와 20개 주의 법무장관들은 마이크로소프트가 독점적 지위를 이용해 경쟁사를 견제한 것에 대해, 특히 인터넷 익스플로러 브라우저를 윈도우 운영체계에 포함시켜 배포한 것에 대해 제소했습니다. 2000년 봄에 토마스 펜필드 잭슨(Thomas Penfield Jackson) 판사

---

7 여러분은 웃겠지만, 마이크로소프트는 실제로 IsNot이란 단어가 컴퓨터 언어에 사용될 때에 대해 특허를 얻으려 했습니다. www.uspto.gov에서 특허 신청번호 20040230959를 찾아보기 바랍니다. 이 신청은 이 책을 쓸 당시까지 미결정으로 남아있었고, 마이크로소프트가 일반 언어에서 자유롭게 사용될 수 있는 (별개로 사용되는) Is와 Not 복합어인 IsNot에 대해 특허권을 인정받는 데 성공할지는 불투명합니다. 빌 클린턴이라면 아마 IsNot의 정의가 어떤 뜻이냐에 따라 달라진다고 말했을 겁니다.

는 마이크로소프트가 반독점법을 위반했으며 이에 따라 마이크로소프트를 2개의 별도 회사로 분리하라고 판결했습니다. AT&T가 분리될 때 '베이비 벨(Baby Bells)'로 불렸던 것처럼 마이크로소프트도 '베이비 빌(Baby Bills)'이라는 우스꽝스런 이름으로 분리될 뻔했습니다.

물론 마이크로소프트는 항소했고, 항소법원은 잭슨 판사가 찾아낸 사실을 승인하지 않고 만장일치로 그의 판결을 무효화했으며, 재판 과정에서 언론에 부적절한 발언을 했다며 그를 직권남용 등의 혐의로 재판에서 배제시켰습니다. 법률분석가인 달리아 리드윅(Dahlia Lithwick)은 Slate.com에 "[항소법원 판결문]의 마지막 부분에서는 '재판관의 직권남용'이란 제목을 붙여 그를 바보천치라고 혹평하고 있다."는 글을 썼습니다. 새로운 판사가 임명되었고, 워싱턴에서도 새로운 관리가 사건을 담당하게 되었고, 2001년 화의가 성립했습니다. 최종 화의 조건은 매우 기술적이며 소프트웨어의 내부구조를 다루기 때문에, 그런 것들을 설명하느라 여러분을 지루하게 하지는 않겠습니다. 다만, 원고 측과 피고 측 모두 요점이 무엇인지 궁금해했다는 것만 알려 드리겠습니다. 여기서 소송의 진실이나 거짓을 논하려는 게 아닙니다. 그러나 다음 네 문단을 읽는 동안, 마이크로소프트에 대한 주요 소송에서 마이크로소프트가 시장에서의 우월적 지위를 이용해 소비자의 선택권을 제한하려 했었다는 것을 잊지 말기 바랍니다.

비슷한 시기에 썬 마이크로시스템즈도 자바(Java)란 이름의 프로그래밍 언어에 대해 마이크로소프트를 고소했습니다. 자바의 장점은 프로그래머가 어떤 플랫폼에서도 동작할 수 있는 프로그램을 작성할 수 있다는 것으로 1996년경에 큰 화제가 되었습니다. 즉 완전히 똑같은 프로그램이 윈도우와 매킨토시, 리눅스 또는 자바가 있는 다른 어떤 컴퓨터에서도 돌아갈 수 있다는 것이었습니다. 'Write once, Run anywhere (한 번 작성하면 어느 곳에서든 실행된다)'가 썬의 슬로건이었습니다. 이를 여러 번 시도해 본 사람 중의 한 명으로서, 여러 플랫폼에서 제대로 돌아가는 프로그램을 작성하는 것은 썬의 주장처럼 쉽지 않다라고 말씀드릴 수 있습니다. 사용자 인터페이스와 관련된 부분은 특히 더 어렵습니다. 그냥 '어느 곳에서든 실행된다(run anywhere)'가 아니라, 오히려 '모든 곳에서 테스트하고, 디버깅하고, 특별한 경우에 대한 예외 사항을 처리해야 한다'[8]가 맞습니다.

그러나, 순수한 프로그래밍 언어로서 자바는 그 당시 대부분의 윈도우 프로그램 개발에 사용되었던 C++에 비해 커다란 발전이었습니다. 예를 들어, 자바는 프로그래머가 사용을 마친 메모리 조각을 자동으로 회수합니다. C++에서는 프로그래머가 시간과 노력을 들여 정리해야 합니다. 여러분이 부엌에서 추수감사절 요리를 하는데 보이지 않는 하녀가 따라 다니면서, 절대 여러분을 방해하지 않고, 사용을 마친 그릇과 냄비, 주방기기 등을 씻어 주어(절대 너무 일찍 씻지 않고), 필요할 때마다 항상 깨끗한 것을 이용할 수 있게 해준다면 좋지 않겠습니까? 자바는 우리가 절실히 원해왔던 바로 그런 일을 해주는 아주 매력적인 언어였습니다. 저는 다중 플랫폼 지원 같은 것에는 관심도 없었습니다. 그

---

8 간단한 예를 하나 들자면, 매킨토시는 마우스 버튼이 하나뿐이지만, 윈도우에서는 마우스 버튼이 2개 이상입니다. 윈도우 프로그램에서 마우스의 오른쪽 버튼을 클릭하면 보통 '컨텍스트 메뉴'라 불리는, 해당 상황에서 사용 가능한 명령을 포함하는 팝업 메뉴가 표시됩니다. 두 플랫폼을 모두 지원하려는 자바 프로그램은 어느 플랫폼에서 실행되고 있는지 알고 있어야 하며 해당 플랫폼 사용자가 기대하는 사용자 인터페이스 관례를 따라야 합니다. 그렇지 않으면 자바 프로그램의 동작은 해당 플랫폼의 다른 애플리케이션과는 달라질 것이고, 사용자는 이를 용인하지 않을 것입니다.

저 윈도우 프로그램을 좀더 빠르고 더 좋게 작성하는데 자바를 사용하고 싶었을 뿐입니다.

이런 요구에 부응해 마이크로소프트는 J++이라 불리는 윈도우에서 동작하는 자바 도구를 개발했습니다. J++은 두 가지 선택을 제공했습니다. 썬이 정의한 클래식 모드를 사용하면 순수 자바 프로그램을 작성할 수 있었습니다. 이렇게 작성한 프로그램은 다른 플랫폼에서 실행을 시도해 볼 수 있었고, 한참을 손본 후에야 몇몇 플랫폼에서 어렵게 돌아갈 수 있었습니다. 또한 프로그래머는 J++ 모드를 사용할 수도 있었는데, 이렇게 하면 윈도우 운영체계에만 있고 다른 플랫폼에는 없는 OLE(Object Linking and Embedding)와 같은 부분을 활용해 빠르고 쉽게 프로그램을 작성할 수 있었습니다. 쓰레기 수집(garbage collection)이라 불리던 훌륭한 메모리 정리 기능과 우리가 좋아했던 자바 언어의 다른 훌륭한 기능도 여전히 사용할 수 있었습니다. 문제는 이런 식으로 작성된 프로그램은 다른 플랫폼에는 없는 윈도우 종속적인 부분을 포함하고 있었기 때문에 윈도우 이외의 다른 플랫폼에서는 실행시킬 수 없다는 것이었습니다. 만약 프로그램의 윈도우 버전을 빨리 완성하면 더 많은 돈을 벌 수 있겠다는 생각이 들 때는 마이크로소프트 방식을 선택할 수 있습니다. 만약 윈도우 버전을 만드는 것보다는 더 오래 걸리겠지만 매킨토시와 유닉스 시장도 함께 고려하는 것이 더 좋겠다는 생각이 들면, 썬의 방식을 선택할 수 있습니다.

그러나 썬은 그런 아이디어를 좋아하지 않았습니다. 썬은 그것이 자바의 '오염된' 버전을 만드는 악의적인 짓이라 비명을 지르며 그것을 그만두라고 마이크로소프트를 제소했습니다. 그걸 뭐라 부르든, 그건 프로그래머가 전에는 갖지 못했던 선택권이었습니다. 썬은 J++가 우리의 애플리케이션에 무얼 하고 있는지 프로그래머들이 깨닫지 못하고 있다고 주장했습니다. 젠장, 우리는 잘 알고 있었습니다. 우리는 괴짜들이고, 똑똑합니다. 기억합니까? 대부분의 소프트웨어 개발 프로젝트의 성공은 경쟁사보다 빨리 시장에 제품을 출시하느냐에 달려있기 때문에, 의도적으로 그걸 선택한 것입니다. J++로 윈도우만을 위한 프로그램을 작성하는 것이 J++로 모든 플랫폼에서 돌아갈 수 있는 프로그램을 작성하는 것보다 빨리 출시할 수 있을 것이고, C++로 작성하는 것보다는 훨씬 더 빨리 출시할 수 있을 것입니다.

대부분의 다른 소송과 마찬가지로 이 소송도 합의가 되었습니다. 2001년에 마이크로소프트는 수백만 달러를 지불했고(제니퍼 게이츠(Jennifer Gates)의 허락이 있은 지 1, 2주 후에 지불했는데, 썬이 소송에 들인 돈보다 적은 양일 겁니다) 'J'를 쓰지 않기로 합의했습니다. 그 후 마이크로소프트는 C#(씨 샵, ++ 기호가 세로로 쌓여 앞으로 달려나가는 것처럼 약간 기운 모양)이라 불리는 자바와 비슷한 그들의 언어를 만들었는데, 윈도우용 애플리케이션만 만들 수 있습니다. 저는 주로 윈도우용 애플리케이션만 프로그래밍하기 때문에 C#이 커피 언어보다 나은 것 같습니다. 이제는 제가 자바에 대해 이야기를 하면 그것은 C#으로 밤새도록 프로그래밍을 하는 동안 제가 깨어있도록 해주는 물질을 뜻합니다. 최소한 카페인을 포함한 음료를 다르게 부르라고 썬이 저를 고소하기 전까지는 말입니다.

이 정도면 마이크로소프트가 약간은 딱하게 생각되지 않습니까? 한쪽에서는 법무부로부터 선택권을 제한한다는 이유로 마이크로소프트를 해부하겠다는 위협을 받고, 다른 한쪽에서는 썬으로부터 너무 많은 선택권을 제공한다는 이유로 두들겨 맞았으니 말입니다. 두 소송 모두 엄청난 시간과 비용을 들이고서야 끝났습니다. 저는 바로 이런 이유 때문에 "패배의 결과로 승리할 수는 없다."는 말이 생겼다고 생각합니다.

> 한 마이크로소프트 기술지원 직원이 군대에 들어가 기초 훈련을 받게 되었다. 소총 사격을 하는데 그는 몇 발을 쐈지만 그때마다 과녁을 명중시키지 못했다. 훈련 교관이 그의 가슴을 발로 차며 소리쳤습니다. "이런 바보 같은 놈을 봤나. 헛간 벽을 쏴도 못 맞추겠군." 마이크로소프트 기술지원 직원은 소총의 총구에 방아쇠를 당겼던 오른손 검지 손가락을 넣고는 왼손으로 방아쇠를 당겼다. 탕! 그의 손가락 끝이 날아갔다. 그는 피가 나는 그 손가락 끝으로 과녁을 가리키며 말했다.
> "에, 끝이 잘 날아갔군. 맞어, 문제는 이 손가락 끝이었어."

우리는 마이크로소프트를 싫어하길 좋아한다

좋은 희생양은 중요합니다. 최근의 폭설이나 배우자의 성욕 감퇴, 직장에 설치된 우리가 가장 좋아하는 게임 사이트를 차단하는 웹 서핑 통제 컨트롤 소프트웨어 등에 대해 탓할 대상이 필요합니다. 존 스타인벡(John Steinbeck)은 그의 책 『Travel with Charley』[9]에, 미네소타에서 만난 사람의 이야기를 썼는데, 사람들이 선호하는 희생

---

9 (역자 주) 번역서 : 『찰리와 함께한 여행 : 존 스타인벡의 아메리카를 찾아서』(궁리, 2006년)

양이 국내와 국외에서 어떻게 변해왔는지를 말하는 내용입니다. "'왜요? 저는 사람들이 모든 것을 루즈벨트 씨의 탓으로 돌리던 때를 기억합니다. 앤디 라슨은 그의 암탉이 병에 걸리자 루즈벨트 씨에게 화를 냈습니다' 하고 그는 점점 더 흥분하며 말했습니다. '루즈벨트 씨 같은 러시아인들은 무거운 짐을 져야 했습니다. 사람들은 자기 아내와 싸워도, 러시아인을 걸고 넘어질 겁니다.'" 이에 대해 스타인벡은 다음과 같이 답합니다. "아마 모든 사람들이 러시아인 같은 희생양을 필요로 할 겁니다. 장담하건대 러시아에서도 그런 러시아인이 필요할 겁니다. 다만 그들은 그걸 미국인이라 부르겠지만요"

이 장에 있는 농담이 오라클 상표의 콘돔 패치를 다운로드해야 하는 것이었다거나, 또는 자신의 손가락을 쏜 친구가 시보레(Chevrolet) 기술자였다면 재미있었을까요? 아닐 겁니다. 이는 우리와 마이크로소프트 사이의 관계에 뭔가 특별한 것이 있음을 뜻합니다. 강의를 하면서 웃음이 필요할 때 저는 마이크로소프트에 관한 농담을 하는데, 실패한 적이 없습니다. 장모에 대한 농담으로 다시 썰렁하게 만들지만 않는다면 말입니다.[10]

윈도우는 없는 곳이 없으므로, 최근 수 시간 전에 마이크로소프트로부터 나온 뭔가가 우리를 짜증나게 했을 가능성이 큽니다. 엑슨모빌이나 시티은행 같은 다른 대형 회사들은 아마 그렇게 할 수 없겠죠. 갑자기 뻗어버려 2주 동안 작업한 일을 몽땅 날려버린 프로그램이 마이크

---

10 마이크로소프트 이전에는 누가 우리를 화나게 했었는지 기억합니까? 아마 엄청나게 많은 차를 팔아 번 돈으로 록펠러 센터를 사버렸던 일본인들이었을 겁니다. 그 전에는 기름값을 올려 엄청나게 많은 돈을 벌었던 대형 정유회사였죠.

로소프트에서 만든 것이 아니더라도 그 원성은 윈도우로 향합니다. 우리는 마이크로소프트가 외상진 것도 아닌데 마이크로소프트를 장부에 달아 놓고 싶어합니다.

어떤 사람들은 이것이 극에 달해 마이크로소프트에 대한 증오를 자기 성질의 중심에 놓기도 합니다. 마이크로소프트 시스템 프로그래밍에 대한 최고의 저자 두 명과 함께 캘리포니아 산호세의 한 서점에서 발표를 했던 때가 생각납니다. 마이크로소프트에게 이 실리콘 밸리 영역은 적들의 심장부입니다. 썬 마이크로시스템즈가 로스 가토스 바로 옆에 있고, 쿠퍼티노의 도로를 따라 올라가면 애플 컴퓨터가 나오고, 그 왼쪽 옆의 마운틴 뷰에서 약간 더 올라가면 넷스케이프가 있으며, 레드우드 해변에는 오라클이, 그리고 근처에 야후!와 구글이 있습니다. 우리는 거기서 북 투어를 성공적으로 마칠 수 있다면 어느 곳이든 갈 수 있겠다 생각했고, 반스앤노블스로 갔습니다. 질문 시간에 마이크로소프트에 대한 증오와 자신의 목소리에 대한 사랑으로 정신이 오락가락하는 것으로 보이는 친구 한 명이 다음과 같은 말을 했습니다(그가 정확히 뭐라고 했는지는 기억하지 못하므로, 생각나는 대로 각색했습니다). "제 질문은, 마이크로소프트는 악의 독점기업이므로, 악의 독점기업이 독점적인 행위를 하려 할 때, 마이크로소프트 같은 사악한 것이 나오는데, 그 악의 독점기업이……그들은 독점기업이고 그들은 사악하기 때문입니다…" 결국 저는 중간에 끼어들 수밖에 없었습니다. "에, 질문의 요점이 무엇입니까? 지금까지는 연설만하고 있는 것 같은데, 여기서 발표자는 접니다. 감사합니다. 다음 질문 하실 분. 예, 저기 계신 분."

보스턴 글로브(Boston Globe)의 칼럼니스트인 하이아와터 브레이

(Hiawatha Bray)가 이런 경향에 대해 논의했는데, 제가 보기에 그는 항상 공평한 시각을 가진 것으로 보입니다. 2004년에 그는 다음과 같은 글을 썼습니다.

"마이크로소프트에는 똑똑한 사람을 멍청하게 만드는 뭔가가 있는 것 같습니다. 세계 최대의 소프트웨어 제작사에서 뿜어져 나오는 그 거만한 기운과, 절대적 힘… 은 어떤 사람들을 소비자나 소프트웨어 업계의 비용 같은 것에는 아랑곳없이 맹목적으로 격노하게 만들고 마이크로소프트를 공격하기로 결심하게 만듭니다."

그는 유럽연합의 반독점법 위원회가 마이크로소프트로 하여금 음악과 비디오 재생기인 윈도우 미디어 플레이어를 윈도우에서 제거하게 하려 했던 것을 예로 인용했습니다. 운영체계에서 음악을 재생할 수 있는 기능을 제거하면 거기서 얻는 소비자의 이익은 무엇일까요? 최신 컴퓨터를 켰는데 음악을 재생하는 기능이 없다는 것을 알았을 때, 그게 음악을 재생할 수 있는 것보다 당신을 행복하게 만듭니까? 저는 그렇게 생각하지 않지만, 지금은 그냥 넘어갑시다. 마이크로소프트는 미디어 플레이어를 그대로 두는 대신, 최대 라이벌인 리얼 플레이어(Real Player)나 다른 플레이어[11]도 같이 설치할 수 있게 하는 타협안을 제시했습니다.

브레이가 계속합니다. "마이크로소프트 사용자가 더 좋아지기를 바라는 정부 관리는 누구라도 의자에서 펄쩍 뛰어올라 [마이크로소프트의 CEO인] 스티브 발머의 양 볼에 뽀뽀를 해줘야 합니다. 미디어 플레

---

[11] 유감이지만 사실입니다. 제3의 플레이어가 설치될 수 있으며, 그 선택은 나중에 시스템 벤더가 할 수 있습니다.

이어의 진정한 경쟁을 원한다고요? 바로 그겁니다. 그러나 유럽연합은 타협안을 거부했습니다. 아마도 다른 많은 사람들이 마이크로소프트와의 타협을 거부했던 것과 같은 이유일 것입니다. 그들은 대중이나 다른 소프트웨어 회사에게 도움이 되는 거래를 원하지 않는 것입니다. 그들은 마이크로소프트에 상처를 주고, 괴롭히고, 말쑥하게 차려 입고 웃고 있는 억만장자 빌 게이츠의 얼굴을 한방 날리고 싶어할 뿐입니다."

저는 마이크로소프트에 기술직뿐 아니라 대중과의 관계를 처리하는 직무도 있다고 여러 해에 걸쳐 말해왔습니다. 그러나 그들은 그 일의 중요성을 깨닫지 못하는 것처럼 보이며, 예전처럼 일을 잘 처리하지도 못하는 것 같습니다. 예를 들어, 2001년에 마이크로소프트는 전세계 어디에서도 로그인을 할 수 있는 서비스를 발표했습니다. 즉, 일정표나 신용카드와 같은 사용자의 개인적 데이터를 저장할 수 있는 매우 안전한 장소를 제공하고, 전세계 어디서나 아무 플랫폼이나 웹이 가능한 장치를 통해 접근할 수 있게 한다는 것이었습니다. 일부 유용한 기능도 있었고 그다지 유용해 보이지 않는 기능도 있었으며, 그 장점에 따라 성공할 수도 그렇지 못할 수도 있었습니다. 그러나 마이크로소프트가 거기에 '헤일스톰(Hailstorm)'이란 정말 멍청한 이름을 붙이는 순간, 거기에 포함된 어떤 기술적 장점도 쓸모없게 되어버렸습니다. 그것은 단지 내부적으로 사용되는 코드네임에 불과했지만, 금방 유출되었고, 악의 제국과 관련된 모든 종류의 연상을 촉발시켰고, FBI가 이메일 감시 프로그램에 '카니보어(Carnivore)[12]'라는 이름을 붙였던 때와 마찬가지

12 (역자 주) 육식동물

로 여론의 집중포화를 맞았습니다. 마이크로소프트는 1년 후 그 서비스를 중단했습니다. FBI가 그들의 프로그램 이름을 '튼튼한 방어자(Staunch Defender)'와 같은 식으로 지어야 했던 것과 같이, 마이크로소프트도 'At Your Service'와 같은 식으로 이름을 지었더라면 결과가 완전히 달라졌을지도 모릅니다.

괴짜들은 그들의 두뇌로 서로를 평가하기 때문에, 일반인들처럼 다른 기준을 사용하는 일은 거의 일어나지 않습니다. 괴짜가 설립해 운영하는 회사에 사회적 호의가 부족한 것은 그리 놀랄 만한 일이 아니지만, 마이크로소프트는 사회적으로 어리석은 행동을 함으로써 스스로의 발등을 찍는 지경에 이르렀습니다. 그들은 말합니다. "그렇지만 우린 좋은 사람들이에요. 재난구호를 위해 우리가 보낸 돈을 좀 보세요. 사람들이 우리를 좋아하지 않는다니 무슨 뜻입니까? 그들은 분명 우리를 좋아해요. 우리를 좋아하지 않는 사람들은 질투심에 사로잡힌 몇몇 삐딱한 사람들뿐이에요. 어쨌든 우리는 우리를 좋아하는데, 다른 사람들도 우리를 좋아하지 않겠어요, 안 그래요?"

마이크로소프트는 잘 들어보십시오. 제가 이 책에서 얼마나 여러 번 말했습니까? 당신들의 사용자는 당신이 아닙니다. 아무리 주장을 해도 나쁜 제품이 좋게 바뀌는 것은 아닙니다. 제품에 세계 최고의 기술을 적용해도 사용자를 이해하지 못했다면, 잘못된 문제를 해결하는 것이라면, 또는 제대로 된 문제를 풀었더라도 사용자가 용납할 수 없다면 쓸모없는 것이 되고 맙니다. 사용자가 어떻게 생각하는지에 대한 당신들의 생각이나 사용자가 어떤 식으로 생각하길 바라는 당신들의 희망 같은 것은 중요하지 않습니다. 당신들은 사용자가 생각하는 것을 처리해야 하는 것입니다. 현실과 격리된 5제곱 마일의 레드먼드 안에서만 계속 있을 수가 없는 것입니다. 그렇게 해야 한다는 사실을 직시하면 할 수 있습니다. 1982년에 알려지지 않은 범죄자가 타이레놀에 독극물을 투입해 일곱 명의 사람이 죽는 사고가 있었음에도 불구하고 아직까지도 세상에서 가장 존경 받는 기업 중 하나인 존슨앤존슨 (Johnson&Johnson)을 보십시오. 마이크로소프트 소프트웨어는, 최소한 제가 아는 한, 아직 아무도 죽이지 않았습니다. 존슨앤존슨이 불특정 다수의 끔찍한 죽음이란 역경을 훌륭히 헤쳐 나갔다면, 상황이 그보다 훨씬 덜한 당신도 할 수 있습니다. 그러나 그러려면 어른이 되어야 하는데, 그것은 언제나 고통스럽습니다.

이것은 실제 사용설명서입니다. 시작 메뉴에서 지뢰 찾기 게임을 실행시킨 다음 게임이 화면에 나타날 때까지 기다리십시오. 그런 다음, 왼손의 세 손가락으로 왼쪽 Ctrl키와 왼쪽 Alt키, 그리고 왼쪽 Shift키를 누르십시오. 이 세 키를 누른 상태에서 오른손으로 XYZZY를 입력하십시오. 그런 다음 왼손으로 눌렀던 세 키를 풀어줍니다. 그리고 왼쪽 Shift키만 눌렀다 놓아 보십시오. 이제 숨겨져 있던 지뢰 탐색기가 켜졌습니다. 지뢰 찾기 게임의 네모 상자 위에 마우스를 올려놓으면 지뢰가 숨겨져 있는지 알 수 있습니다. 네모 상자에 지뢰가 숨겨져 있지 않으면 화면의 왼쪽 위 구석(지뢰 찾기 윈도우가 아니라 바탕화면. 제대로 보기 위해서는 다른 윈도우를 닫아야 함)에 하얀 점이 나타납니다(그림 8-3). 네모 상자에 지뢰가 숨겨져 있으면 화면의 왼쪽 위 구석이 검은 점으로 바뀔 것입니다. 이게 농담이냐고요? 글쎄요, 저는 방금 여러분의 지뢰 찾기 게임을 망쳐놓았습니다. 이제 항상 게임을 깨는 방법을 알았으니, 다시 게임을 할 이유가 없겠죠. 그렇지 않습니까? 저는 여러분의 생산성을 엄청나게 높였습니다. 고맙다고요? 천만에

그림 8-3 이 지뢰 탐지기를 켜면 다시는 게임을 할 필요가 없어진다.

요. 공짜입니다. 저한테 화를 내지 않는 편이 좋을 겁니다. 안 그러면 솔리테어 카드게임의 치트 코드를 말해 버려 여러분의 인생을 정말로 망쳐 버릴 겁니다.

바꿔 봤자 똑같구먼

마이크로소프트를 비난하거나 또는 영향을 미치고 싶은 사람은 마이크로소프트 뒤에 있는 제약조건을 염두에 둬야 합니다. 여러분이 한때 부모를 전능하다고 생각했던 것처럼, 제 딸들(6살과 3살)이 지금 저를 그렇게 생각하는 것처럼(그들에게 축복을), 이런 제약조건을 못 보고 지나치기가 쉽습니다. 그러나 흔히 세계 유일의 초강대국이라 불리는 미국이 지금 귀찮게 구는 호박벌떼를 잡고 있다고 생각해 보십시오. 그것들이 움직이지 않고 가만히 있으면 잡아서 뭉개버릴

300

수 있습니다. 그러나 벌들도 이 사실을 알기 때문에 계속 움직입니다. "마이크로소프트는 왜 이걸 하지?" 또는 "왜 저걸 하지 않지?" 하고 말할 때는 그들이 최소한 4개의 제약조건(무심결에 한번 보는 사람에게는 쉽게 알 수 없는) 하에서 노력하고 있다는 것을 이해해야 합니다.

첫째, 새로운 제품을 만들 때나 기존 제품을 수정할 때, 기존 사용자 때문에 엄청난 제약이 따릅니다. 사용자가 이미 익숙하게 사용하는 어떤 것을 깨고 새로운 제품을 출시하는 것은 매우 어렵습니다. 오래된 괴짜 농담에 다음과 같은 것이 있습니다. "Q: 신이 어떻게 6일만에 세상을 창조했지? A: 기존에 설치된 게 아무것도 없으니 하위 호환성을 걱정할 필요가 없잖아."

예를 들어, DDE(Dynamic Data Exchange)라 불리던 오래된 기능을 생각해 봅시다. 1988년 무렵 마이크로소프트 엑셀 스프레드시트 프로그램의 첫 번째 릴리즈에서, DDE는 하나의 윈도우 애플리케이션에서 다른 애플리케이션으로 사람이 손대지 않고 데이터를 자동으로 보내는 것을 가능하게 하는 최초의 기술이었습니다. 그것은 얇게 썬 빵이 나온 이래 가장 훌륭한 것이었고, 그걸 고객에 데모해서 큰 프로젝트를 따냈던 기억도 있습니다. DDE는 1993년쯤에 더욱 신뢰성이 높고 한번 익히면 적절한 프로그래밍을 좀더 쉽게 하는 OLE 기술로 대체되었습니다. 그러나 엄청나게 많은 사용자(특히 금융업계에서)가 그때까지 DDE에 종속적인 엑셀 스프레드시트를 작성해 왔기 때문에, 마이크로소프트는 DDE를 없애버릴 수가 없었습니다. 이런 사용자들은 DDE가 없는 릴리즈는 업그레이드가 아니라 다운그레이드라고 생각할 것이고, 다운그레이드에 돈을 지불할 사람은 없을 것입니다. 지금까지도 금융 시장의 데이터 벤더인 블룸버그는 온라인 주식 시세를 새로운 포맷뿐 아니라 이 DDE 포맷으로도 제공하고 있습니다. 마이크로소프트가 엑셀에 새로운 기능을 추가할 때나 보안성을 강화할 때 또는 내부구조를 어떤 식으로든 건드릴 때 DDE를 망가뜨리지 않는다는 것을 확인해야 합니다. 이것은 섹스와 비슷합니다. 한 순간의 부주의한 열정으로 그 당시에는 좋아 보이는 기능을 만들었지만, 그 결과를 이후 20년 또는 경우에 따라 그 이상 책임져야 하는 것입니다. 이제는 쓸모없어진 다른 모든 기능에까지 이런 문제를 확대하면, 그 비용은 엄청나게 늘어납니다.

둘째, 윈도우와 윈도우용 애플리케이션이 실행되어야 하는 소프트웨어와 하드웨어 환경이 믿을 수 없을 정도로 다양하다는 것입니다. 윈도우가 설치되는 컴퓨터 환경은 여러분이 생각하는 것보다 훨씬 다양합니다. 프로세서 속도, 메모리 크기, 프린터나 마우스, 네트워크 카드, 사운드 카드 등과 같은 부속 하드웨어 그리고 동시에 실행되는 다른 프로그램 등 다양한 요소의 영향을 받습니다. 눈송이와 마찬가지로, 세상에 돌아가고 있는 수억 대의 PC 중 같은 것은 본질적으로 없다고 봐야 합니다. 애플의 경우에는 매킨토시 컴퓨터 하드웨어를 엄격하게 통제해 이런 다양성을 제한하고, 그 결과 매킨토시 컴퓨터는 신뢰성이 좀더 높습니다. 그러나 사용자들은 그런 높은 신뢰성에 보답해 애플 컴퓨터를 많이 구입하지는 않습니다. 그들이 뭐라고 말하든, 소비자는 구매로 말하는 것이고, 소비자는 윈도우의 저렴한 가격과 뛰어난 융통성을 20배쯤 더 높게 평가합니다.

생산자가 제품을 주의 깊게 테스트하더라도, 여러분의 PC에 프로그램이 설치될 때 그 프로그램은 세상에 나와 거의 처음으로 그 환경을 접하는 것입니다. 대부분의 소프트웨어가 거의 대부분 제대로 동작한다는 것은 기적일 따름입니다. 윈도우 환경에서 버그를 재현하는 것은 아주, 아주 어렵습니다. 지금은 윈도우에 오류 보고 프로그램(crash recorder, 이 장의 뒷부분에서 설명할 것입니다)이 포함되어 있어 애플리케이션이 무엇을 하다 죽었는지 정확히 볼 수 있게 되었고, 이 제약조건은 많이 줄어들었습니다.

셋째, 이런 다양성과 그에 관련된 문제가 사용자 층에도 적용된다는 것입니다. 어떤 사용자 부류에는 좋고 적절하며 필요한 것이 다른 부류의 사용자들에게는 완전히 잘못된 것일 수도 있습니다. 거의 1조 달러(이중 아주 작은 일부는 제 것입니다)의 고객 자산을 관리하는 뱅가드(Vanguard)와 같은 뮤추얼 펀드 회사를 생각해 봅시다. 그들의 네트워크는 매우 많은 공격을 받고(다른 금융회사 직원이 말하길, 그들의 메인 웹 사이트는 1초에 100번 이상의 공격을 받는다고 했습니다), 보안에 구멍이 뚫렸을 때의 피해는 엄청나게 커질 수 있습니다. 뱅가드에서 보안은 매우 중요하며, 그들도 이를 깨닫고 여기에 많은 돈을 투자하고 있습니다. 예를 들어, 그 회사의 직원들은 자신의 컴퓨터에 소프트웨어를 설치할 수 없으며, 야후나 핫메일과 같이 외부에서 오는 메일도 받을 수 없습니다. 훈련을 받은 전문가 집단이 어떤 애플리케이션이 안전한지를 판단하는 책임을 가지고 있으며 이들이 필요로 하는 사람들에게 애플리케이션을 설치해 줍니다. 이런 데서 솔리테어 게임을 하면 눈살을 찌푸릴 것입니다. 스타 트렉 게임은 잊어버리십시오. 이런 보안정책은 컴퓨터 사용을 어렵게 만들지만, 그것은 트레이드오프로 사업적 특성 때문에 어쩔 수 없이 하는 것입니다. 금전적 보상이 높기 때문에, 이런 사용자가 갖는 참을성의 한도(3장 참조)는 훨씬 더 높습니다. 그들은 문제를 회피하기 위해 더 많이 참을 수도 있습니다. 그렇게 해야 하기 때문입니다.

그러나 일반 가정 사용자는 거의 공격받는 일도 없고, 보안에 구멍이 생겼다 해도 그 피해 비용이 훨씬 낮습니다. 그들은 컴퓨터로 사무실에서 일할 때보다 훨씬 다양한 작업을 합니다. 그들은 자신의 안전을 지키기 위해 조금도 노력하지 않을 겁니다. 뮤추얼 펀드 회사와 비교했을 때, 사용성과 보안성의 균형이 사용성 쪽으로 기울어야 합니다. 가정 사용자는 참을성의 한도가 훨씬 낮습니다. 윈도우XP는 뮤추얼 펀드 회사에서 사용할 수 있을 만큼 보안성이 높아야 하는 동시에 가정 사용자가 설치해 사용할 수 있을 만큼 충분히 쉬워야 합니다. 이 사이에서 균형을 맞추는 것은 대단히 어려운 일이며, 하나의 제품으로 얼마나 오래 양쪽 시장을 모두 만족시킬 수 있을지 가끔 궁금해지기도 합니다.

마지막으로, 윈도우 가격이 매우 낮다는 것을 기억할 필요가 있습니다. 이는 선택의 여지가 많지 않다는 뜻입니다. 윈도우XP 홈 에디션의 가격은 아마존닷컴에서 별도로 구입할 때, 90달러 정도입니다. 대부분의 사용자는 PC를 살 때 운영체계가 이미 설치되어 있는 상태로 받습니다. 델(Dell)은 기능을 줄인 홈PC(윈도우XP 홈 에디션, 적당한 메모리와 적당한 하드디스크, 네트워크 어댑터, 사운드 카드, 약간의 소프트웨어, 17인치 모니터까지. 잘 작동합니다)를 299달러에 판매하고 있습니다. 이 정도 가격에서 원하는 모든 것을 얻을 수는 없습니다.

세 여자가 남편이 침대에서 일을 얼마나 잘 하는지 비교하고 있었다. 첫 번째 여자가 말했다. "제 남편은 오페라 가수인데, 항상 제게 세레나데를 불러 주죠. 정말 멋져요." 두 번째 여자가 말했다. "제 남편은 경찰인데, 제게 수갑을 채우길 좋아해요. 저도 그걸 좋아하게 됐어요. 당신 남편은 어떤가요?" 세 번째 여자가 조금 부끄러워하며 말했다. "글쎄요. 제 남편은 마이크로소프트에서 일하는데, 우리는 실제로 아무것도 안 해요. 그는 침대 구석에 앉아서 제게 파워포인트 발표 자료를 보여주면서, 그가 마침내 발기해 일을 시작하면 얼마나 대단할지에 대해 설명만 한답니다."

어른이 되는 고통

먹을 것과 마실 것에 대한 끝없는 갈망으로 인해, 저는 최근 마이크로소프트 의료 사업 컨설팅 부문이 주최한 디너 파티에 끼어들었습니다. 분위기가 낯설었고 불편했으며 이질적이었는데, 그 이유를 알 수가 없었습니다. 제가 수년간 알아온 최고의 프로그래머들 또는 테크에드의 발표자들(각자의 책과 글을 읽고 서로 아는 사람들을 소개시켜 주던) 간의 편안한 동지애가 아니었습니다. 저는 괴짜들이 대화를 시작할 때 이야기를 쉽게 할 수 있도록 하는 몇 가지 일반적인 이야기를 시도해 봤지만("쓰레기 수집 알고리즘이 버전 1.1에서 2로 바뀌면서 얼마나 많이 변했는지 들었습니까?"), 제가 얻은 것은 멍한 시선뿐이었고, 이것은 우리가 서로 같은 언어로 말하고 있는 것이 아님을 뜻했습니다.

"플래스키, 이건 새로운 마이크로소프트라네." 저를 초대한 친구[13]

---

13 이 친구는, 제가 이 책의 후속작인 『Why Software STILL Sucks』를 끝낸 다음 『Why Medicine Sucks』를 저와 공동 집필할 것 같습니다.

(여러 해 전에 내가 프로그램을 가르쳤으나 배신하고 의사가 된)가 말했습니다. "자네와 나는 거의 마지막 남은 옛날 사람 중 일부라네. 여길 보게, 워크플로우 컨설턴트, 규제 전문가, 임상의학자, 영업직원은 있지만, 저 구석에 처량하게 앉아 혼자 중얼거리고 있는 친구를 빼고는 프로그래머가 없다네. 우리는 공룡이네. 저 게시판의 광고에 나오는 마이크로스프트 오피스를 업그레이드하지 않은 공룡처럼 말일세. 어떻게 이렇게 되었을까?"

마이크로소프트는 아직 상당 부분이 그대로 남아 있기는 하지만, 제품 주도 기업으로 변해가기 시작했습니다. 지금까지 그들의 프로그래머는 산부인과 의사가 아기를 받아 부모에게 넘겨주는 것과 같이 운영체계를 개발해 담장 너머 사용자 커뮤니티에 던져 주고는 다음 버전을 개발하러 가버렸습니다. 차이점이 있다면 이 아이는 산부인과 의사에 의해 순수하게 생각만으로 설계되었고 지구상의 다른 어떤 것과도 같지 않다는 것입니다. 새로운 부모는 새 운영체계에 대해 수백만 년 동안 진화된 본능이 없어, 자신의 부모에게 예전에는 어떻게 했었는지를 물어보지만 "매뉴얼을 읽고 기도를 많이 하라"는 도움 안 되는 대답뿐입니다. 이 새로운 녀석을 가장 잘 아는 사람, 그 산부인과 의사는 다음 녀석을 준비하기 위해 자신의 연구실로 돌아갔고(아마도 첫 번째 녀석에서 시간이 없어 구현하지 못했던 것들에 대한 수많은 아이디어를 가지고), 첫 번째 녀석이 어떻게 살아가는지에 대해서는(특히 첫 번째 녀석을 2~3년 내에 새로운 녀석으로 바꾸고 싶어 한다면) 관심을 두지 않습니다. 고객이 새로운 녀석을 사용하는 데 생기는 문제를 처리하는 사람들(마이크로소프트는 그들을 '기술 전도사'라 부릅니다)이 제품 개발팀에 행사할 수 있는 영향력은 거의 없었습니다. 바로 이것이 지금 변하기 시작했습니다. 마이크로소프트가 (1) 새로운 제품을 던져만 놓고는 사람들이 사가기를 기대할 수 없다는 것과, (2) IBM이 그러는 것처럼 지속적인 지원과 컨설팅 서비스가 높은 이익이 된다는 것을 깨달았기 때문입니다.

마이크로소프트는 1975년에 설립되었습니다. 그들이 윈도우를 처음 출시했을 때가 대략 10세 정도였고, 윈도우가 쓸만해지기 시작한 것은 15세 때, 그리고 제가 이 책을 쓰는 지금은 30세가 조금 넘었습니다. 여러분 자신이 15세 때, 30세 때를 생각해 보십시오. 15세 때 여러분은 멋있고 재미있게 보이는 것을 좋아합니다. 책임은 가족용 자동차(역시 멋지고 재미있는 것)를 사용하기 위해 필요한 최소한도만 보여줄 뿐(아니면 그런 척만 할 뿐), 여러분 목록의 상위에 있지 않았습니다. 15세의 마이크로소프트가 프로그래밍 관련 작업에 높은 가치를 두었던 것은 그리 놀랄 일도 아닙니다. 그때는 프로그래밍이 멋있고 재미있다고 생각했었고, 그걸로 엄청나게 많은 돈을 벌 수 있다는 사실을 알았었기 때문입니다. 그래서 우리가 엑셀에서 부활절 달걀(Easter Eggs)[14] 같은 것을 볼 수 있었던 겁니다.

1990년에 마이크로소프트 운영체계는, 10대 소년이 그래서는 안 되는 것처럼, 병원이나 항공관제 시스템을 돌리지 않았습니다. 10대 소년이 항상 그러는 것처럼, 그들도 준비가 되어 있다고 주장했지만, 한 마이크로소프트 직원은 그 당시에 대해 "타당성에 대한 잘못된 생각에 빠

---

14 부활절 달걀은 프로그래머가 재미를 위해 숨겨놓은 프로그램입니다. 이 장의 앞부분에서 설명했던 지뢰 찾기 게임의 치트 키도 부활절 달걀의 한 형태입니다. 엑셀은 공들여 만든 부활절 달걀로 특히 유명했습니다.

져 있었다"고 말했습니다. 30세가 된 사람이 그래야 하는 것처럼, 마이크로소프트도 이제서야 그런 중요 프로젝트에서 힘을 발휘하고 있습니다. 업계 전체가 성숙해졌고, 성숙해져야 했습니다. 스티브 발머가 2002년 이메일에서 다음과 같이 쓴 것처럼 말입니다. "… 우리는 오래 전부터 작은 벤처회사가 아니었지만, 5년 전까지도 스스로를 여전히 작은 벤처회사로 생각하는 경향이 있었습니다. 오늘날 우리는 우리의 결정이 다른 많은 기술 회사에 영향을 준다는 것을 인식하고 있습니다. 우리는 업계에서 중요한 리더 역할을 하고 있으며, 우리는 새로운 규칙(합법적인 동시에 업계 동향에 따라 결정되는)을 따라야 합니다." 어느 정도 시간이 걸리겠지만, 잘못된 시작과 막다른 골목이 없었던 것은 아니지만, 업계는 반대 방향이 아니라 이 방향으로 이동하고 있습니다. 마이크로소프트는 요즘 법률가를 더 고용하고 괴짜들은 적게 고용합니다. 새끼 고양이가 어른 고양이로 되는 것처럼, 그들의 책임은 늘었고 재미는 줄었습니다. 그들이 세상을 움직이고 싶다면, 그 방향으로 가야 합니다. 여러분은 장난치기를 좋아하는 유머 감각이 있는 열다섯 살짜리가 핵미사일이 탑재된 잠수함을 운영하는 것은 바라지 않을 겁니다("이 버튼이 뭐 하는 거지? 으악!"). 그러나 종종, 저는 이해할 수 없는 이런 저런 규제를 가하는 그들의 내부적 관료주의와 투쟁하면서, 깊이 생각하지 않았지만 빠르게 행동하고, 항상 준비되어 있던 시절을 추억합니다. 10대 시절을 추억하는(최소한 부분적으로는) 것처럼 말입니다.

구글은 이제 마이크로소프트가 그랬던 것처럼 청년기를 지나고 있습니다. 구글은 더 재미 있는데, 부분적으로는 아직 책임이 크지 않기 때문입니다. 물론 저는 구글을 추천하고 항상 구글을 사용하지만, 그들이 내일 사라진다 해도 저는 살아남을 겁니다. 야후!, MSN 검색, 알타비스타 또는 라이코스 등을 이용하면 제 검색 작업을 그럭저럭 할 수 있습니다. 그러나 마이크로소프트가 사라진다면 살아남기가 훨씬 더 어려워질 겁니다.

하루는 양치기가 양떼를 돌보고 있는데 지붕에 위성수신용 접시 안테너가 달려 있는 레인지 로버(Range Rover)[15]가 초원을 가로지르며 나타나 그의 옆에 멈춰 섰다. 타블렛PC를 든 정장 차림의 여피족이 차에서 나와 말했다.

"실례합니다. 제가 만약 당신의 양이 몇 마리인지 맞추면, 그중 한 마리를 주시겠습니까?" 양치기는 동의하는 의미로 고개를 끄덕였다. 그 사람은 PC 화면에 뭔가를 끄적거리며 초원의 실시간 위성사진에 접근하는 프로그램을 작성하고, 양의 다리 그림자를 센 다음 4로 나누었다. "당신은 197마리의 양을 가지고 있고, 그중 한 마리는 다리가 3개군요. 맞습니까?" 양치기는 다시 고개를 끄덕였고, 그 남자는 동물을 한 마리 골라 그의 SUV로 돌아가려 했다.

양치기가 처음으로 입을 열었다. "당신은 마이크로소프트에서 일하는군요, 맞죠?" "왜 그러죠? 맞습니다. 그걸 어떻게 알았습니까?" "당신은 초대 받지도 않았는데 여기에 왔고, 제가 물어보지도 않았고 이미 답을 아는 질문에 대해 답을 하고는 엄청나게 비싼 보수를 청구했습니다. 그리고 제 사업에 대해서는 털끝만큼도 모르는군요."

"뭐라고요!?" 격분해 얼굴이 벌개진 여피는 버럭 화를 냈습니다. "마이크로소프트는 세계적인 소프트웨어 리더이고, 전 세계 97%의 PC와 서버의 절반에 우리 소프트웨어가 설치되어 있으며, 우리 회장은 세상에서 최고로 부자인 사람입니다. 어떻게 당신 같은 촌뜨기가 나처럼 박사학위를 두 개나 가지고 있는 사람에게 당신의 사업을 이해하지 못한다고 말할 수 있습니까?"

15 (역자 주) 랜드로버(Land Rover)에서 만든 SUV 자동차

양치기가 대답했다. "우선 그 개를 내려놓으면, 하나씩 설명하겠습니다."

우리가 할 수 있는 일

제가 이 책의 전반에 걸쳐 설명했듯이, 벤더는 사용자가 더 좋은 소프트웨어를 요구하지 않는 이상 그런 소프트웨어를 제공하지 않을 겁니다. "사람들이 와서 어떤 것이 개떡 같은지를 알려주면, 우리는 그걸 더 좋게 만들기 시작합니다." 제가 최근 아이슬란드에서 아침 식사를 하며 마이크로소프트 기술 전도사와 함께 이 책을 논의할 때 그가 한 말입니다. "우리가 어떤 것이 개떡 같고 어떤 것이 그렇지 않은지를 알아내는 것은 당신이 상상하는 것보다 훨씬 어렵습니다."

뉴 올리언즈 타임즈-피카윤(The New Orleans Times-Picayune)은 강둑에서 허리케인 카트리나가 지나간 흔적을 보고는 3급이 아니라 5급 허리케인은 된다면서, 독자들에게 메일을 써서 의원들에게 보내자고 했습니다. "우리가 카트리나 때문에 홍수로 잠겨버린 것처럼 그들을 메일로 잠겨 버리게 합시다." 바로 이것이 사용자가 마이크로소프트나 다른 소프트웨어 벤더에게 해야 할 첫 번째 일입니다. 다시 한번 말하지만, 가능한 구체적이어야 합니다. 그냥 "너네 꺼 별로야!" 하고 외치는 것은 여러분의 기분을 나아지게 만들지는 몰라도, 여러분이 뭘 좋아하지 않는지 벤더에게 전달하지는 못합니다. 이런 식으로 쓰십시오. "이런 것은 마음에 든다. 저런 것은 별로다. 우리는 정말 이러이러한 것이 필요하지만, 저런 것은 단지 방해만 될 뿐이다." 그리고 그들이 여러분의 충고를 즉각적으로 또는 영원히 받아들이지 않더라도 너무 놀라지 마십시오. 대중 시장용 애플리케이션(엑셀 같은)의 사용자는 엄청나게 많고, 다른 종류의 사용자 요구와 균형을 맞추는 것은 매우 어렵습니다. 여러분은 어떤 기능이 완전한 시간 낭비거나 심지어 생산성을 방해한다고 생각할 수도 있겠지만, 다른 사용자들은 그 기능을 매일 하루 종일 사용하고 있을지도 모릅니다. 물론 이런 영원한 모순으로부터 소프트웨어 벤더는 사용자 중에서 '침묵하는 다수(정의에 따라 그들은 말을 많이 하지 않습니다)'가 어떤 생각을 하는지 배울 수 있을 것입니다.

이와 같은 메일의 홍수로 뭔가를 이루어낸 예가 2006년 1월 첫째 주의 성과입니다. 한 보안 검토자가 인터넷 익스플로러에서 윈도우 메타파일 구멍이라 불리는 새로운 취약점을 발견했습니다. 마이크로소프트는 이를 수정하는 패치를 만들었지만 그 다음 주에 있을 정규 업데이트 발표 전까지 패치를 미루고 싶었습니다. 좀더 테스트할 시간을 원했고, 우리가 봐온 것처럼 그게 일단 문밖으로 나가면 계속 지원해야 했기 때문입니다. 마이크로소프트는 대부분의 안티바이러스 프로그램이 감염된 파일을 잡아준다고 말했기 때문에, 이 취약점이 심각한 것이라고 생각하지는 않았던 것 같습니다. 사용자 커뮤니티는 이에 대해 단호하게 반대 입장을 취했습니다. 보안 관련 단체와 메일링 리스트는 폭풍 같은 비난을 퍼부었습니다. 한 러시아 개발자가 그 취약점을 해결하는 패치를 만들었고, 여러 명의 유명한 보안 권위자들은 마이크로소프트의 패치를 기다리지 말고 러시아 개발자가 만든 패치를 즉시 설치하라고 권고했습니다. 결국 마이크로소프트는 일정을 앞당겨, 하루 종일 테스트한 다음 바로 패치를 발표했습니다.

이 버그가 출시 스케줄을 앞당길 만큼 심각한 것이었냐 여부는 중요하지 않습니다. 사용자 커뮤니티는 분명 그 버그가 심각한 것이라 느꼈고, 마이크로소프트는 그런 느낌의 깊이를 이해하지 못했습니다. 그래서 그들은 망신을 당했습니다. 수년 전 펜티엄 칩에 아주 작은 수치연산 오류가 있음이 밝혀졌을 때, 문제를 고객에게 솔직하게 시인하지 않고 모호한 태도를 취하며 무시하려다가 망신을 당했던 인텔처럼 말이죠. 대중의 압력이 해냈던 것입니다. 마이크로소프트가 존슨앤존슨처럼 자신의 과실을 인정했다면, 폭풍이 무사히 그리고 빠르게 지나갔겠지만, 문제를 무시하고 넘어가려다가 사태를 증폭시켰습니다.

이제 마이크로소프트 이외의 애플리케이션을 살펴봅시다. 코렐의 워드퍼펙 프리 트라이얼 버전을 다운 받으십시오. 파이어폭스 웹 브라우저를 사용해 보십시오. 저는 오류를 알리기 위해 제 얼굴에 메시지 박스를 들이미는 것에 참을 수가 없었지만, 어떤 사람들은 파이어폭스를 정말 좋아합니다.[16] (저는 조금도 좋아하지 않지만, 아마 저만 그런 것 같습니다.) 하지만 그런 애플리케이션이 존재한다는 사실만으로도 마이크로소프트는 인터넷 익스플로러의 차기 버전 계획을 수정해야 했습니다.

마이크로소프트에서 완전히 벗어나고 싶습니까? 가능합니다. 토니 보브(Tony Bove)가 쓴 책 『Just Say No to Microsoft: How to Ditch Microsoft and Why It's Not as Hard as You Think』[17] (No Starch Press,

---

16 (역자 주) 참고로 저의 주 사용 브라우저도 파이어폭스입니다. 인터넷 익스플로러는 인터넷 뱅킹이나 액티브X를 사용하는 사내 그룹웨어를 사용할 때만 사용합니다. 파이어폭스에 IE탭을 설치하면 인터넷 익스플로러를 아예 사용하지 않을 수도 있습니다.
17 (역자 주) 마이크로소프트에 NO라고 말하고 마이크로소프트로부터 벗어나는 방법과 그것이 당신이 생각하는 것만큼 어렵지 않은 이유

2005)에서 어떻게 하는지 설명합니다. 그 책은 아마존에서 현재 판매순위 265,413위[18]를 달리고 있는데, 이는 마이크로소프트에서 벗어난 삶에 높은 가치를 두는 사람이 그렇게 많지 않다는 뜻이기도 합니다. 그 책에서도 대부분의 사용자는 자신이 사용하는 도구 자체에 신경을 쓰는 것이 아니라 도구로 만들 수 있는 결과를 더 중요하게 생각한다는 것을 조금 다른 각도에서 설명하고 있습니다. 홈 디포(Home Depot)는 단지 드릴을 판매하는 사업을 하고 있다고 생각할지 모르겠지만, 고객 입장에서는 구멍이 필요하기 때문에 홈 디포에 가는 것입니다.

사람들이 모두 싫어하는 것(밥벌이로 컨설팅을 하는 컨설턴트를 빼고)은 프로그램이 갑자기 뻗어버리는 것입니다. 프로그램이 명확한 이유 없이 죽어버리거나 응답이 없는 것 말입니다. 따라서 최근의 마이크로소프트 제품에는 '오류 보고 프로그램'이 포함되어 있는데, 이는 개념적으로는 항공기에서 사용되는 블랙박스와 같은 것입니다. 여러분은 아마 그림 8-4와 같이 오류 보고 프로그램이 동작하는 것을 본 적이 있을 겁니다. 이는 프로그램의 깊숙한 내부에서(그 프로그램 자체에서일 수도 있고, 운영체계 자체 또는 운영체계의 부가기능 때문일 수도 있습니다) 오류가 발생해 해당 애플리케이션이 그것을 적절히 처리하고 동작을 계속할 수 없는 상태가 되었음을 뜻합니다. 윈도우3.0때와 그 이전 시절에는 "잘못된 연산 수행 오류"가 발생하면 컴퓨터 전체가 먹통이 되어 컴퓨터를 껐다가 켜야 했습니다. 윈도우 NT에서는 다른 것은 그대로 놔둔 채 해당 프로그램만 죽일 수 있었지만, 항상 그런 것은 아니었죠. NT가 맛이 가면 나

18 (역자 주) 이 책을 번역하는 시점에는 652,230위로 더 낮아졌습니다.

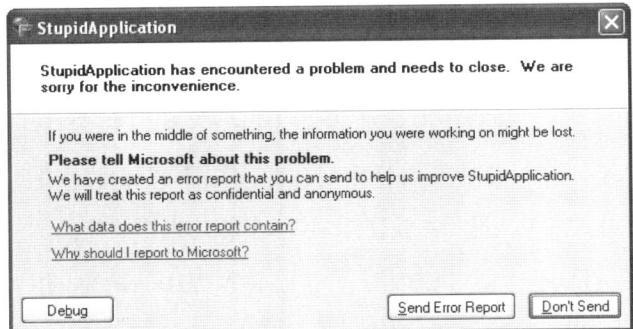

그림 8-4 마이크로소프트로 보고서를 보내는 것을 허용할지 묻는 오류 보고 프로그램

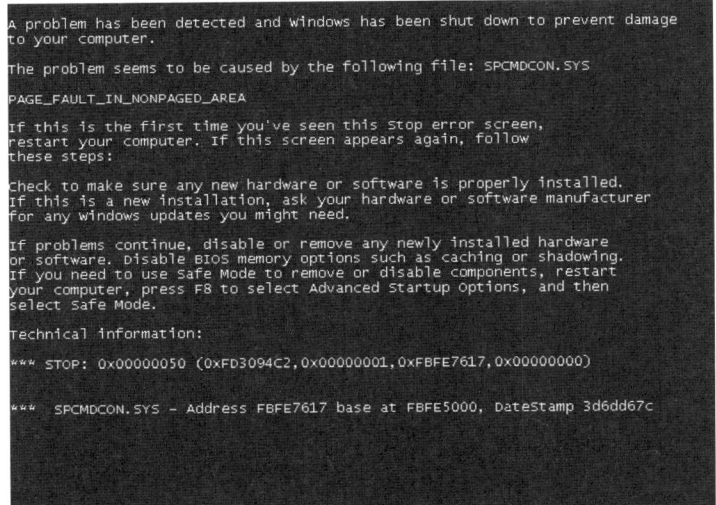

그림 8-5 윈도우XP 블루스크린

타나던 우리의 오랜 친구인 공포의 블루 스크린(그림 8-5)을 잊지는 않았겠죠? NT가 죽지 않더라도 프로그램이 갑자기 죽어버린 것에 대해 보통은 아무런 정보(그런 현상이 다시 일어나지 않게 하는 데 도움이 될 만한)도 얻

314

을 수 없었습니다. 지금의 윈도우XP는 거의 죽는 일이 없고, 오류 보고 프로그램이 죽은 프로그램의 스냅샷을 떠서 마이크로소프트로 보내 분석하게 합니다. 이 리포트는 무엇보다도, 프로그램에서 오류가 발생한 정확한 위치와 그 부분을 호출한 모든 계층 정보를 알려줍니다.

이런 자동 오류 보고가 개발팀에 얼마나 유용한지는 아무리 강조해도 지나치지 않습니다. 제 프로그래밍 초창기 시절, 저희 기술 지원조직은 다음과 같은 전화를 받곤 했습니다.

> **고객 :** 에, 제 프로그램이 뭔가 잘못된 것 같습니다.
>
> **나 :** 증상이 어떤데요?
>
> **고객 :** 모르겠어요. 그냥 좀 이상하게 제대로 동작하지 않는데요.
>
> **나 :** 어떤 작업을 하고 있었는데요?
>
> **고객 :** 정확하게 기억하지는 못하겠어요. 그냥 사용하고 있었는데.
>
> **나 :** 전에도 이런 일이 발생한 적이 있나요?
>
> **고객 :** 네.
>
> **나 :** 에, 그럼 그런 현상이 또 발생하면 다시 연락주세요. 별다른 방법이 없네요.
>
> 그럼 이만. (뚝… 전화 끊는 소리)

이런 보고는, 저는 여러분이 이미 알고 있다고 확신하지만, 프로그램에 뭔가 문제가 있다는 것을 빼고는 우리에게 많은 정보를 알려주지 못합니다. 무엇 때문에 이유를 생각해 내는 것이 불가능한지도 몰랐습니다. 저는 자신들의 애플리케이션에서 이런 버그를 고치지 못해 망한 회사를 여럿 봤습니다. 버그는 종종 타이밍(실행되는 시점)이나 시스템 내의 다른 프로그램, 고객의 컴퓨터 외에 재현이 불가능한 조건 등에도 민감합니다.

스티브 발머는 공개 이메일에 다음과 같이 썼습니다. "우리는 고객이 보낸 오류 보고서에서 드러난 패턴의 다양함에 몹시 놀랐습니다. 오류 보고서로 우리 자신의 소프트웨어에 있는 버그뿐 아니라 독립 하드웨어/소프트웨어 벤더가 작성한 윈도우 기반의 애플리케이션 버그까지도 확인할 수 있습니다. 우리가 배운 것 중 정말 흥분되는 것이 하나 있는데, 그것은 리포트와 관계된 소프트웨어 버그 중에서도 상대적으로 적은 부분이 대부분의 오류를 발생시킨다는 것입니다. 대략 20% 정도의 버그 때문에 80%의 오류가 발생한다는 것입니다. 그리고 정말 놀라운 것은 오류 원인의 절반 정도가 단지 하나의 버그였다는 사실입니다." 제가 만약 소프트웨어 벤더라면 발머의 머리끄덩이를 잡고 버그 리포트를 들이대며 "바로 여기가 버그라고, 이 바보야!" 하고 소리치겠습니다. 물론 그걸 수정하는 것에 높은 우선순위를 할당할 것입니다.

사용자가 오류 보고 프로그램을 걱정하는 주된 이유는 프로그램이 죽었을 때 가끔씩 그들이 작업하던 문서 데이터가 리포트에 포함된다는 것이고, 이런 데이터는 매우 민감할 수도 있습니다. 미국 에너지부 게시판[19]에는 이런 가능성을 설명하면서, 세 번 중 한 번은 오류 보고서에 문서 데이터가 포함되는 것으로 보이며 사용자는 자동 오류 보고 기능을 비활성화할 것을 권고하기도 했습니다. 마이크로소프트의 오류 보고 프로그램 프라이버시 정책은 그런 데이터를 좋은 목적으로만 사용할 것이며 나쁜 목적으로는 사용하지 않겠다고 약속합니다. 그러나

---

19 지금은 www.ciac.org/ciac/bulletins/m-005.shtml에서 확인할 수 있습니다.

그 정책에는 "사업적으로 오류 보고서 데이터 사용이 필요한 마이크로 소프트 임직원과 계약자, 벤더는 데이터에 접근하는 것을 허용합니다. 만약 오류 보고서에서 오류가 제3사 제품이 관련된 것으로 나타나면 마이크로소프트는 해당 데이터를 관련 제품 벤더에게 보낼 수 있고, 그들은 다시 그 데이터를 자신들의 협력업체나 파트너에 보낼 수 있습니다." 다른 말로 간단하게 말하자면, 프로그램으로 뭘 작업하고 있었던 간에 프로그램이 갑자기 죽으면 그 내용이 쉽게 공개될 수 있다는 뜻입니다. 따라서 기밀성이 중요한 애플리케이션을 사용할 때는 그 기능을 꺼놓습니다.[20] 그러나 의사가 여러분의 병을 고쳐주기를 원한다면, 여러분은 어디가 아픈지 말해줘야 하고 또한 보여줘야 할 것입니다. 제가 장담하건대, 프로그램이 갑자기 죽을 때 여러분이 어떤 당혹스런 작업을 하고 있었다 하더라도, 그들은 그런 걸 이미 수도 없이 봐왔을 것이고, 그런 것에는 거의 관심도 가지지 않을 것입니다.

여기서 마이크로소프트가 어떻게 중간에 끼어 오도 가도 못하는 상황에 빠져 있는지를 볼 수 있습니다. 오류 보고서 데이터를 받지 못하면, 버그를 고치지 않을 것입니다. 아마 발견조차 못할지도 모릅니다. 그러나 그들이 이런 데이터를 받으면, 사용자는 그들의 기밀성이 위배됐다고 몹시 화를 낼 것입니다. 저는 충분히 많은 사용자들(기밀성에 민감하지 않은)이 오류 보고 기능을 켜놓아서 마이크로소프트가 망할 버그를 수정하는 데 필요한 것을 충분히 배우게 되길 바랍니다. 저는 계약상 고객이 꺼놓기를 요구하고 그에 상응하는 보상을 할 때가 아니면, 오류

20 제어판을 열어 시스템 아이콘을 선택한 다음, 대화상자에서 '고급' 탭을 선택합니다. 오른쪽 아래 부분에 있는 '오류 보고' 버튼을 누른 다음 라디오버튼 중에서 '오류 보고 사용 안 함'을 선택하면 됩니다.

보고 기능을 항상 켜놓습니다. 저는 이게 마치 마리오 푸조(Mario Puzo)의 대부 같습니다. 마약상 소롯소가 콜레오네가의 고문인 톰 하겐(Tom Hagen)을 납치했을 때 이렇게 말합니다. "차에 타시오. 내가 당신을 죽이고 싶었다면 당신은 이미 죽었소."

웹에 마이크로소프트 유럽지사가 만든 것이 분명한 역사적인 비디오가 있습니다. 거기서 마이크로소프트의 WSYP(We Share Your Pain,[21] '위잡'이라고 읽습니다) 프로그램을 보여 주는데, 이는 오류 보고 프로그램의 기능을 확장해서 오류를 발생시킨 부분의 코드를 작성한 개발자를 찾아낸 다음 원격으로 그 개발자를 바늘로 찌르거나 전기 충격을 가해 사용자의 불만을 표출하도록 한 것입니다. 등장인물 중 한 명이 이렇게 말합니다. "마이크로소프트는 최고의 프로그래머들로 구성되어 있습니다. 적어도 우리는 그렇길 바랍니다. 그리고 이 프로그램은 사용자를 직접적으로 이해하는 데 도움이 될 것입니다." 저는 마이크로소프트 웹 사이트에서 몇 번이고 그 비디오를 찾아봤지만 어디론가 옮겨져 버려서, 이 책에서 명확한 URL을 알려드릴 수가 없습니다. 검색 엔진을 이용하면 금방 찾을 수 있을 겁니다. 저도 이 책의 웹 사이트에 링크를 유지해보도록 하겠습니다. 제가 "그대의 사용자를 알라"하고 말할 때 그들이 실제로 그걸 들을 수 있으면 좋겠습니다.

Q : 전구를 갈아 끼우는 데 마이크로소프트 기술지원 직원이 몇 명이나 필요할까?

A : 글쎄, 네 문제를 재현할 수가 없는 것 같은데. 여기서는 모든 전구가 문제 없어.

---

21 (역자 주) 우리는 당신과 고통을 함께 나눕니다

요약

조언 칼럼니스트였던 고 앤 랜더스(Ann Landers, 1918~2002)는 남편이나 남자친구에 대한 어떤 질문도 하나의 문제로 요약했습니다. "글쎄요. 그와 함께 있는 것이 좋은가요, 혼자 있는 것이 좋은가요?" 저도 마이크로소프트에 대한 여러분의 생각을 듣고 싶습니다. 두 손을 모아 기도를 하면 마이크로소프트가 만든 모든 것이 마술처럼 한꺼번에 사라진다고 상상해 봅시다. 세상이 더 좋아질까요, 더 나빠질까요? 모든 사람이 제 생각에 동의하는 것은 아니지만, 저는 세상이 더 나빠질 것 같습니다. 그래서 그들이 사라지길 바라지 않습니다. 제 채권자들 역시 마찬가지겠죠.

40년 전 할머니는 제가 전화기 연결 상태에 대해 불평하면 이렇게 말씀하시곤 했습니다. "지금은 어느 때고 전화기를 들어 내게 전화할 수 있지 않니? 나는 전화기가 없던 시절을 기억한단다. 너는 이 할머니가 그때를 좋아했다고 생각하니? 아무것도 없던 그때보다는 지금이 훨씬 더 좋아진 거란다." 저는 컴퓨터가 없었던 시절을 기억할 수는 없지만, 컴퓨터가 집채만큼 컸고 냉방장치가 된 유리로 둘러싸인 방에 놓여 있고, 미국 사회보장국이나 국세청 같은 곳에서만 사용되었지만 성능은 요즘의 칫솔에 내장된 것만도 못했던 시절은 기억합니다. 30년 전에는 DEC에서 만든 미니컴퓨터가 있었습니다. 냉장고 한두 개 크기에 여전히 유리로 둘러싸인 방(크기는 작아졌지만 여전히 냉방장치가 필요한)에 있어야 했고, 부자 동문이 많은 대학에서도 구입할 수 있었습니다. 20년 전에는 최초의 개인용 컴퓨터가 등장했고, IBM과 애플이 컴퓨터를 책상

위에 올려놓을 수 있게 만들었습니다. 10년 전에는 윈도우에서 다이 얼-업 모뎀을 통해 이메일을 확인하면서 솔리테어 게임을 할 수 있게 되었습니다. 지금은 프로그램이 갑자기 죽으면 자동으로 보고되고 업 데이트도 자동으로 다운로드됩니다. 이 정도면 삶이 점점 좋아지고 있 는 것 아닙니까? 제 할머니가 살아있다면, 그리고 이 모든 것을 이해할 수 있다면, 우리가 어디서 출발했으며 얼마나 멀리 왔는지 잊지 말라고 말씀하실 것입니다. 그래서 제가 할머니 대신 말씀 드리는 겁니다.

빌 게이츠가 마침내 죽어 심판을 받게 되었다. 성 베드로는 그를 천당으로 보내 야 할지 지옥으로 보내야 할지 결정할 수가 없었다. 그래서 그는 빌에게 천당과 지옥 중 하나를 선택하라고 했다. 빌은 선택하기 전에 영원한 시간을 보낼 장소 를 살펴보고 싶어했고, 베드로는 이를 허락했다. 천당은 그럭저럭 괜찮았다. 천사 의 날개는 멋졌지만, 그의 인생과 비교해봤을 때 그다지 신나 보이지는 않았다. 지옥으로 내려가자, 그는 해변에서의 난잡한 파티와, 맥주가 흐르는 강, 산처럼 쌓인 음식, 끝없이 나오는 밴드와 춤추는 여자들, X박스 비디오 콘솔 게임 토너 먼트 등 많은 종류의 신나는 것을 볼 수 있었다. 그래서 빌은 지옥을 선택했다. 지옥에 들어가서 문이 꽝 닫히자마자, 그는 활활 타오르는 지옥불에 던져졌고, 유황에 숨이 막혔다. 악마들은 깔깔거리고 웃으며 그를 둘러싸고 삼지창으로 찔 러댔다. 모든 것이 끔찍한 고통이었다. "잠깐만!" 그는 1200BPS 모뎀이 달린 코 모도어64(그가 사용할 수 있는 유일한 컴퓨터였는데 이것 또한 고문이었다)로 사탄에게 메일을 보냈다. "파티와 술, 춤추는 여자, X박스는 어떻게 된거죠?" 어둠의 왕이 답했다. "게이츠씨, 그건 데모 버전이었소. 최종 제품과는 다르다는 것을 이해해야 하지 않겠소."

9장

우리의 대응

사용자, 바로 여러분이 있기 때문에 소프트웨어 산업이 존재하는 것입니다. 개발자들은 자주 이 사실을 잊기도 하고, 이들 중 일부는 처음부터 이 사실을 절대 이해하지 못하기도 합니다. 그러나 그들의 궁극적 목표는 사용자의 마음에 드는 소프트웨어를 만들어 구입하게 하는 것, 사용자의 마음에 드는 웹 사이트를 만들어 사용하게 하는 것, 그리고 그로부터 개발자 자신과 개발자를 고용한 사업주가 보상받을 수 있도록 하는 것입니다.

알코올중독에서 빠져 나온 사람이라면 누구든 문제 해결의 첫 단계는 문제가 존재함을 인정하는 것이라 말할 겁니다. 많은 프로그래머들도 그렇게 해야 합니다. ("저는 밥입니다. 개떡 같은 소프트웨어를 만들고 있죠." "밥씨, 안녕하십니까?") 때때로 그들은 스스로 이런 깨달음에 도달하기도 하지만("오, 신이시여, 이 쓰레기 더미를 진정 제가 작성했단 말입니까?"), 보통은 옆에서 도와줘야 합니다. "밥씨, 당신이 설계한 이 웹 사이트가 얼마나 바보 같은지 아십니까? 사용자가 여기서 하려는 작업을 시작하기도 전에 다섯 단계나 생각을 하도록 만들어 놨군요. 이 웹 사이트를 오픈한 후로 그 과정을 끝까지 참아낸 사람은 단 한 명도 없습니다. 5천 명이나 되는 사람들이 시작했다가 중간에 모두 포기해 버렸습니다. 당신이 플래스키의 책을 읽었더라면 이런 일은 없었을 텐데." 바로 이렇게 간섭을 하는 거죠.

여러분은 프로그래머가 아니고, 프로그래머가 되고 싶지도 않겠지만, 소프트웨어를 개선하는 데 있어 귀중한, 아주 중요한 도움을 줄 수 있습니다. 개발자들에게는 사용자가 무엇을 필요로 하고 무엇을 원하는지, 무엇을 좋아하고 무엇을 싫어하는지, 무엇을 바라고 무엇을 무서워하는지 말해줄 당신 같은 사람이 필요합니다. 개발자들은 이런 것들을 스스로 알 수 없습니다. 이미 알고 있다고 생각하는 경우도 있지만 절대 그렇지 않습니다. 사용자가 원하는 것을 알지 못하고 그 부분을 자신이 좋아하는 것으로 대체하게 되면, 그들은 지옥의 나락으로 떨어지는 것이고, 이는 지금까지 충분히 봐 왔으리라 믿습니다.

앞에서 언급한 알코올 중독자 이야기를 계속하자면, 회복을 위한 두 번째 단계는 문제 해결이 가능하다고 믿는 것입니다. 저는 이 책에서 좋은 예(사용자가 아무런 노력을 들이지 않아도 자동으로 사용자의 국가를 알아내는 구글)와 나쁜 예(마우스를 여러 번 클릭해 사용자의 국가를 선택하게 하고는, 다음번 방문 시에 이런 바보 같은 짓을 또 하지 않도록 국가 선택을 기억할지 말지를 명시적으로 말해줘야 하는 UPS.com)를 설명했고, 좋은 소프트웨어를 만드는 것이 가능할 뿐 아니라 실제로 존재하고 있음을 보여주었습니다. 프로그래머가 뭔가 잘못할 때면, 거의 항상 사용자가 무엇을 원하는지 무엇을 필요로 하는지 어느 정도까지 수용할 수 있는지를 제대로 이해하지 못했기 때문입니다. 이 장에서는 개발자들에게 필요한 피드백을 제공하는 것에 초점을 맞출 것입니다. 그들에게 가서 그들이 작업한 것이 어떤지를 이야기하고 더 잘하기 위해 어떻게 해야 하는지를 말하는 방법 말입니다. 여기 여러분이 따라야 할 다섯 단계가 있는데, 저는 이걸 '플래스키의 5단계' 라 부릅니다.

1. 구입하기

소프트웨어뿐 아니라 어떤 것이든, 소비자의 취향을 아는 첫 번째 방법은 그 제품과 서비스를 구입하는지 여부를 보는 것입니다. 소비자가 개선을 요구하면서 신뢰할 수 있는 도요타나 혼다 자동차를 사고, 미덥지 못한 핀도스와 노바를 딜러의 주차장에서 녹슬게 하기 전까지 자동차는 개선되지 않았습니다. 리 아이아코카(Lee Iacocca)가 그 당시 부활하던 크라이슬러 텔레비전 광고에서 "더 좋은 차를 찾을 수 있다면, 그 차를 사십시오." 하고 말해서 우리는 다른 차를 샀고, 그 결과 모든 자동차가 더 좋아졌습니다.

우리의 취향이 벤더의 지갑으로 들어가는 돈에 영향력을 행사하기 전까지 소프트웨어는 개선되지 않을 것입니다. 구글은 웹 검색 부분에서 최강이 되어 야후와 마이크로소프트를 압도하고 있습니다. 구글이 깔끔하고 사용하기 쉬운 사용자 인터페이스를 가진 더 좋은 검색 엔진을 제공했기 때문입니다. 사용자들은 경쟁사의 검색엔진을 사용하지 않고 구글의 검색엔진을 사용해 그들에게 보답했습니다. 사용자가 구글에 직접 돈을 주는 것은 아니지만, 흥미있는 광고를 클릭할 때마다 광고주(저를 포함한)가 구글에 돈을 지불해야 합니다. 클릭 수가 많아져 돈도 많이 벌게 되었고, 구글의 이익도 커졌습니다. 그들이 제대로 했기 때문입니다.

　말보다는 돈의 목소리가 더 큽니다. 여러분은 아마 목소리로 매킨토시 컴퓨터가 좀더 신뢰성 있고 디자인도 더 뛰어나다, 또는 일반적으로 윈도우 PC보다 낫다고 말할지도 모르겠습니다. 여러분이 맞을 수도 있습니다. 그러나 모두 합쳐보면 매킨토시를 사는 사람은 그렇게 많지 않습니다. 소비자의 구매를 모두 합해보면 윈도우 PC와 매킨토시의 비율은 대략 20:1 정도입니다. 이를 보고 마이크로소프트는 대부분의 사람이 '마이크로소프트가 그런대로 잘 하고 있다'고 생각한다고(그들에게 이것은 중요합니다) 해석하게 됩니다. 만약 그 비율이 심각할 정도로 변하기 시작한다면, 이를 따라잡기 위해 마이크로소프트가 가속 페달을 밟는 것을 볼 수 있을 겁니다. 돈이 뒤를 든든하게 받쳐 주지 않는다면, 여러분이 떠드는 말에 아무도 관심을 갖지 않는다고 해도 놀랄 일이 아닙니다.

　웹 브라우저 전쟁에서 마이크로소프트를 바뀌게 한 경쟁의 좋은 예를 볼 수 있습니다. 마이크로소프트 윈도우에 함께 설치되는 인터넷 익스플로러6는 나온 지 5년도 더 되었습니다. 인터넷 세상에서는 한참 옛날이라고 할 수 있죠. 파이어폭스(언론에 가장 많이 노출되었지만, 오페라나 사파리 또한 점유율을 높여가고 있습니다)와 같은 다른 브라우저는 인터넷 익스플로러에는 없는 유용한 기능을 제공할 뿐 아니라 보안성도 높습니다. 그리고 제가 유용한 기능이라고 말할 때는, 떠다니는 메뉴나 춤추는 페이퍼클립 같은 하찮은 것이 아니라 실제 사용자가 정말 좋아하는 것을 뜻합니다. 그림 9-1에서와 같이 화면 상단에 있는 탭을 이용해 동시에 여러 페이지를 왔다 갔다 하면서 볼 수 있는 기능 같은 것 말입니다. 인터넷 익스플로러와 마찬가지로 이 브라우저 역시 공짜지만, 윈도우에 미리 설치된 것이 아니기 때문에 사용자는 별도로 다운로드해 설치해야 합니다. 뉴욕 타임즈의 데이빗 포그(David Pogue)에 의하면, 이런 브라우저들로 인해 마이크로소프트의 웹 브라우저 점유율은 95%에서 85%로 떨어졌다고 합니다.[1] 이는 사용자가 마이크로소프트에게 "인터넷 익스플로러를 개선하는데 사람들을 더 투입하시오." 하고 말하는 것과 같습니다. 마이크로소프트는 이에 대응해서 인터넷 익스플로러7의 출시를 2006년 말로 앞당겼습니다. 인터넷 익스플로러7에는 다른 브라우저에 있는 사용자들이 좋아하는 기능이 대부분 포함되었고, 보안도 강화되었습니다. 이것이 바로 모두를 긴장 상태에 있도록 하는 경쟁입니다.

마이크로소프트 오피스의 워드 프로세서나 스프레드시트가 마음에 들지 않는다고요? 내다 버리십시오. 구글에서 '대안 오피스'('Microsoft Office' + 'alternatices')로 검색을 해보면 엄청난 수의 페이지를 찾을 수 있습니다. 코렐(Corel)의 워드퍼펙트(WordPerfect)는 모든 기능을 포함한 워드 프로세서로, 윈도우가 나오기 전 시절에는 마켓리더였습니다. 워

---

1 브라우저 점유율에 대한 정확한 수치는 측정하기가 어렵고 누가 조사했는지, 질문이 어떻게 구성되었는지, 조사자가 무엇을 믿는지에 따라 달라집니다. 그러나 마이크로소프트의 점유율이 어느 정도 떨어졌다는 데는(여전히 압도적으로 높기는 하지만) 이견이 없습니다. 물론 인터넷 익스플로러의 점유율이 그렇게 높지 말았어야 했겠지만 말입니다.

그림 9-1 세 개의 웹 페이지를 동시에 보일 수 있는 파이어폭스 웹 브라우저.
페이지 윈도우 위에 있는 탭을 보기 바람.

드퍼펙트에는 문서를 어도비 PDF 포맷으로 변환하거나 PDF를 워드
퍼펙트 문서로 변환하는 것과 같이 마이크로소프트 워드에는 없는 기
능도 포함되어 있고, 값도 더 저렴했습니다. 썬 마이크로시스템즈의 스
타 오피스(Star Office)는 훨씬 싸지만 기능도 훨씬 적습니다. 오픈오피스
(OpenOffice)도 기능은 적지만 공짜입니다. IBM은 PC 혁명을 촉발시킨
1-2-3 스프레드시트(로터스를 인수할 때 함께 얻었습니다)를 포함하는 스마
트스위트(SmartSuite)를 제공합니다. 이 모든 프로그램이 마이크로소프
트 오피스 문서를 읽고 쓸 수 있습니다. 그리고 이 모든 프로그램에는
각각의 이상한 점과 단점이 있습니다. 마이크로소프트 워드에서처럼,

그렇지만 다른 위치에서, 머리를 탁 치면서 "얘네들은 대체 무슨 생각을 하는 거야?" 하고 비명을 지르게 할 만한 것들 말입니다. 이런 애플리케이션의 위협으로 인해 마이크로소프트는 오피스12를 훌륭하게 만드는 데 박차를 가하게 되었습니다. 오피스11은 그다지 훌륭하지 못했죠.[2] 차기 버전의 오피스에서 마이크로소프트가 성공할 수도 있고 실패할 수도 있지만, 아무튼 모두 열심히 일하게 만듭니다. 저는 워드를 좋아합니다. 제가 가장 흔하게 실수하는 'the'를 'hte'로 잘못 입력해도 자동으로 고쳐줍니다. 저는 누군가가 또는 마이크로소프트가 충분한 이유를 보여주기 전까지는 프로그램을 바꾸거나 업그레이드를 하지 않을 겁니다.

윈도우를 싫어한다고요? 질질 짜지 말고 매킨토시를 구입하십시오. 제 어머니도 매킨토시를 사용하고 하버드의 제 동료들도 맥을 많이 사용합니다. 그들은 맥을 사랑한다고 말합니다. 매킨토시는 너무 비싸다고요? 그럼 델 PC를 사고 리눅스와 같은 오픈소스 운영체계를 사용하십시오. 239달러부터 시작하는데, 17인치 모니터도 포함되어 있습니다. 그러나 애플리케이션을 찾아서 설치하는데 더 많은 노력을 들여야 하고, 호환성을 걱정해야 합니다. 값이 싼 대신 창고에서 무거운 상자를 골라 계산대까지 질질 끌고가 계산을 하고 다시 집으로 운반한 다음

---

2 오피스11은 업그레이드를 하지 않은 사용자들을 공룡에 비유해 그들의 퇴보(역행)를 보이도록 광고했던 제품입니다. '공룡(Dinosaur)'은 괴짜 사전에서 악의적인 모욕을 뜻하고, 단지 '멍청함'을 뜻하기도 합니다. 그러나 이것은 무더기로 제품을 무시하는 사용자들에게 영향을 끼치지는 못했습니다. 마이크로소프트여, 사용자는 당신이 아닙니다. 그들이 두려워하는 것(지금 잘 동작하는 것이 동작하지 않는 것, 춤추는 페이퍼클립 같은 쓸모없는 것이 컴퓨터를 느리게 만들어 새로운 컴퓨터를 사게 만드는 것 등)은 당신이 무서워하는 것(시대에 뒤떨어진 것처럼 보이는 것)과 다릅니다. 그대의 사용자를 알라, 사용자는 그대가 아닐지니. 그리고 나서 업그레이드 제품을 판매하시오.

직접 조립해야 하는 이케아(Ikea)에서 가구를 사는 것을 좋아한다면, 이 것도 좋은 생각입니다. 그럴 시간도 없고 인내심도 없고 체력도 없다고 요? 그렇다면 아마도 당신은 당신이 생각하는 것보다 더 윈도우를 좋아 하고 있는 것 같습니다. 저는 윈도우가 100달러 정도 들일 만큼 충분히 좋은 것 같은데, 모두 동의하지는 않는군요.

마이크로소프트의 세계 지배 음모론 같은 것은 제쳐 둡시다. 우리는 어떤 소프트웨어를 구입할지 다양하게 선택할 수 있습니다. 그 애플리 케이션이 꼭 필요하고 선택의 여지가 없는 경우가 아니라면, 아무 생각 없이 기능이 제일 많은 소프트웨어를 선택해서는 안됩니다. 요즘은 대 부분의 프로그램이 제공하는 프리 트라이얼 버전을 요구하고, 프로그 램을 점검할 시간이 있을 때 사용해 보십시오. 소프트웨어를 실행시켜 몇 가지 작업을 직접 해본 다음, 사용하기 쉬운지 확인하십시오. 사용 하기가 쉽지 않다면 내다 버리고 다른 것을 찾으십시오. 여러분의 돈은 훌륭한 소프트웨어에 즉각적인 보상이 되고, 돈을 주지 않으면 나쁜 소 프트웨어를 응징하는 것이 됩니다.

어떤 회사의 웹 사이트가 형편없다면 사용하지 마십시오. 대신 고객 서비스 번호로 직접 전화를 걸어 사람과 이야기를 하십시오. 이렇게 하 면 그 회사는 더 많은 돈을 쓰게 됩니다. 상담원을 기다리는 동안 수화 기를 귀에 대고 있을 필요 없이 전화기 스피커를 켜놓으십시오. 그리고 좋은(또는 최소한 조금이라도 나은) 웹 사이트를 제공하는 회사에 여러분의 돈을 쓰십시오. 잘 설계된 웹 사이트는 모두의 삶을 향상시키지만, 형 편없게 설계된 웹 사이트는 기업과 고객 양쪽 모두 손해를 보게 합니 다. 이 책의 초기 검토자는 그가 겪은 일을 다음과 같이 이야기해 주었습니다. "여러 페이지에 걸쳐 입력 폼을 채우게 해 놓고는 아무것도 저장하지 않고 '서버 폭주. 나중에 다시 시도하세요.' 하고 말하는 USAirway.com는 최악의 사이트입니다. 그들의 웹 사이트에서 이런 것을 여러 번 겪은 후, 저는 가능하면 다른 항공사를 이용해 항공권을 예약하고 USAir를 예약할 때는 항상 전화로 합니다." 이는 그가 USAir를 이용할 때마다 20달러의 추가비용이 발생하는 것이고 그가 다른 항공사를 이용할 때는 벌 수 있었던 돈을 잃게 됨을 의미합니다. 그들의 돈이 새고 있는 것에는 의심의 여지가 없습니다.

좋은 것, 최소한 좀더 나은 것, 그것도 안되면 조금이라도 덜 나쁜 것을 구입하십시오. 그게 여러분이 보낼 수 있는 가장 명확한 메시지입니다.

2. 말하기

성공한 기업은 모두 고객의 소리를 잘 듣습니다. 제가 어렸을 때의 일이 기억나는군요. 시리얼 상자를 하나 열었는데 상당 부분이 새카맣게 타 있었습니다. 제 부모는 제가 상자에 있는 주소로 예의 바르게 편지를 쓰도록 도와주었습니다. 며칠 후, 저는 답장으로 보상을 받았습니다. 어떻게 그런 일이 발생했는지에 대한 설명이 포함된 사과 편지와 시리얼 2상자를 공짜로 받을 수 있는 쿠폰이 포함되어 있었습니다. 저는 쿠폰을 받았을 때 정말 쾌감을 느꼈지만, 부모님이 그걸 제 동생과 나누라고 했을 때는 정말 화가 났습니다.

대부분의 제조업자는 고객의 소리를 듣고 싶어합니다. 그들은 고객이 어떤 생각을 하는지, 뭘 좋아하고 뭘 싫어하는지, 어떤 것이 바뀌기를 원하고 어떤 것이 그대로 남아있기를 원하는지 알아야 한다는 것을 이해하고 있습니다. 공학 교수인 헨리 페트로스키(Henry Petroski)는 『Success Through Failure: The Paradox of Design』(프린스턴 대학 출판부, 2006)[3]에서 다음과 같이 썼습니다. "제조업자에게는 만족하지 못한 고객이 설계에 대한 피드백의 중요한 원천이다. 그들은 다른 방법으로는 쉽게 얻을 수 없는 정보를 제공한다. 설계자와 생산자는 종종 제품에 너무 가까이 있어 제품이 약속한 기능을 다하지 못해 실패할 수도 있다는 것을 올바르게 인식하지 못한다…… [설계자]는 장치를 조작해 그 결점을 회피할 수 있다는 것을 배워감에 따라 근시안적 시각을 가지게 된다. 그들은 이것을 한계라고 정의하고, 제품을 그 안에서만 테스트한다. 그러나 구매자가 이런 한계를 인식하거나 작은 글씨로 인쇄된 사용자 매뉴얼을 읽는 경우는 거의 없다. 연구실에서 테스트를 마친다 해도 결함이나 약점(가상의 숙련된 사람은 즉각적으로 인식할 수 있는)을 결코 찾아내지 못한다."

페트로스키나 앨런 쿠퍼의 책 또는 이 책을 읽은 적이 없는 몇몇 소프트웨어 제작사나 웹 설계자들은 사용자의 소리를 듣는 것을 회피할 수 있다고 생각합니다. 그들은 매일, 하루 종일 자신들의 제품을 사용하니, 제품이 어떻게 동작하는지 잘 알고, 따라서 다른 누구보다도 무엇이 중요한지 잘 알 수 있을 거라 생각합니다. 지금까지 이 책의 전반에 걸쳐 설명해 왔듯이, 그런 생각은 완전히 잘못된 것입니다. 다행히

---

3 (역자 주) 실패를 통한 성공 : 설계의 역설

도, 대부분의 개발자들은 여러분의 입력이 필요하다는 것을 깨달을 수 있을 정도로 똑똑합니다. 그들은 더 많은 제품을 팔고 싶어하거나, 또는 자신들의 사이트에 더 많은 사람들이 방문하기를 원합니다. 따라서 여러분이 예의 바른 비평을 써 보내면 그들은 그것을 고맙게 생각할 것입니다. 아무나 요청만 하면 그 기능을 모두 포함시켜줄 것이란 뜻은 아닙니다. 여러분은 불가능한 것을 원할 수도 있고, 다른 것과 상충되는 것을 원할 수도 있고, 또는 여러분이 개인적으로 생각한 것이 다른 사용자들이 생각한 것보다 훨씬 못한 것일 수도 있습니다. 그러나 개발자들은 고객의 피드백을 모두 모아 항목별로 우선순위를 정할 것입니다. 특히 기술지원부로 가장 많은 문의가 들어오는(제가 설명했듯이 매우 비용이 많이 듭니다) 문제를 최우선적으로 해결하려 할 것입니다. 그러니 뭔가가 제대로 되지 않으면 자주 전화하십시오.

기업은 고객의 메일을 읽어야 합니다. 제가 2장에서 논의했던 UPS.com과 같이, 피드백 폼 작성을 어렵게 해놓은 기업을 보면 그들이 별로 그러고 싶어하지 않는다고 생각할 수도 있기는 하지만 말입니다. UPS는 그들에게 이메일을 보내는 데 다섯 단계의 폼을 작성하고 그 다음에 일곱 개의 항목을 채울 것을 요구합니다. 여러분을 위해 피드백을 쉽게 보낼 수 있도록, 그 피드백 페이지로 직접 연결되는 링크를 이 책의 웹 사이트(www.whysoftwaresucks.com)에 올려 두었습니다. 그리고 스타벅스와 같이 피드백이 필요한 다른 회사에 대해서도 링크를 올려 두었습니다. 이 링크가 최신으로 유지되도록 노력하겠습니다. 그리고 여러분이 알려준다면 그것도 추가하겠습니다. 이 장의 끝에서 설명하겠지만, 이것을 하나의 운동으로 만들고 싶습니다.

흔히 '베타 테스트'라 불리는 초기의 공개 테스트 기간 중에는 사용자 피드백이 제품에 큰 영향을 미칠 수 있습니다. 예를 들어, 마이크로소프트는 여러분의 컴퓨터를 안전하게 지키려는 취지로 온라인 구독 서비스인 원케어(OneCare)라는 새로운 제품의 베타 테스트를 마쳤습니다. 시장을 주도하고 있는 노턴(Norton)이나 맥아피(McAfee)와 비교해 그 기능은 실망스러웠지만, 사용하기가 쉽다는 것이 그나마 장점이었습니다. 수천 명의 사용자가 이 테스트에 참가해 이 소프트웨어의 초기 버전을 설치해 사용해 보고 피드백을 주었습니다. 마이크로소프트는 인터넷 게시판을 제공해 사용자가 자신의 경험을 보고하고, 의견과 질문을 올리면 답해 주었습니다. 특히, 사용자의 반복적 요구에 따라 파일 백업 기능이 상당히 개선되었습니다.

마이크로소프트는 이 책이 인쇄에 들어갔을 때 앞에서 언급했던 인터넷 익스플로러7의 베타 테스트를 시작했습니다. 그들은 이 사실을 그들의 홈페이지 www.microsoft.com에 발표했고, 관심 있는 사용자는 누구나 참가할 수 있게 했습니다. 웹을 잘 살펴보면 다른 베타 테스트도 찾을 수 있을 겁니다. 모든 베타 테스트에 아무나 다 참가할 수 있는 것은 아니지만 말입니다. 이는 의약품의 임상실험과 비슷합니다. 벤더는 새로운 치료약이 더 좋다고 생각하지만(그렇지 않다면 테스트를 하지 않겠죠), 그들이 틀렸을 수도 있고 가끔씩은 실제로 틀린 경우도 있습니다. 닐슨(Nielsen)사가 시청률 조사를 위해 시청자의 텔레비전 시청 습관을 촬영했을 때, 녹화하는 것을 허락했던 가족들과 같이 개척자가 되고 싶거나 신제품 개발에 영향을 미치고 싶은 생각이 있다면, 아마 베타 테스터가 되는 것도 좋을 것입니다. 그러나 그것이 실험 대상이 되는 것 같은 느낌을 들게 한다면, 아마 하고 싶지 않을 겁니다. 이는 베타 테스트 결과가 항상 조기 수용자(early adopter)나 기술을 좋아하는 사람들의 취향 쪽으로 편향됨을 뜻합니다. 그들은 침묵하는 다수 사용자보다 강력한 기능을 원하고 단순성에 대해서는 덜 생각하는 경향이 있습니다. 개발자는 침묵하는 다수가 어떤 생각을 하는지 알기가 쉽지 않습니다. 따라서 인구를 조사할 때도 (정확히 알기 어려운 인구를) 추정하기 위해 통계적 방법을 사용하는 것처럼 개발자도 베타 테스트 결과를 강력함 쪽에서 단순성 쪽으로 약간이라도 이동시켜야 합니다.

앞 장에서 저는 프로그램이 비정상 종료되는 것을 감지해 디버깅 정보를 마이크로소프트로 보내는 소프트웨어인 윈도우 오류 보고 프로그램(crash recorder)에 대해 논했습니다. 거기서 저는 오류 보고 기능을 켜놓아야 한다고 했습니다. 블랙박스 없이 항공기 사고 원인을 분석하는 것이 얼마나 어려울지 생각해 보십시오. 오류 보고 기능은 무덤으로부터 지식을 빼내오는 것을 가능하게 합니다. 그걸 발생시킨 사람에게 뭔가 좋은 일을 하기에는 너무 늦었겠지만, 적절한 시간 내에 다른 사람을 구할 수는 있습니다. 저는 여러분이 오류 보고 기능을 켜놓기를 바랍니다.

개발자의 입장에서 말하자면, 우리가 사용자의 입장을 이해하는 것은 처음 생각했던 것보다 훨씬 어렵다는 것을 알게 되었습니다. 그러니 우리가 만든 제품에서 어떤 것이 좋고 어떤 것이 나쁜지를 알려주십시오.

3. 조롱하기

자아의 힘을, 특히 컴퓨터 괴짜들 사이에서는, 절대 과소평가해서는 안됩니다. 그들의 스스로에 대한 이미지는 다른 어떤 미덕보다도 지능을 높게 평가한다는 것입니다. 동료들 앞에서 바보처럼 보이는 것은 그들에게는 커다란 공포이자 악몽이며 이를 피하기 위해서라면 정말 열심히 일할 겁니다. 바로 그런 이유 때문에 이 책에서 나쁜 예로 언급되거나 WebPagesThatSuck.com과 같은 웹 사이트에서 '부끄러움의 전당' 주인공이 되는 것은 회사에 큰 영향을 미치는 것입니다. 이런 일로 관리자와 프로그래머가 해고 당할 수도 있습니다.

인터넷으로 인해 과거 어느 때보다도 개인의 목소리를 멀리 전하는 것이 가능해졌습니다. 제품을 파는 거의 모든 웹 사이트는 사용자가 제품에 대한 평가를 쓸 수 있게 하고 있고, 저 또한 어떤 제품을 살지 결정할 때 이런 평가를 참고하곤 합니다. 예를 들어, 제가 쓴 프로그래밍 책 중의 한 권에 대한 아마존닷컴의 평가는 "최고로 뛰어난 입문서"에서부터 "나는 별을 0개 주고 싶지만 아마존에서는 그렇게 할 수 없다." 까지 다양합니다. 이 두 평가와 비슷한 종류는 많지만 그 중간에 해당하는 평가는 거의 없습니다. 이는 그 책을 구입할 경우 좋아하거나 싫어하거나 둘 중 하나일 가능성이 높을 것이란 지표가 됩니다. 이런 평가는 구매하려는 시점에 구매자 눈 앞에 펼쳐지므로, 기존 사용자의 느낌이 엄청나게 증폭되어 전달됩니다.

예를 들어, 저는 제 아버지 생일에 인터넷 스테레오 시스템을 선물로 사드린 적이 있습니다. 그것은 뒷부분에 인터넷에 연결해 지미 부페

(Jimmy Buffett)의 인터넷 라디오 스테이션인 RadioMargaritaville.com 과 같은 인터넷에 연결해 음악 스트림을 받아 틀 수 있었다는 점만 빼 고는 AM/FM 라디오가 나오고 CD를 들을 수 있는 평범한 스테레오였 습니다. 그러나 불행하게도 그 스테레오는 잘 작동하지 않았고 아버지 는 그것을 반품해 버렸습니다. 긍정적인 결과라고는 그 스테레오를 실 행시키기 위해 인터넷 회선을 초고속으로 업그레이드하는 것을 제 어 머니가 허락하셨고 그 스테레오를 반품한 후에도 초고속 회선을 그대 로 사용하도록 내버려 두셨다는 것뿐이었습니다. 아버지는 지금까지도 초고속 인터넷 접속을 즐기고 계십니다.

웹이 도래하기 이전 세상에서는 그걸로 끝이었을 겁니다. 화난 고객 한 명이 제품 하나를 반품하지만, 다른 사람에게 큰 영향을 미치지는 못했습니다. 그러나 오늘날에는 고객이 엄청 화가 나서 아마존닷컴에 다음과 같은 평가를 올릴 수 있습니다. "저는 이 복잡한 제품과 절대 해 석할 수 없는 사용 매뉴얼에 완전히 당황했습니다. 저는 3개의 학사학 위를 가지고 있고, 제 자신이 컴퓨터를 잘 다룬다고 생각하지만, 이건 제 상상을 뛰어넘는 것이었습니다… 이 제품은 중국에서 만들어졌는 데, 매뉴얼 또한 거기서 작성된 것이 분명합니다. 중국 역병과 마찬가 지로 이 제품도 피하십시오." 다른 사용자가 동일한 제품에 대해 이런 평가를 올릴 수 있습니다. "당신이 기술을 좋아한다면, 기계장치 자체 를 좋아한다면, 돈이 태워버릴 만큼 많고 쥐어뜯을 머리카락도 충분히 남아있다면, 단지 이걸 샀다고 말하기 위해 살 수 있습니다. 그렇지 않 으면 다른 데서 더 좋은 제품이 나올 때까지 기다리십시오." 이렇게 되 면 아마존에서 그 제품은 거의 팔리지 않을 겁니다. 그리고 제조업체는 그 제품 생산을 중단하게 될 것입니다.

나쁜 제품을 생산하는 벤더는 공개적으로 조롱해 주십시오. 그것은 아주 훌륭한 수단이고, 기분도 아주 좋아집니다. 그리고 좋은 제품에 대해 칭찬하는 것도 잊지 마시기 바랍니다.

4. 신뢰하기

영화평을 확인하지 않고는 영화 티켓에 10달러도 쓰지 않으면서, 소프트웨어에 대해서는 왜 그렇게 하지 않습니까? 특히 어떤 영화보다도 더 많은 시간을 프로그램과 함께 보낸다는 것을 생각한다면, 그리고 나쁜 영화라 하더라도 여러분의 패스워드를 훔쳐 은행 계좌를 다 털어갈 수는 없다는 것을 고려한다면 더욱 그래야 하지 않겠습니까? 여러분은 사용할 프로그램을 정말 확실하게 조사해야 합니다. 최소한 영화를 고를 때만큼만이라도 부지런히 봐야겠죠.

여러 영화 평론가들도 서로 다른 기준을 가지고 있으므로, 어떤 평론가가 여러분의 취향과 맞는지 빨리 골라야 합니다.[4] 저는 월 스트리트 저널의 월터 모스버그(Walter Mossberg)가 보통 제 견해와 같은 방향이란 것을 바로 알아챘습니다(그렇지만 이 말이 그에게 칭찬으로 들릴는지는 모르겠네요). 여러 해 전 그가 처음 쓴 칼럼의 첫 줄("개인용 컴퓨터는 정말 사용하기

---

4 제가 보스턴에 처음 갔을 때, 보스턴 글로브의 영화 평론가는 『몬티 파이선과 성배(Monty Python and the Holy Grail)』에 대해 별 4개 만점에 한 개만을 주었습니다. 저는 곧 그의 충고를 반대로 평가하게 되었습니다. 그가 좋아하면 별로인 영화고, 그가 싫어하면 좋은 영화란 뜻이었죠.

어렵습니다. 그러나 그것은 여러분의 잘못이 아닙니다.")에서 확인할 수 있는 것과 같이 그도 저만큼 단순성과 사용편의성에 가치를 둡니다. 그는 매킨토시 애호가이지만 저는 아닙니다. 저는 또한 WSJ에서 다른 칼럼을 쓰는 리 고메스(Lee Gomes)와 양식이 있어 보이는 뉴욕 타임즈의 데이빗 포그(David Pogue)도 좋아합니다. 저는 또한 과학 소설 작가이자 바이트닷컴(Byte.com)의 수석 칼럼니스트인 제리 포넬리(Jerry Pournelle)를 존경합니다. 이 책의 독자들에게 그의 글은 지나치게 기술적으로 느껴질 수 있습니다. 그는 포넬리의 법칙("예제는 아무리 많아도 지나치지 않다.")을 만들었는데, 저는 그 법칙을 여러 번 인용했고 제가 글을 쓸 때도 그 법칙을 따르려 합니다. 일단 찾기 시작하면 더 많은 사람들을 찾을 수 있을 겁니다.

웹에서 프로그램을 다운로드해 설치하려 할 때, 보통 소프트웨어 게시자를 신뢰하고 프로그램을 설치할 것인지를 묻는 그림 9-2와 같은 모양의 대화상자를 보게 됩니다. 이 대화상자는 아무런 안전성도 제공하지 못하면서 시간만 낭비하게 만드는 쓸모없는 것입니다. 여러분이 어떤 벤더를 신뢰할 수 있을지 안다면, 이 메커니즘은 소프트웨어가 해당 벤더로부터 왔음을 보장해줄 수 있습니다. 그러나 그것은 여러분이 인터넷을 돌아다닐 때 묻는 질문이 아닙니다. 대신 여러분은 보통 "이 회사는 내가 구글로[또는 다른 검색 엔진으로] 검색하기 전에는 들어본 적이 없지만, 그들을 신뢰해도 되는지 결정할 좋은 방법이 없을까?" 하고 궁금해 합니다. 그러나 이 대화상자는 이 질문에 대한 답도 주지 못하고, 쓸만한 도움도 주지 못합니다.

어떻게 하면 이런 질문에 대답할 수 있을 정도로 충분히 알 수 있을까요? 충분히 알 수도 없고, 충분히 알게 될 날도 없을 겁니다. 프로그

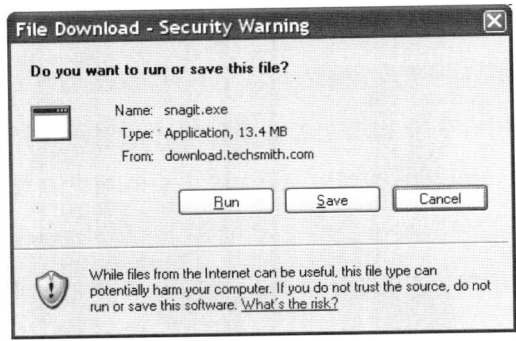

그림 9-2 아무런 안전도 제공하지 못하면서 시간만 낭비하게 만드는 쓸데없는 바보 같은 대화상자

래머가 여러분의 판단에 의존하거나 또는 여러분이 판단할 수 없는 것에 대해 나 몰라라 하는 것은 현대의 소프트웨어 환경에서는 용인할 수 없는 태도입니다. 그러면 온라인에서 누구를 신뢰할 수 있을지 어떻게 알 수 있을까요?

성숙한 산업에서는 이런 문제를 고객이 신뢰할 수 있는 전문적인 제3의 회사(third party)가 테스트하도록 위임해 문제를 해결했습니다. 예를 들어, '유기농'이란 딱지가 붙은 식품을 구입할 때, 그게 정말 유기농 식품인지 어떻게 알 수 있을까요? 식료품 전문가가 아닌 이상, 식품을 검사하면서 인생을 보낸 것이 아닌 이상 여러분이 직접 정확하게 알아볼 수는 없습니다. 대신 여러분은 전문 지식을 가지고 필요한 검사를 모두 수행할 것이라 믿는 오레건 틸스(Oregon Tilth, www.tilth.org)와 같은 기관이 발행한 인증마크를 찾습니다. 고객이 가치를 두는 여러 가지 품질에 대해 이와 비슷한 제3사 인증 프로그램이 존재합니다. 자연 환경의 파괴 없이 지속 가능하게 관리되는 숲에서 나온 목재, 공정한 무역을 통한 커피, 고객의 종교적 믿음에 따라 준비된 식품이라는 생산자의 주장은 그대로 믿을 수 없습니다. 소프트웨어 업계에도 이와 비슷한 것이 필요합니다.

소프트웨어는 중앙집중식 테스트 또는 분산 테스트로 인증할 수 있습니다. 중앙집중식 테스트는 고성능의 테스트 연구실이 필요하며, 개념적으로는 미국에서 전자 신청서를 인증하는 보험업자 연구소와 비슷합니다. 여기서 안전한 프로그래밍 언어의 사용이라든가 적절한 개인 정보 보호 정책의 요구와 같은 규칙을 공표할 수 있습니다. 그런 다음, 표준을 잘 따르는지 테스트하고, 기준을 만족하는 프로그램에 디지털 인증마크를 부착할 수 있습니다. 연구소는 이런 서비스에 대해 비용을 부과할 수 있고, 벤더는 애플리케이션 가격에 이 비용을 포함시킬 수 있습니다. 아마 이런 적합성 테스트를 위해 수천 달러를 지불해야 한다는 사실만으로도 나쁜 놈들은 걱정을 하게 될 것입니다. 고객의 인기를 끌기 위해서는, 애플리케이션이 신뢰할 수 없는 것으로 밝혀졌을 경우에는 피해를 보상해야 하는데, 이를 위해 테스트 기관은 어떤 형태든 보험 정책을 제공해야 할지도 모릅니다.

이런 중앙집중식 모델은 테스트 비용을 감당할 수 없는 규모가 작은 벤더를 어려운 상황으로 내몰 수 있습니다. 대안은 분산 모델이 될 수 있는데, 구매자가 판매자의 등급을 매기도록 하는 이베이(eBay)의 방식과 비슷합니다. 애플리케이션을 설치한 고객은 그것이 신뢰할 수 있는지 여부에 대해 투표를 하고, 그 애플리케이션을 다운로드하려는 사람은 투표 결과를 확인한 후 구매 여부를 결정합니다. 이는 첫 사용자에게는 도움도 보장도 안됩니다. 그러나 나름대로 괜찮고, 쉽게 이행할 수 있으며, 소규모 벤더나 셰어웨어에조차도 적용할 수 있습니다. 신문처럼 비평가를 레스토랑에 보내지 않고 식사를 해본 수천 명의 사람이 제출한 응답을 기록한다는 면에서 자가트(Zagat)의 레스토랑 평가와 비슷합니다.

이 시스템은 나쁜 놈이 농간을 부리지 못하도록 구조화되어야 합니다. 아마 투표는 번호가 매겨진 이메일 투표용지를 받는 유료 등록 사용자에게만 허용될 것입니다. 대중에 관심이 많은 소프트웨어 단체에서 운영하고, 이베이나 아마존이 소프트웨어를 기부하고 광고 기회를 얻을 수도 있겠죠. 저는 통과한 애플리케이션에 대해 '개떡 아님' 인증 마크를 붙일 것을 제안합니다. 동그라미 안에 '개떡'이 있고 사선이 가로지르는 모양이 될 것입니다.

이런 인증은 사용자가 볼 수 있도록 웹 사이트에 올려놓는 것만으로는 충분하지 않습니다. 아무도 보지 않을 것이기 때문입니다. 이 퍼즐의 마지막 조각은 운영체계가 제3사 인증을 인식하도록 만드는 것입니다. 별도의 조치 없이도 인증이 있는 소프트웨어는 다운로드해 설치할 수 있고, 인증이 없는 것은 차단하도록 하는 것입니다. 이는 운영체계 제작사에서 해야 할 일입니다.

이런 인증 프로그램이 자리잡기 전까지 가장 좋은 대안은, 여러분이 신뢰할 수 있는 소프트웨어 검토자를 찾아 그들의 충고를 따르는 것입니다.

5. 조직하기

인류학자인 마가렛 미드(Margaret Mead, 1901~1978)가 "사려 깊고 헌신적인 작은 그룹의 시민이 세상을 바꿀 수 있음을 절대 의심하지 말라. 실로 세상을 바꾼 것은 그런 소그룹뿐이었다."고 했습니다. 인터넷은 개인의 힘을 향상시켰습니다. 맞습니다. 그러나 그것보다 더 중요한 것은, 개인이 모여서 서로 협동하는 단체를 만들어 진짜 힘을 발휘할 수 있도록 돕는다는 것입니다. 지금은 모든 사람이 인터넷에 접근할 수 있기 때문에 훨씬 쉬워진 것입니다. 예를 들어, 보스턴과 다른 도시에서 신부에 의한 성추행 사건이 발생했을 때, 그 피해자 가족들은 카톨릭 교회로 하여금 그들의 주장에 합의하도록 압력을 가했습니다. 그럴 만큼 충분한 힘을 발휘할 조직을 만든 것이 10년 전 또는 5년 전이었다면 가능했을지 의문입니다.

압력 단체를 결성하고 그들로 하여금 시장에서 싸우도록 하는 것은 현대사회가 선택하는 방법입니다. 미국자유인권협회(American Civil Liberties Union)나 미국총기협회(National Rifle Association)에 대해 생각해 보십시오. 또는 다른 시민단체에 대해 생각해 보십시오. 이런 단체들은 큰 소음을 일으키고, 소송을 하고, 편지쓰기 캠페인을 하거나 캠페인 참가를 거부하고, 의회에 로비를 하고, 어떨 때는 초과근무하는 입법부 직원들을 위해 법률 제정 촉구 서명운동을 하기도 합니다. 그러나 이중 극소수의 사람들(우리 사회 어디서나 존재하는 소프트웨어를 생각했을 때 당신이 기대하는 것보다 훨씬 적은 수의 사람들)만이 소프트웨어 문제를 다룹니다. 개인정보 권리 센터(Privacy Right Clearinghouse, www.privacyrights.org)와 전자 프런티어 재단(Electronic Frontier Foundation, www.eff.org)과 같이 많은 단체가 온라인과 오프라인에서의 사생활에 대한 권리 문제를 다룹니다. 그러나 지금까지 소프트웨어 품질 문제를 다룬 곳은 없습니다. 적어도 제가 아는 한도 내에서는 말입니다.

이제 변해야 하며, 여러분과 제가 그런 변화를 만들 것입니다. 소프트웨어 품질에 대한 우리의 목소리가 들리도록 하기 위해 우리는 인터넷의 힘을 활용할 필요가 있습니다. 혹평을 읽는 사람이 많아질수록, 제품 또는 웹 사이트를 설계한 기업 또한 혹평을 피하기 위해 더욱 열심히 일할 것입니다. 저 혼자 UPS.com을 비판하면, 그들은 저를 자신들의 훌륭하고 직관적인 사용자 인터페이스를 이해하지 못하는 바보 미치광이쯤으로 생각할 겁니다. 그러나 우리 모두가 UPS.com을 비판한다면, 아마 그들도 자신들의 머리를 관통하는 뭔가를 느끼며, 잘못한 것은 우리가 아니라 그들이라는 사실을, 그들이 변해야 한다는 사실을 깨달을 것입니다. (그러니 이 책을 많이 사서 친구들에게 나누어 주십시오. 알았죠?)

바람직한 결과를 얻기 위한 힘을 충분히 모으기 위해 저는 Suckbusters.com(그림 9-3)을 만들었습니다.[5] "소프트웨어는 개떡 같지 말아야 하기 때문에(Because Software Shouldn't Suck)"가 우리의 모토입니다. 이를 위해 여러분의 도움이 필요합니다. 제게 여러분이 발견한 최악의 예제를 가능한 구체적으로 설명해 보내 주시기 바랍니다. 저는 항상 최신 상태를 유지하도록 노력하겠습니다. 이런 나쁜 소프트웨어의 제조사 메일 주소를 올려놓겠습니다. 또한 특정 소프트웨어가 왜 개

---

5 (역자 주) 이 사이트는 2006년 12월에 블로그로 개편된 것으로 보이며, 이 번역서에서 예전 사이트와 관계된 내용은 삭제했습니다.

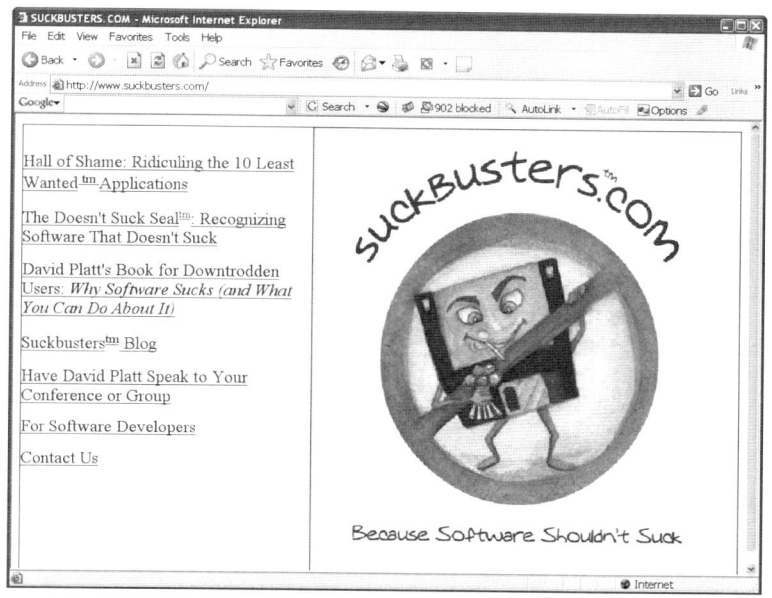

그림 9-3 데이비드 플랫이 운영하는 Suckbusters.com 웹 사이트

떡 같은지, 제대로 하려면 어떻게 바꿔야 하는지를 토의하기 위한 블로
그도 운영할 것입니다.

알로 거스리(Alro Guthrie)의 앨범 『Alice's Restaurant』에 나오는 내
용을 약간 각색해 보면, "저 혼자만 그걸 한다면, 사람들은 제가 미쳤다
고 생각할 것입니다(그렇지만 여러분은 이미 알고 있었죠). 세 사람이 그걸 하
면 그들은 단체의 소행이라 생각할 것입니다. 그리고 50명의 사람이 그
걸 하면, 그들은 하나의 흐름이라 생각할 것입니다." 그리고 그렇게 될
것입니다. 그러니 참여해 주십시오. 그러면 우리는 소프트웨어 세상을
더 좋게 만들 수 있습니다.

여러분은 소프트웨어에서 어떤 것을 개선해 달라고 요청해야 할지,

심지어는 그런 걸 요청할 수 있다는 사실조차 몰랐지만, 지금은 달라졌습니다. "당신네 언어 선택 페이지는 구글보다 훨씬 사용하기 어려우니 고쳐 주쇼. 그리고 이 피드백 폼도 좀 쉽게 바꿔주쇼." 하고 말하는 피드백이 하루에 50~60건 정도 된다면, 그들의 관심을 끌 수 있습니다. 소프트웨어나 웹 사이트를 사용하기 쉽게 만든 회사로 가서 배송을 처리하거나 커피를 마시거나 또는 복사를 한다면, 그런 회사가 형편없는 소프트웨어나 웹 사이트를 가진 회사를 때려 눕힐 것입니다. 부끄러움의 전당(Hall of Shame) 같은 곳에 나쁜 설계에 대한 비평을 공개해 바보 같은 프로그래머의 코를 납작하게 해주십시오.

자동차나 은행, 또는 소매업에서와 같이 시장의 요구가 소프트웨어에 반영되도록 하는 것은 고객, 즉 우리에게 달려있습니다. 우리는 할 수 있습니다. 지금 시작합시다.

에필로그

이 책을 읽어주셔서 고맙습니다. 소프트웨어 개발자가 고객을 위해 작업하는 것과 마찬가지로 저 또한 독자 여러분을 위해 작업합니다. 저는 여러분이 얼마나 바쁜지 알고 있고, 얼마나 많은 다른 책들이 여러분의 관심을 끄는지 알고 있습니다. 이 책을 끝까지 읽어주셔서 정말 감사합니다. 저는 여러분이 이 책에 시간을 투자할 만한 가치가 있었다고 느끼길 바랍니다. 다시 한번 고맙습니다. 이런 책을 제 자신만을 위해 쓴다면 정말 기분이 꿀꿀하지 않겠습니까?

딸 아이가 커가는 모습을 지켜보는 것은 기쁨인 동시에 슬픔입니다. 한 살짜리 꼬마가 헐렁한 옷을 입고 해변에서 돌아다니던 모습을 사랑했지만, 그런 모습을 다시는 볼 수 없습니다. 아기 잠옷의 꼬리표에는 "만약 아기들이 어린 상태로 남아있는다면…"이라고 쓰여 있습니다만, 우리는 그게 희망일 뿐임을 알고 있습니다.

소프트웨어 산업 또한 마찬가지로 커가고 있고, 이를 바라보는 것 역시 기쁨인 동시에 슬픔입니다. 젠장, 우리가 걱정해야 하는 것이 솔리테어 카드게임을 깼을 때 화면 가득 떨어지는 카드의 모서리뿐이었을 때는 재미있었겠죠? 이제 우리는 어른처럼 세상의 무게를 감당해야 합니다. 그러나, 산업이 성숙해지더라도 재미를 완전히 잃지는 말았으면 좋겠습니다. 제 딸 아이가 크더라도 재미를 조금은 간직하기를 바라는 것처럼 말입니다.

저는 아이들이 출생하여 어린시절과 사춘기를 거치면서, 그리고 성인이 된 지금도 옆에서 아이들을 지도하고 도움을 줄 수 있게, 신의 은총을 받았습니다. 또한 이처럼 소프트웨어 산업의 지금 이 순간을 함께하는 영광도 얻었습니다. 소프트웨어 산업의 태동기도 아니고(이 시기에는 앨런 튜링[1]과 존 폰 노이만[2] 같은 거장이 있었죠), 유아기도 아닌(이 시기에는 그

---

1 앨런 튜링(Alan Mathison Turing, 1912~1954)은 1936년 「On Computable Numbers」란 논문으로 컴퓨터 과학의 수학적 기반을 마련했습니다. 그는 2차 대전 중 영국이 독일의 암호체계인 에니그마 코드를 깨는데 기여했던 것으로 유명합니다. 그는 1952년 동성애 금지법안을 위반한 혐의로 기소되었고, 그로 인해 기밀 문서에 대한 접근 권한을 잃었으며 일에서도 배제되었습니다. 그로부터 2년 후 독이 든 사과를 먹고 자살했습니다.
2 존 폰 노이만(Jon Louis von Neumann, 1903~1957)은 고등연구원(Institute for Advanced Study)에서 수학을 가르쳤고, 그곳에서 아인슈타인의 동료이자 튜링의 지도교수였습니다. 2차 대전 중 맨하턴 프로젝트의 일환으로 나가사키 폭탄과 이후 모든 원자폭탄을 설계하는데 사용되는 중요한 공식을 만들었습니다. 더 복잡한 무기 설계에 공식을 풀기 위해 그는 현재 생산되는 컴퓨터에도 사용하는 현대적 디지털 컴퓨터의 기본 아키텍처를 만들었습니다. "수학에서는 뭔가를 이해하는 것이 아니라 그저 익숙해지는 것이다."란 말을 남긴 것으로 보아 그는 현대의 컴퓨터 광들의 사고방식을 예측했던 것으로 보입니다.
3 그레이스 머레이 호퍼(Grace Murray Hopper, 1906~1992, 튜링이나 폰 노이만보다 훨씬 오래 살았습니다)는 1934년 예일대에서 수학으로 박사학위를 받았습니다. 그녀는 다른 운동선수들의 경우처럼 애칭이나 별명이 아니라 그녀의 계급으로 불렸습니다. 그녀는 미국 해군에 복무하면서 소장으로 진급했고, 1986년에 은퇴했습니다. 그녀는 최초의 현대적 프로그래밍 언어인 코볼(COBOL)을 개발했는데, 코볼은 주로 비즈니스 애플리케이션을 위한 언어로 현재까지도 사용되고 있으며, 영어와 비슷한 문법에 따라 프로그램을 작성할 수 있습니다. 그녀는 1947년에 하버드 마크 II 전산기(기계식 릴레이가 사용되던 초창기 컴퓨터)에서 감전돼 죽은 나방(현재는 스미스소니언 협회(Smithsonian Institute)에 전시되어 있습니다)을 제거했을 때 디버깅이란 용어를 창안한 것으로 널리 인정되고 있습니다. 미 해군은 1996년 Arleigh Burke급 구축함에 그녀의 이름을 따서(USS Hopper, DDG-70) 그녀를 기리고 있습니다.

이름도 우아한 그레이스 호퍼[3] 장군 같은 대가가 있었죠), 격동의 사춘기를 지나 성숙한 장년기로 향하는 이 순간은 바로 저와 제 동료 괴짜들을 위한 시간입니다. 일하고 안내하고 봉사하고.

그리고 친애하는 독자 여러분, 우리가 다시 만날 때까지 안녕히 계십시오. 서로들 잘 챙기면서. 자유롭게, 쉽게 하되, 꼭 이루십시오.

데이비드 S. 플랫

입스위치, 메사추세츠

2006년 8월

Why **Software** SUCKS···